U0134079

Intel FPGA
数字信号处理设计

基础版

·杜勇 编著·

电子工业出版社

Publishing House of Electronics Industry

北京·BEIJING

内 容 简 介

本书以 Intel 公司的 FPGA 为开发平台,以 VHDL 及 MATLAB 为开发工具,详细阐述数字信号处理 FPGA 实现的原理、结构、方法及仿真测试过程,并通过大量的实例分析 FPGA 实现过程中的具体技术细节。本书主要包括 FPGA 概述、设计语言及开发环境、FPGA 设计流程、常用接口程序的设计、FPGA 中的数字运算、典型 IP 核的应用、FIR 滤波器设计、IIR 滤波器设计、快速傅里叶变换(FFT)的设计等内容。本书思路清晰、语言流畅、分析透彻,在简明阐述设计原理的基础上,注重对工程实践的指导,力求使读者在较短的时间内掌握数字信号处理 FPGA 实现的知识和技能。

本书适合从事 FPGA 技术及数字信号处理领域的工程师、科研人员,以及相关专业的本科生、研究生阅读。

作者精心设计了与本书配套的 FPGA 开发板,详细讲解了实例的板载测试步骤及方法,形成了从理论到实践的完整过程,可以有效加深读者对理论知识的理解,帮助其提高学习效率。

本书的配套资源包含完整的 VHDL 和 MATLAB 实例工程代码,同时为便于熟悉 Verilog HDL 语言的读者参考,还包含了完整的 Verilog HDL 工程代码,读者可以登录华信教育资源网免费注册后下载。

图书在版编目(CIP)数据

Intel FPGA 数字信号处理设计:基础版 / 杜勇编著. —北京:电子工业出版社,2022.3

ISBN 978-7-121-43122-7

Ⅰ. ①I… Ⅱ. ①杜… Ⅲ. ①可编程序逻辑器件－系统设计 Ⅳ. ①TP332.1

中国版本图书馆 CIP 数据核字(2022)第 043731 号

责任编辑:田宏峰 文字编辑:苏颖杰

印　　刷:北京天宇星印刷厂

装　　订:北京天宇星印刷厂

出版发行:电子工业出版社

　　　　　北京市海淀区万寿路 173 信箱　邮编 100036

开　　本:787×1 092　1/16　印张:21　字数:533 千字

版　　次:2022 年 3 月第 1 版

印　　次:2022 年 3 月第 1 次印刷

定　　价:118.00 元

作者简介

杜勇，四川省广安市人，高级工程师、副教授，现任教于四川工商学院；1999 年于湖南大学获电子工程专业学士学位，2005 年于国防科技大学获信息与通信工程专业硕士学位；发表学术论文十余篇，出版《数字滤波器的 MATLAB 与 FPGA 实现》《数字通信同步技术的 MATLAB 与 FPGA 实现》《数字调制解调技术的 MATLAB 与 FPGA 实现》《锁相环技术原理及 FPGA 实现》等图书。

大学毕业后在酒泉卫星发射中心从事航天测控工作，参与和见证了祖国航天事业的飞速发展；退伍回到成都后，先后在多家企业从事与 FPGA 技术相关的研发工作；2018 年回到大学校园，主要讲授"数字信号处理""FPGA 技术及应用""FPGA 高级设计及应用""FPGA 数字信号处理设计""FPGA 综合实训"等课程，专注于教学及 FPGA 技术的推广应用。

前　言

为什么要写这本书

弹指一挥间，匆匆近十年。从 2011 年我开始编写《数字滤波器的 MATLAB 与 FPGA 实现》("数字通信技术的 FPGA 实现系列"图书的第一册)，至今已有十余年！

在这十余年间，我先后完成《数字滤波器的 MATLAB 与 FPGA 实现》《数字通信同步技术的 MATLAB 与 FPGA 实现》《数字调制解调技术的 MATLAB 与 FPGA 实现》三本图书的编写。这三本图书都是基于 Xilinx 公司的 FPGA 和 VHDL（简称 Xilinx/VHDL 版）编写的，后来又都基于 Altera 公司的 FPGA 和 Verilog HDL（简称 Altera/Verilog 版）进行了改写。

"数字通信技术的 FPGA 实现系列"图书出版后，得到了广大读者的支持与厚爱，为了与读者进行更加有效的交流，我在 CSDN 开设了个人博客，并开设了个人微信公众号"杜勇 FPGA"，用于发布与图书相关的信息，同时与读者就书中的技术问题进行探讨。在编写"数字通信技术的 FPGA 实现系列"图书时，我是从工程应用的角度来阐述数字信号处理、数字通信技术的 MATLAB 与 FPGA 实现的，主要面向高年级本科生、研究生，以及工程技术人员，对初学者，尤其是自学者来说，图书内容有一定的难度。不少读者感觉该系列图书的起点较高，内容比较专业和复杂，需要有较好的理论基础和 FPGA 设计基础，因此希望我编写基于 FPGA 的数字信号处理设计的入门图书，以便初学者和自学者学习，使其在掌握数字信号处理 FPGA 实现的基础知识之后，再深入学习多速率滤波、自适应滤波、通信同步、数字调制解调等知识，就会容易得多。

为此，经过一年多的准备，我于 2020 年完成了《Xilinx FPGA 数字信号处理设计——基础版》，因事务繁多，又经过一年才得以完成《Intel FPGA 数字信号处理设计——基础版》。本书书名中原打算使用"Altera FPGA"，考虑到 Altera 公司已被 Intel 公司收购，且在其官方网站上也早已更名为"Intel FPGA"，因此将书名定为"Intel FPGA 数字信号处理设计——基础版"。同时，为了便于读者对书中的实例进行板载测试，本书与"数字通信技术的 FPGA 实现系列"图书（Altera/Verilog 版）中的实例一样，都采用 CRD500 进行板载测试。

本书的内容安排

本书内容共 9 章，分为上、下两篇。上篇为第 1～4 章，包括 FPGA 概述、设计语言及开发环境、FPGA 设计流程、常用接口程序的设计等内容。通过上篇的学习，读者可以初步建立 FPGA 设计的概念和基本方法，了解数字信号处理 FPGA 设计的常用知识。下篇为第 5～9 章，包括 FPGA 中的数字运算、典型 IP 核的应用、FIR 滤波器设计、IIR 滤波器设计、快速傅里叶变换（FFT）的设计等内容。数字信号处理设计的基石是滤波器设计和频谱分析，掌握数字信号处理的原理是完成 FPGA 设计的基础。本书在编写过程中对数字信号处理的原理进行了大幅简化，着重从概念和基本运算规则入手，以简单的实例逐步讲解数字信号处理 FPGA 设计的原理、方法、步骤及仿真测试过程。通过下篇的学习，读者可以掌握数字信号处理 FPGA设计的核心基础知识，从而为学习数字信号处理的综合设计打下坚实的基础。

第 1 章主要介绍 FPGA 技术的基本概念及特点。常用的数字信号处理平台有 FPGA、ARM、DSP、ASIC 等,每个平台都有各自的特点,只有详细了解 FPGA 的结构特点,才能明白 FPGA 在数字信号处理中的独特优势;只有通过对比,才能对各平台有更精准的把握和理解。

第 2 章主要介绍 VHDL 及 Quartus II。工欲善其事,必先利其器。只有全面了解 FPGA 设计环境,熟悉要利用的工具,加上独特的思想,才能实现完美的 FPGA 设计。

第 3 章通过一个完整的流水灯 FPGA 设计实例,详细地讲解设计准备、设计输入、设计综合、功能仿真、设计实现、布局布线后仿真和程序下载等一系列既复杂又充满挑战和乐趣的 FPGA 设计流程。

第 4 章详细讨论常用接口程序的设计。FPGA 产品不是一个"孤岛",是要与外界实现无缝对接的。接口是与外界对接的窗口,只有掌握了串口、A/D 接口、D/A 接口等,才有机会展示设计的美妙之处。

第 5 章讨论 FPGA 中的数字运算。数字运算主要包括加、减、乘、除等运算。FPGA 只能对二进制数进行运算,虽然在日常生活中我们习惯用十进制数进行运算,但运算的本质和规律是相同的。只有彻底掌握 FPGA 中的有符号数、小数、数据位扩展等设计方法,才能实现复杂的数字信号处理算法。

第 6 章主要介绍典型 IP(Intellectual Property)核的应用。IP 核,就是知识产权核,是指功能完备、性能优良、使用简单的功能模块。我们所要做的主要工作是理解 IP 核的用法,在设计中直接使用 IP 核。

第 7 章详细讨论有限脉冲响应(Finite Impulse Response,FIR)滤波器设计。滤波器设计和频谱分析是数字信号处理中最基础的专业设计。所谓专业,是因它们涉及信号处理的专业知识;所谓基础,是指它们的应用非常广泛。FIR 滤波器由于具有结构简单、有严格的线性相位特性等优势,已成为信号处理中的必备电路之一。

第 8 章详细讨论无限脉冲响应(Infinite Impulse Response,IIR)滤波器设计。"无限"两个字听起来有点高深,其实 IIR 滤波器与 FIR 滤波器的结构没有太大的差别。虽然 IIR 滤波器的应用没有 FIR 滤波器广泛,但有其自身的特点,具有 FIR 滤波器无法比拟的优势。IIR 滤波器具有反馈结构,使得其中的数字运算更具有挑战性,也更有趣味性。只有掌握了 FIR 滤波器和 IIR 滤波器的设计,才能对经典滤波器的设计有比较全面的了解。

第 9 章讨论快速傅里叶变换(FFT)的设计。频谱分析和滤波器设计是数字信号处理的两大基石。离散傅里叶变换(Discrete Fourier Transform,DFT)的理论很早就非常成熟了,后期出现的快速傅里叶变换(Fast Fourier Transform,FFT)算法才使得 DFT 理论在工程中得以应用。虽然 FFT 算法及其 FPGA 实现的结构相当复杂,但幸运的是可以使用现成的 IP 核,设计者在理解信号频谱分析原理的基础上,调用 FFT 核即可完成 FFT 的 FPGA 实现。

关于 FPGA 开发工具的说明

众所周知,目前 Xilinx 公司和 Intel 公司的 FPGA 产品占据全球 90%以上的 FPGA 市场。可以说,在一定程度上正是由于两家公司的竞争,才有力地推动了 FPGA 技术的不断发展。虽然硬件描述语言(HDL)的编译及综合环境可以采用第三方公司开发的产品,如 ModelSim、Synplify 等,但 FPGA 的物理实现必须采用相应公司开发的软件平台,无法通用。例如,Xilinx 公司的 FPGA 使用 Vivado 和 ISE 系列开发工具,Intel 公司的 FPGA 使用 Quartus 系列开发工具。与 FPGA 的开发工具类似，HDL 也存在两个难以取舍的选择：VHDL 和 Verilog HDL。

学习 FPGA 开发技术的难点之一在于开发工具的使用，无论 Xilinx 公司还是 Intel 公司，为了适应不断更新的开发需求，主要是适应不断推出的新型 FPGA，其开发工具的版本更新速度都很快。Intel FPGA 公司目前最新的开发工具版本为 Quartus Prime v21.2。开发工具的更新除对开发环境本身进行完善外，还需要不断提高对新上市 FPGA 器件的支持能力。Quartus II 13.1 是 Intel 公司最后一个同时支持 32 位及 64 位操作系统的 FPGA 开发环境，且运行稳定，界面友好，深受广大 FPGA 工程师的青睐。同时，考虑到更好地兼顾"数字通信技术的 FPGA 实现系列"图书（Altera/Verilog 版）的参考程序，使得开发平台保持一致，便于读者学习，本书所有实例均采用 Quartus II 13.1 进行编写。

应当如何选择 HDL 呢？其实，对于有志于从事 FPGA 开发的技术人员，选择哪种 HDL 并不重要，因为两种 HDL 具有很多相似之处，精通一种 HDL 后再学习另一种 HDL 也不是一件困难的事。通常可以根据周围同事、朋友、同学或公司的使用情况来选择 HDL，这样在学习过程中，就可以很方便地找到能够给你指点迷津的专业人士，从而加快学习进度。

本书采用 Intel 公司的 FPGA 作为开发平台，采用 Quartus II 13.1 作为开发工具，采用 VHDL 作为实现语言，使用 ModelSim 进行仿真测试。由于 VHDL 并不依赖于具体的 FPGA 器件，因此本书中的 VHDL 程序可以很方便地移植到 Xilinx 公司的 FPGA 上。如果 VHDL 程序中使用了 IP 核，那么由于两家公司的 IP 核不能通用，因此需要根据 IP 核的参数，在另一个平台上重新生成 IP 核，或者重新编写 VHDL 程序。

为了给读者更多的参考，本书还采用 Verilog HDL 语言对所有 FPGA 程序进行了编写，读者可在我的微信公众号"杜勇 FPGA"中免费下载。

有人曾经说过，技术只是一个工具，关键在于思想。将这句话套用过来，对于本书来讲，具体的开发平台和 HDL 只是技术实现的工具，关键在于设计的思路和方法。读者完全没有必要过于在意开发平台的差别，只要掌握了设计思路和方法，加上已经具备的 FPGA 开发经验，采用任何一种 FPGA 都可以很快地设计出满足用户需求的产品。

本书的目标

数字信号处理 FPGA 设计知识的学习难度较大，读者不仅需要具备较扎实的理论知识，还要具备一定的 FPGA 设计经验。本书的目的正是架起理论知识与工程实践之间的桥梁，通过具体的实例，详细讲解工程实现的方法、步骤和过程，使读者尽快掌握采用 FPGA 平台实现数字信号处理技术的基本方法，以提高学习效率，为后续学习数字信号处理、数字通信技术的 FPGA 设计等综合设计打下坚实的基础。

电子通信行业的技术人员在从业之初通常都会遇到类似的困惑：如何将教材中的理论知识与工程实践结合起来呢？如何将教材中的理论转换成实际的工程项目呢？绝大多数电子信息类教材对原理的讲解都十分透彻，但理论知识与工程实践之间显然需要一座可以顺利通过的桥梁。一个常用的方法是通过 MATLAB 等工具进行软件仿真来加深读者对理论知识的理解，但更好的方法是直接参与工程的设计与实现。

然而，工科院校的学生极少有机会参与实际的工程设计与实现，因此在工作中往往会感到所学的理论知识很难与实际的工程实践联系起来。教材讲解的大多是原理性内容，读者即使可以很好地解答教材中的思考题与练习题，或者能够熟练地推导教材中的公式，在进行工程设计与实现时，如何将这些理论知识和公式用具体的电路或硬件平台实现，也是一个巨大难关。尤其是数字信号处理专业领域，由于涉及的理论知识比较复杂，在真正进行工程设计与实现时会发现无从下手。采用 MATLAB、ModelSim 等软件进行仿真，虽然可以直观地验证算法的正确性，并查看仿真结果，但毕竟只停留在算法或模型的仿真上，与真正的工程设计与实现是完全不同的两个概念。FPGA 很好地解决了这一问题。FPGA 本来就是基于工程应用的平台，其仿真技术可以很好地仿真实际的工作情况，尤其是时序仿真技术，在计算机上通过了时序仿真的程序，几乎不需要修改就可以直接应用到工程实践中。这种设计、验证、仿真的一体化方式可以极好地将理论知识与工程实践结合起来，从而提高读者学习的兴趣。

目前，市场上已有很多介绍 ISE、Vivado、Quartus 等 FPGA 开发工具，以及 VHDL、Verilog HDL 等的图书。如果仅使用 FPGA 来实现一些数字逻辑电路或理论性不强的控制电路，那么掌握 FPGA 开发工具及 VHDL 的语法就可以开始工作了。数字信号处理的理论性要强得多，采用 FPGA 实现数字信号技术的前提条件是对理论知识有深刻的理解，关键是在理解理论知识的基础上，结合 FPGA 的特点，找到合适的算法实现结构，厘清工程实现的思路，并采用 VHDL 进行正确的实现。

本书在编写过程中，兼顾了数字信号处理的理论知识，以及工程设计的完整性，重点突出了 FPGA 设计的方法、结构、实现细节，以及仿真测试方法。在讲解理论知识时，重点突出工程实践，主要介绍工程实践中必须掌握和理解的内容，并且结合 FPGA 的特点进行讨论，以便读者能尽快找到理论知识与工程实践的结合点。在讲解实例的 FPGA 实现时，为绝大多数实例提供了完整的 VHDL 程序代码，并对代码的思路和结构进行了详细的分析和说明。根据我的工作经验，本书对一些似是而非的概念，结合实例的仿真测试加以阐述，希望能为读者提供更多有用的参考。相信读者按照书中讲解的步骤完成一个个实例后，会逐步体会理论知识与工程实践的完美结合。读者随着掌握的工程实践技能的提高，对数字信号处理理论知识的理解也必将越来越深刻。

如何使用本书

在学习数字信号处理 FPGA 设计之前，读者需要具备一定的 FPGA 设计知识和数字信号处理的理论知识。为了便于读者快速掌握 FPGA 设计知识，本书上篇对 VHDL、Quartus II 13.1 等内容进行了精心编排，并通过一个完整的流水灯设计实例详细介绍了 FPGA 的设计流程，以便为读者学习下篇打下基础。

与普通的逻辑电路不同，数字信号处理的专业性较强，掌握理论知识是完成 FPGA 设计的前提。MATLAB 是完成数字信号处理 FPGA 设计的不可或缺的工具，MATLAB 的易用性和强大的功能，使其在工程设计中得到了广泛的应用。为了准确理解数字信号处理的相关理论知识，本书中的部分实例采用 MATLAB 完成理论仿真，并对代码进行了注释和说明，读者即使完全没有 MATLAB 的编程基础，也可以很容易地理解 MATLAB 程序的设计思路。

完整的数字信号处理 FPGA 设计过程是：首先采用 MATLAB 对需要设计的工程进行仿真，一方面可以仿真算法过程及结果，另一方面可以生成 FPGA 仿真所需的测试数据；然后在 Quartus II 13.1 中编写 VHDL 程序，对实例进行设计实现；接着编写测试激励文件，采用 ModelSim 软件对 VHDL 程序进行仿真，查看 ModelSim 仿真波形，验证程序功能的正确性；最后完成 FPGA 程序综合及布线，将程序下载到开发板上，以验证 FPGA 设计的正确性。

验证工程实例程序是否正确的最直观的方法是：用示波器测试开发板（如 CRD500）的 A/D 接口和 D/A 接口中的信号，观察信号处理前后波形的变化是否满足要求。例如，在验证低通 FIR 滤波器时，用示波器通道 2 测试低通 FIR 滤波器前端信号的波形，用示波器通道 1 测试低通 FIR 滤波器处理后信号的波形，对比分析滤波前后信号的波形就可以验证低通 FIR 滤波器功能是否正常。

如果没有示波器验证，而 ModelSim 仿真正确，但这毕竟不是真实的电路工作波形，那么应如何验证 FPGA 设计的正确性呢？Quartus Ⅱ 13.1 提供了功能强大的在线逻辑分析软件工具 Signal Tap。将 FPGA 程序下载到开发板之后，使用 Signal Tap 可以实时读取 FPGA 内部的信号，以及指定引脚的信号波形。也就是说，采用 Signal Tap 观察到的波形是实际的工作波形，而不是仿真波形。因此，读者可以采用 Signal Tap 来验证 FPGA 设计的实际工作情况。本书第 4 章在介绍 A/D 接口和 D/A 接口的设计时，详细讨论了 Signal Tap 的使用方法和步骤，读者掌握之后，就可以在板载测试程序中使用 SignalTap 对实际工作波形进行在线测试了。

致谢

有人说，每个人都有他存在的使命，如果迷失了使命，就失去了存在的价值。不只是每个人，每件物品也都有其存在的使命。对于一本图书来讲，其存在的使命就是被阅读，并给读者带来收获。如果本书能对读者的工作和学习有所帮助，我将感到莫大的欣慰。

在本书的编写过程中，我查阅了大量的资料，在此对相关作者及提供者表示衷心的感谢。

时间过得很快，在编写本书时，我的大女儿刚刚进入高中学习，而当本书与读者见面时，她已经开启了高中关键阶段的学习和生活；小女儿已经学会了简单的语言，每天都在以她独特的语言和行为与这个世界进行友好的交流。祝愿她们快乐成长！

FPGA 技术博大精深，数字信号处理技术理论难度较大，虽然本书尽可能详细地讨论了数字信号处理 FPGA 设计的相关内容，但我仍感觉难以详尽叙述工程实现中的所有细节。相信读者在实际工程中经过不断的实践、思考及总结，一定可以快速掌握数字信号处理 FPGA 设计的方法，提高使用 FPGA 进行工程设计的能力。

由于本人水平有限，书中难免会存在不足和疏漏之处，敬请广大读者批评指正。欢迎读者就相关技术问题与我进行交流，或者对本书提出改进意见及建议。建议读者关注我的微信公众号"杜勇 FPGA"，以获得与本书相关的资料和信息。

杜　勇

2022 年 2 月

目　　录

上　篇

第 1 章　FPGA 概述 ·· （3）

1.1　FPGA 的发展趋势 ··· （3）

1.2　Intel FPGA 的基本结构 ·· （5）

　　1.2.1　可编程输入/输出单元 ·· （6）

　　1.2.2　可配置逻辑块 ·· （7）

　　1.2.3　时钟网络资源 ·· （9）

　　1.2.4　嵌入式块 RAM ·· （9）

　　1.2.5　丰富的布线资源 ·· （10）

　　1.2.6　内嵌专用硬核 ·· （10）

1.3　FPGA 的工作原理 ··· （10）

1.4　FPGA 与其他数字信号处理平台的比较 ··· （11）

　　1.4.1　ASIC、DSP、ARM 的特点 ·· （12）

　　1.4.2　FPGA 的特点及优势 ·· （13）

1.5　FPGA 的主要厂商 ··· （14）

　　1.5.1　Xilinx 公司 ·· （14）

　　1.5.2　Intel 公司 ·· （15）

　　1.5.3　Lattice 公司 ··· （15）

　　1.5.4　Actel 公司 ··· （16）

　　1.5.5　Atmel 公司 ·· （17）

1.6　工程中如何选择 FPGA 器件 ·· （17）

1.7　小结 ·· （18）

1.8　思考与练习 ·· （19）

第 2 章　设计语言及开发环境 ·· （21）

2.1　VHDL 语言简介 ··· （21）

　　2.1.1　HDL 语言的特点及优势 ·· （21）

　　2.1.2　选择 VHDL 还是 Verilog HDL ··· （22）

2.2　VHDL 语言基础 ··· （23）

　　2.2.1　VHDL 语言简介 ·· （23）

　　2.2.2　程序结构 ·· （24）

　　2.2.3　数据类型 ·· （26）

2.2.4　数据对象 ……………………………………………（29）

2.2.5　运算符 ………………………………………………（29）

2.2.6　VHDL 语句 …………………………………………（33）

2.3　Quartus Ⅱ 开发环境 …………………………………………（37）

2.3.1　Quartus Ⅱ 简介 ……………………………………（37）

2.3.2　Quartus Ⅱ 的用户界面 ……………………………（38）

2.4　ModelSim 简介 ………………………………………………（40）

2.4.1　ModelSim 的主要特点 ………………………………（40）

2.4.2　ModelSim 的工作界面 ………………………………（41）

2.5　MATLAB 简介 ………………………………………………（42）

2.5.1　MATLAB 介绍 ………………………………………（42）

2.5.2　MATLAB 的工作界面 ………………………………（42）

2.5.3　MATLAB 的特点及优势 ……………………………（43）

2.6　FPGA 信号处理板 CRD500 …………………………………（45）

2.7　小结 ……………………………………………………………（47）

2.8　思考与练习 ……………………………………………………（47）

第3章　FPGA 设计流程 ………………………………………………（51）

3.1　FPGA 设计流程简介 …………………………………………（51）

3.2　流水灯实例设计 ………………………………………………（53）

3.2.1　明确项目需求 …………………………………………（53）

3.2.2　读懂电路原理图 ………………………………………（54）

3.2.3　形成设计方案 …………………………………………（56）

3.3　流水灯实例的 Verilog HDL 程序设计与综合 ………………（57）

3.3.1　建立 FPGA 工程 ……………………………………（57）

3.3.2　VHDL 程序输入 ……………………………………（59）

3.4　流水灯实例的功能仿真 ………………………………………（61）

3.4.1　生成测试激励文件 ……………………………………（61）

3.4.2　采用 ModelSim 进行仿真 ……………………………（64）

3.4.3　ModelSim 的仿真应用技巧 …………………………（67）

3.5　流水灯实例的设计实现与时序仿真 …………………………（68）

3.5.1　添加约束文件 …………………………………………（68）

3.5.2　时序仿真 ………………………………………………（70）

3.6　程序下载 ………………………………………………………（71）

3.6.1　sof 文件下载 …………………………………………（71）

3.6.2　jic 文件下载 …………………………………………（73）

3.7　小结 ……………………………………………………………（75）

3.8　思考与练习 ……………………………………………………（76）

第4章　常用接口程序的设计 ·· (77)

4.1　秒表电路设计 ··· (77)

4.1.1　数码管的基本工作原理 ·· (77)

4.1.2　秒表电路实例需求及电路原理分析 ·· (78)

4.1.3　形成设计方案 ··· (78)

4.1.4　顶层文件的 VHDL 程序设计 ·· (79)

4.1.5　数码管显示模块的 VHDL 程序设计 ··· (81)

4.1.6　秒表计数模块的 VHDL 程序设计 ··· (84)

4.1.7　按键消抖模块的 VHDL 程序设计 ··· (88)

4.2　串口通信设计 ··· (91)

4.2.1　RS-232 串口通信的概念 ·· (91)

4.2.2　串口通信实例需求及电路原理分析 ·· (92)

4.2.3　顶层文件的 VHDL 程序设计 ·· (93)

4.2.4　时钟模块的 VHDL 程序设计 ··· (95)

4.2.5　接收模块的 VHDL 程序设计 ··· (96)

4.2.6　发送模块的 VHDL 程序设计 ··· (99)

4.3　A/D 接口和 D/A 接口的程序设计 ··· (100)

4.3.1　A/D 转换的工作原理 ··· (100)

4.3.2　D/A 转换的工作原理 ··· (101)

4.3.3　A/D 接口和 D/A 接口的实例需求及电路原理分析 ···································· (102)

4.3.4　A/D 接口和 D/A 接口的 VHDL 程序设计 ·· (102)

4.4　常用接口程序的板载测试 ··· (104)

4.4.1　秒表电路的板载测试 ·· (104)

4.4.2　串口通信的板载测试 ·· (105)

4.4.3　使用 Signal Tap 对 A/D 接口和 D/A 接口进行板载测试 ··························· (106)

4.5　小结 ·· (111)

4.6　思考与练习 ··· (111)

下　篇

第5章　FPGA 中的数字运算 ··· (115)

5.1　数的表示 ·· (115)

5.1.1　定点数的定义和表示 ·· (116)

5.1.2　定点数的三种形式 ··· (117)

5.1.3　浮点数表示 ·· (118)

5.1.4　自定义浮点数的格式 ·· (120)

5.2　FPGA 中的四则运算 ·· (122)

5.2.1　两个操作数的加法运算 ··· (122)

5.2.2　多个操作数的加法运算 ··· (125)

   5.2.3 采用移位相加法实现乘法运算 ·· (125)

   5.2.4 采用移位相加法实现除法运算 ·· (126)

  5.3 有效数据位的计算 ·· (126)

   5.3.1 有效数据位的概念 ·· (126)

   5.3.2 加法运算中的有效数据位 ·· (127)

   5.3.3 乘法运算中的有效数据位 ·· (128)

   5.3.4 乘加运算中的有效数据位 ·· (129)

  5.4 有限字长效应 ·· (129)

   5.4.1 有限字长效应的产生因素 ·· (129)

   5.4.2 A/D 转换器的有限字长效应 ·· (130)

   5.4.3 数字滤波器系数的有限字长效应 ·· (131)

   5.4.4 滤波器运算中的有限字长效应 ·· (133)

  5.5 小结 ·· (136)

  5.6 思考与练习 ·· (136)

第 6 章 典型 IP 核的应用 ·· (137)

  6.1 IP 核在 FPGA 中的应用 ·· (137)

   6.1.1 IP 核的一般概念 ··· (137)

   6.1.2 FPGA 设计中的 IP 核类型 ··· (138)

  6.2 时钟管理 IP 核 ··· (140)

   6.2.1 全局时钟资源 ··· (140)

   6.2.2 利用 IP 核生成多路时钟信号 ·· (141)

  6.3 乘法器 IP 核 ·· (145)

   6.3.1 实数乘法器 IP 核 ·· (145)

   6.3.2 复数乘法器 IP 核 ·· (148)

  6.4 除法器 IP 核 ·· (150)

   6.4.1 FPGA 中的除法运算 ··· (150)

   6.4.2 测试除法器 IP 核 ·· (151)

  6.5 存储器 IP 核 ·· (153)

   6.5.1 ROM 核 ·· (153)

   6.5.2 RAM 核 ·· (157)

  6.6 数控振荡器 IP 核 ··· (163)

   6.6.1 数控振荡器工作原理 ··· (163)

   6.6.2 采用 DDS 核设计扫频仪 ··· (164)

  6.7 小结 ·· (168)

  6.8 思考与练习 ·· (169)

第 7 章 FIR 滤波器设计 ··· (171)

  7.1 数字滤波器的理论基础 ·· (171)

7.1.1 数字滤波器的概念 ································ (171)

7.1.2 数字滤波器的分类 ································ (172)

7.1.3 数字滤波的特征参数 ···························· (173)

7.2 FIR 滤波器的原理 ···································· (174)

7.2.1 FIR 滤波器的概念 ······························ (174)

7.2.2 线性相位系统的物理意义 ························ (175)

7.2.3 FIR 滤波器的相位特性 ·························· (176)

7.2.4 FIR 滤波器的幅度特性 ·························· (178)

7.3 FIR 滤波器的 FPGA 实现结构 ························ (179)

7.3.1 FIR 滤波器结构的表示方法 ······················ (179)

7.3.2 直接型结构的 FIR 滤波器 ······················ (180)

7.3.3 级联型结构的 FIR 滤波器 ······················ (181)

7.4 基于累加器的 FIR 滤波器设计 ························ (181)

7.4.1 基于累加器的 FIR 滤波器性能分析 ················ (181)

7.4.2 基于累加器的 FIR 滤波器设计步骤 ················ (184)

7.4.3 基于累加器的 FIR 滤波器 FPGA 实现后的功能仿真 ·· (186)

7.5 FIR 滤波器的 MATLAB 设计 ·························· (190)

7.5.1 基于 fir1()函数的 FIR 滤波器设计 ················ (190)

7.5.2 各种窗函数性能的比较 ·························· (193)

7.5.3 各种窗函数性能的仿真 ·························· (194)

7.5.4 基于 firpm()函数的 FIR 滤波器设计 ·············· (196)

7.5.5 基于 FDATOOL 的 FIR 滤波器设计 ················ (198)

7.6 FIR 滤波器的系数量化方法 ·························· (200)

7.7 并行结构 FIR 滤波器的 FPGA 实现 ·················· (202)

7.7.1 并行结构 FIR 滤波器的 VHDL 设计 ················ (202)

7.7.2 并行结构 FIR 滤波器的功能仿真 ·················· (206)

7.8 串行结构 FIR 滤波器的 FPGA 实现 ·················· (207)

7.8.1 两种串行结构原理 ······························ (207)

7.8.2 全串行结构 FIR 滤波器的 VHDL 设计 ·············· (208)

7.8.3 全串行结构 FIR 滤波器的功能仿真 ················ (212)

7.9 基于 FIR 核的 FIR 滤波器设计 ······················ (215)

7.9.1 FIR 滤波器系数文件（COE 文件）的生成 ············ (215)

7.9.2 基于 FIR 核的 FIR 滤波器的设计步骤 ·············· (217)

7.9.3 基于 FIR 核的 FIR 滤波器的功能仿真 ·············· (219)

7.10 FIR 滤波器的板载测试 ······························ (220)

7.10.1 硬件接口电路 ································ (220)

7.10.2 板载测试程序 ································ (221)

7.10.3 板载测试验证 ································ (224)

7.11 小结 ·· (225)

　　7.12　思考与练习 ⋯⋯⋯⋯⋯⋯⋯⋯⋯⋯⋯⋯⋯⋯⋯⋯⋯⋯⋯⋯⋯⋯⋯⋯⋯⋯⋯⋯（226）

第 8 章　IIR 滤波器设计⋯⋯⋯⋯⋯⋯⋯⋯⋯⋯⋯⋯⋯⋯⋯⋯⋯⋯⋯⋯⋯⋯⋯⋯⋯⋯⋯⋯（227）

　　8.1　IIR 滤波器的理论基础 ⋯⋯⋯⋯⋯⋯⋯⋯⋯⋯⋯⋯⋯⋯⋯⋯⋯⋯⋯⋯⋯⋯⋯⋯⋯⋯（227）

　　　　8.1.1　IIR 滤波器的原理及特性⋯⋯⋯⋯⋯⋯⋯⋯⋯⋯⋯⋯⋯⋯⋯⋯⋯⋯⋯⋯⋯（227）

　　　　8.1.2　IIR 滤波器的常用结构⋯⋯⋯⋯⋯⋯⋯⋯⋯⋯⋯⋯⋯⋯⋯⋯⋯⋯⋯⋯⋯⋯（228）

　　　　8.1.3　IIR 滤波器与 FIR 滤波器的比较⋯⋯⋯⋯⋯⋯⋯⋯⋯⋯⋯⋯⋯⋯⋯⋯⋯（231）

　　8.2　IIR 滤波器的 MATLAB 设计 ⋯⋯⋯⋯⋯⋯⋯⋯⋯⋯⋯⋯⋯⋯⋯⋯⋯⋯⋯⋯⋯⋯（232）

　　　　8.2.1　采用 butter()函数设计 IIR 滤波器 ⋯⋯⋯⋯⋯⋯⋯⋯⋯⋯⋯⋯⋯⋯⋯（232）

　　　　8.2.2　采用 cheby1()函数设计 IIR 滤波器 ⋯⋯⋯⋯⋯⋯⋯⋯⋯⋯⋯⋯⋯⋯（233）

　　　　8.2.3　采用 cheby2()函数设计 IIR 滤波器 ⋯⋯⋯⋯⋯⋯⋯⋯⋯⋯⋯⋯⋯⋯（233）

　　　　8.2.4　采用 ellip()函数设计 IIR 滤波器 ⋯⋯⋯⋯⋯⋯⋯⋯⋯⋯⋯⋯⋯⋯⋯⋯（234）

　　　　8.2.5　采用 yulewalk()函数设计 IIR 滤波器 ⋯⋯⋯⋯⋯⋯⋯⋯⋯⋯⋯⋯⋯（234）

　　　　8.2.6　几种 IIR 滤波器设计函数的比较⋯⋯⋯⋯⋯⋯⋯⋯⋯⋯⋯⋯⋯⋯⋯⋯（235）

　　　　8.2.7　采用 FDATOOL 设计 IIR 滤波器 ⋯⋯⋯⋯⋯⋯⋯⋯⋯⋯⋯⋯⋯⋯⋯⋯（237）

　　8.3　直接型结构 IIR 滤波器的 FPGA 实现 ⋯⋯⋯⋯⋯⋯⋯⋯⋯⋯⋯⋯⋯⋯⋯⋯⋯⋯（238）

　　　　8.3.1　直接型结构 IIR 滤波器的系数量化方法 ⋯⋯⋯⋯⋯⋯⋯⋯⋯⋯⋯⋯（238）

　　　　8.3.2　直接型结构 IIR 滤波器的有限字长效应 ⋯⋯⋯⋯⋯⋯⋯⋯⋯⋯⋯⋯（240）

　　　　8.3.3　直接型结构 IIR 滤波器的 FPGA 实现方法 ⋯⋯⋯⋯⋯⋯⋯⋯⋯⋯⋯（242）

　　　　8.3.4　直接型结构 IIR 滤波器的 VHDL 设计 ⋯⋯⋯⋯⋯⋯⋯⋯⋯⋯⋯⋯⋯（243）

　　　　8.3.5　MATLAB 与 Quartus II 13.1 的数据交互 ⋯⋯⋯⋯⋯⋯⋯⋯⋯⋯⋯⋯（248）

　　　　8.3.6　在 MATLAB 中生成测试信号文件 ⋯⋯⋯⋯⋯⋯⋯⋯⋯⋯⋯⋯⋯⋯⋯（249）

　　　　8.3.7　测试激励文件中的文件 I/O 功能 ⋯⋯⋯⋯⋯⋯⋯⋯⋯⋯⋯⋯⋯⋯⋯（252）

　　　　8.3.8　利用 MATLAB 分析输出信号的频谱 ⋯⋯⋯⋯⋯⋯⋯⋯⋯⋯⋯⋯⋯（255）

　　8.4　级联型结构 IIR 滤波器的 FPGA 实现 ⋯⋯⋯⋯⋯⋯⋯⋯⋯⋯⋯⋯⋯⋯⋯⋯⋯⋯（256）

　　　　8.4.1　滤波器系数的转换 ⋯⋯⋯⋯⋯⋯⋯⋯⋯⋯⋯⋯⋯⋯⋯⋯⋯⋯⋯⋯⋯⋯（256）

　　　　8.4.2　级联型结构 IIR 滤波器的系数量化 ⋯⋯⋯⋯⋯⋯⋯⋯⋯⋯⋯⋯⋯⋯（258）

　　　　8.4.3　级联型结构 IIR 滤波器的 FPGA 实现 ⋯⋯⋯⋯⋯⋯⋯⋯⋯⋯⋯⋯⋯（258）

　　　　8.4.4　级联型结构 IIR 滤波器的 VHDL 设计 ⋯⋯⋯⋯⋯⋯⋯⋯⋯⋯⋯⋯⋯（259）

　　　　8.4.5　级联型结构 IIR 滤波器 FPGA 实现后的仿真 ⋯⋯⋯⋯⋯⋯⋯⋯⋯（262）

　　8.5　IIR 滤波器的板载测试 ⋯⋯⋯⋯⋯⋯⋯⋯⋯⋯⋯⋯⋯⋯⋯⋯⋯⋯⋯⋯⋯⋯⋯⋯⋯（263）

　　　　8.5.1　硬件接口电路 ⋯⋯⋯⋯⋯⋯⋯⋯⋯⋯⋯⋯⋯⋯⋯⋯⋯⋯⋯⋯⋯⋯⋯⋯（263）

　　　　8.5.2　板载测试程序 ⋯⋯⋯⋯⋯⋯⋯⋯⋯⋯⋯⋯⋯⋯⋯⋯⋯⋯⋯⋯⋯⋯⋯⋯（264）

　　　　8.5.3　板载测试验证 ⋯⋯⋯⋯⋯⋯⋯⋯⋯⋯⋯⋯⋯⋯⋯⋯⋯⋯⋯⋯⋯⋯⋯⋯（265）

　　8.6　小结 ⋯⋯⋯⋯⋯⋯⋯⋯⋯⋯⋯⋯⋯⋯⋯⋯⋯⋯⋯⋯⋯⋯⋯⋯⋯⋯⋯⋯⋯⋯⋯⋯⋯（265）

　　8.7　思考与练习 ⋯⋯⋯⋯⋯⋯⋯⋯⋯⋯⋯⋯⋯⋯⋯⋯⋯⋯⋯⋯⋯⋯⋯⋯⋯⋯⋯⋯⋯⋯（266）

第 9 章　快速傅里叶变换（FFT）的设计 ⋯⋯⋯⋯⋯⋯⋯⋯⋯⋯⋯⋯⋯⋯⋯⋯⋯⋯⋯⋯（267）

　　9.1　FFT 的原理⋯⋯⋯⋯⋯⋯⋯⋯⋯⋯⋯⋯⋯⋯⋯⋯⋯⋯⋯⋯⋯⋯⋯⋯⋯⋯⋯⋯⋯⋯（267）

9.1.1 DFT 的原理 ·· （267）

9.1.2 DFT 的运算过程 ··· （269）

9.1.3 DFT 运算中的几个常见问题 ·· （269）

9.1.4 FFT 的基本思想 ·· （271）

9.2 FFT 的 MATLAB 仿真 ·· （272）

9.2.1 通过 FFT 测量模拟信号的频率 ··· （272）

9.2.2 通过 FFT 测量模拟信号的幅度 ··· （275）

9.2.3 频率分辨率与分辨不同频率的关系 ·· （277）

9.3 FFT 核的使用 ··· （281）

9.3.1 FFT 核简介 ··· （281）

9.3.2 FFT 核的接口及时序 ··· （282）

9.4 信号识别电路的 FPGA 设计 ··· （283）

9.4.1 频率叠加信号的时域分析 ··· （283）

9.4.2 信号识别电路的设计需求及参数分析 ··· （285）

9.4.3 信号识别电路的 VHDL 设计 ··· （286）

9.4.4 信号识别电路的 ModelSim 仿真 ··· （291）

9.5 信号识别电路的板载测试 ·· （296）

9.5.1 硬件接口电路 ··· （296）

9.5.2 板载测试的方案 ·· （297）

9.5.3 顶层文件的设计 ·· （297）

9.5.4 测试信号生成模块的设计 ··· （300）

9.5.5 接收模块的设计 ·· （303）

9.5.6 数据整理模块的设计 ··· （305）

9.5.7 串口通信模块的设计 ··· （307）

9.5.8 板载测试验证 ··· （311）

9.6 小结 ·· （313）

9.7 思考与练习 ··· （314）

参考文献 ·· （315）

上 篇

有对比,对设计平台才能有更精准的把握和理解。FPGA、ARM、DSP 等常用数字信号处理平台各有特点,只有在详细了解 FPGA 器件的结构特点之后,才能明了 FPGA 技术在数字信号处理领域里独特的优势地位。

- FPGA 的发展趋势
- Intel FPGA 的基本结构
- FPGA 的工作原理
- FPGA 与其他处理平台的比较
- FPGA 主要厂商
- 工程中如何选择 FPGA 器件
- 小结

1.1 FPGA 的发展趋势

什么是 FPGA?按照 Intel FPGA(英特尔 FPGA)官网上的介绍,FPGA 是现场可编程门阵列(Filed Programmable Gate Array)的简称。在这种半导体集成电路中,大量电气功能甚至可在设备发运至客户现场后进行更改。这些强大的设备可通过定制加速关键工作的推进,并支持设计工程师适应新兴标准或不断变化的要求。FPGA 能够为各种电气设备的设计师提供帮助,包括智能电网、飞机导航、汽车驾驶辅助、医学超声波检查和数据中心搜索引擎等领域。

自 1985 年 Xilinx(赛灵思)公司推出第一片现场可编程逻辑器件至今,FPGA 已有 20 多年的历史。在这 20 多年的发展过程中,以 FPGA 为代表的数字系统现场集成技术取得了惊人的发展。现场可编程逻辑器件从最初的 1200 个可利用门,发展到 20 世纪 90 年代的 25 万个可利用门。21 世纪之初,国际上现场可编程逻辑器件的著名厂商 Intel 公司(Intel 公司于 2015 年收购了 Altera FPGA,本书后续统称为 Intel 公司)、Xilinx 公司陆续推出了数百万门的单片 FPGA 芯片,将现场可编程器件的集成度提高到一个新的水平。FPGA 技术正处于高速发展时期,新型芯片的规模越来越大,成本越来越低,低端的 FPGA 已逐步取代了传统的数字元器件,高端的 FPGA 不断争夺专用集成电路(Application Specific Integrated Circuit,ASIC)、专用标准产品

（Application Specific Standard Parts，ASSP）、数字信号处理器（Digital Signal Processor，DSP）的市场份额。特别是随着 ARM、FPGA、DSP 技术的相互融合，在 FPGA 芯片中集成专用的 ARM 及 DSP 核的方式已将 FPGA 技术的应用推到了一个前所未有的高度。

纵观现场可编程逻辑器件的发展历史，其之所以具有巨大的市场吸引力，根本在于 FPGA 不仅可以使电子系统小型化、功耗低、可靠性高，而且开发周期短、开发软件投入少、芯片价格不断降低，越来越多地取代了 ASIC、DSP 的市场，特别是小批量、多品种的产品需求，使 FPGA 成为首选。

目前，FPGA 的主要发展动向是：随着大规模现场可编程逻辑器件的发展，系统设计进入片上可编程系统（System-On-a-Programmable-Chip，SOPC）的新纪元；芯片朝着高密度、低电压、低功耗方向发展；国际各大公司都在积极扩充其 IP 库，以优化资源，更好地满足用户的需求，扩大市场；特别引人注目的是 FPGA 与 ARM、DSP 等技术的相互融合，推动了多种芯片的融合式发展，从而极大地扩展了 FPGA 的性能和应用范围。

1. 大容量、低电压、低功耗的 FPGA

大容量 FPGA 是市场发展的焦点。FPGA 产业中的两大霸主——Intel 和 Xilinx 在超大容量 FPGA 上展开了激烈的竞争。2011 年，Intel 公司率先推出了包括三大 28 nm FPGA 系列芯片——Stratix V、Arria V 与 Cyclone V 系列芯片。Xilinx 随即推出了 28 nm FPGA 芯片，也包括三大系列——Artix-7、Kintex-7、Virtex-7。目前，Intel 已推出首款 10 nm FPGA 芯片 AGILEX。

采用深亚微米（DSM）的半导体工艺后，器件在性能提高的同时，价格逐步降低。便携式应用产品的发展对 FPGA 的低电压、低功耗的要求日益迫切。因此，无论哪个厂家、哪种类型的产品，都在瞄准这个方向努力。

2. 系统级高密度 FPGA

随着生产规模的扩大，产品应用成本的下降，FPGA 的应用已经不是过去的仅仅适用于系统接口部件的现场集成，而是灵活地应用于系统级（包括其核心功能芯片）设计之中。在这样的背景下，国际主要 FPGA 厂家在系统级高密度 FPGA 的技术发展上，主要强调了两个方面：IP（Intellectual Property，知识产权）硬核和 IP 软核。当前具有 IP 内核的系统级 FPGA 的开发主要体现在两个方面：一方面是 FPGA 厂商将 IP 硬核（指完成版图设计的功能单元模块）嵌入 FPGA 器件；另一方面是大力扩充优化的 IP 软核（指使用 HDL 语言设计并经过综合验证的功能单元模块），用户可以直接利用这些预定义的、经过测试和验证的 IP 核资源，有效地完成复杂的片上系统设计。

3. 硅片融合的趋势

2011 年以后，整个半导体业界芯片融合的趋势越来越明显。例如，以 DSP 见长的德州仪器（Texas Instruments，TI）、美国模拟器件公司（Analog Device Inc.，ADI）相继推出将 DSP 与 MCU（Micro Control Unit，微控制单元）集成在一起的芯片平台，而以做 MCU 平台为主的厂商也推出了在 MCU 平台上集成 DSP 核的方案。在 FPGA 业界，这个趋势更加明显，除 DSP 核和处理器 IP 早已集成在 FPGA 芯片上外，FPGA 厂商还积极与处理器厂商合作，推出集成了 FPGA 的处理器平台产品。

这种融合趋势出现的根本原因是什么呢？这还要从 CPU、DSP、FPGA 和 ASIC 各自的优缺点说起。通用的 CPU 和 DSP 软件可编程、灵活性高，但功耗较高；FPGA 具有硬件可编程的特点，非常灵活，功耗较低；ASIC 是针对特定应用固化的、不可编程、不灵活，但功耗很低。这就产生了一个矛盾，即灵活性和效率的矛盾。随着电子产品推陈出新速度不断加快，人们对产品设计的灵活性和功耗效率的要求越来越高，怎样才能兼顾灵活性和功效，是一个巨大的挑战。半导体业内最终共同认可了一点——芯片的融合。将不同特点的芯片集成在一起，让平台具备它们所有的优点，避免所有的缺点。因此，"微处理器+DSP+专用 IP+可编程"架构成为芯片融合的主要架构。

在芯片融合的方向上，FPGA 具有天然的优势。这是因为 FPGA 本身的架构非常清晰，其生态系统经过多年的培育、发展，已非常完善，软、硬件和第三方合作伙伴都非常成熟。此外，其自身在发展过程中已经进行了很多 CPU、DSP 和许多硬 IP 的集成，因此在与其他处理器进行融合时，具有成熟的环境和丰富的经验。Intel 和 Xilinx 均已和业内各个 CPU 厂商展开了合作，推出了混合系统架构的产品。例如，在 FPGA 芯片内嵌入基于双核 ARM Cortex-A9 MPCore 的处理器平台可以让开发人员同时拥有串行和并行处理能力，可为各种嵌入式系统的开发人员提供强大的系统性能、灵活性和集成度。

1.2 Intel FPGA 的基本结构

目前主流的 FPGA 仍是基于查找表技术（Look-Up-Table，LUT）的，但已经远远超出了先前版本的基本性能，并且整合了常用功能（如 RAM、时钟管理和 DSP）的硬核模块。如图 1-1 所示（图 1-1 只是一个示意图，实际上每个系列的 FPGA 都有其相应的内部结构），FPGA 芯片主要由 6 部分组成，分别为可编程输入/输出单元（Input/Output Block，IOB）、基本可编程逻辑块（Configurable Logic Block，CLB）、时钟网络（Clock Networks，CN）、嵌入式块 RAM（Block RAM，BRAM）、丰富的布线资源和内嵌专用硬件模块等。

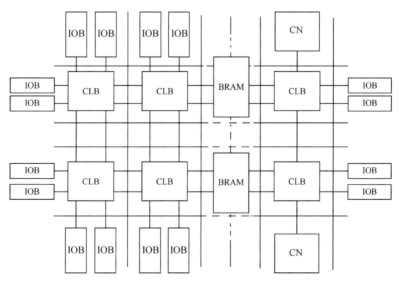

图 1-1　FPGA 芯片内部结构示意图

目前所说的 PLD 器件，通常是指 FPGA 与 CPLD 器件。FPGA 与 CPLD 器件因其内部结构不同，集成度、运算速度、功耗及应用方面均有一定的差别。通常将以乘积项结构方式构成逻辑行为的器件称为 CPLD，如 Xilinx 的 XC9500 系列、Intel 的 MAX7000S 系列和 Lattice 的 Mach 系列产品等。这类器件的逻辑门密度为几千到几万个逻辑单元。CPLD 更适合触发器有限而乘积项丰富的结构，适合完成复杂的组合逻辑。通常将基于查找表（Look-Up-Table, LUT）结构的 PLD 器件称为 FPGA，如 Xilinx 公司的 Spartan、Virtex、7 系列产品，Intel 公司的 Cyclone、Arria、Stratix 系列产品等。FPGA 是在 CPLD 等逻辑器件的基础上发展起来的。作为 ASIC 领域的一种半定制电路器件，它克服了 ASIC 器件灵活性不足的缺点，同时解决了 CPLD 等器件逻辑门电路资源有限的缺点，这种器件的密度通常为几万门到几百万门。FPGA 更适合触发器丰富的结构，适合完成时序逻辑，因此在数字信号处理领域多使用 FPGA 器件。

1.2.1　可编程输入/输出单元

可编程输入/输出单元简称 I/O 单元，是芯片与外界电路的接口部分，完成不同电气特性对输入/输出信号的驱动与匹配要求。FPGA 内部的 IOB 结构图如图 1-2 所示。

FPGA 内的 I/O 按组分类，每组都能够独立地支持不同的 I/O 标准。通过软件的灵活配置，可适应不同的电气标准与 I/O 物理特性，可以调整驱动电流的大小，可以改变上、下拉电阻的阻值。目前，I/O 口的频率越来越高，一些高端的 FPGA 通过 DDR 寄存器技术可以支持高达 2 Gbps 的数据速率。外部输入信号可以通过 IOB 的存储单元输入 FPGA 的内部，也可以直接输入到 FPGA 内部。为了便于管理和适应多种电气标准，FPGA 的 IOB 被划分为若干个组（Bank），各个 Bank 的接口标准由其接口电压 V_{cco} 决定，一个 Bank 只能有一种 V_{cco}，但不同 Bank 的 V_{cco} 可以不同。只有相同电气标准的接口才能连接在一起，V_{cco} 相同是接口标准化的基本条件。

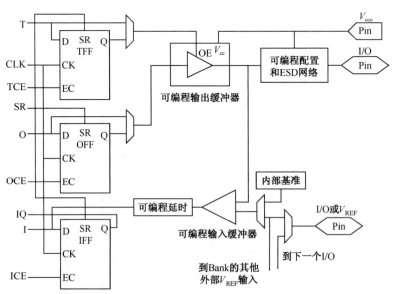

图 1-2　FPGA 内部的 IOB 结构图

1.2.2　可配置逻辑块

CLB 是 FPGA 内的基本逻辑单元，其实际数量和特性因器件的不同而不同。用户可以根据设计需要灵活地改变其内部连接与配置，从而完成不同的逻辑功能。FPGA 一般是基于 SRAM 工艺的，其基本可配置逻辑块几乎都由查找表（LUT，Look Up Table）和寄存器（Register）组成。FPGA 内部的查找表一般为 4 输入 LUT。Altera 公司的一些高端 FPGA 芯片采用了自适应逻辑块（Adaptive Logic Modules，ALM）结构，可根据设计需求由设计工具自动配置成所需的模式，如 5 输入和 3 输入的 LUT，或 6 输入和 2 输入的 LUT，或 2 个 4 输入的 LUT 等。查找表一般用于完成组合逻辑功能。

FPGA 内部寄存器的结构相当灵活，可以配置为带同步/异步复位或置位、时钟使能的触发器（Flip Flop，FF），也可以配置成锁存器（Latch）。FPGA 一般依赖寄存器完成同步时序逻辑设计。一般来说，比较经典的基本可配置逻辑块是一个寄存器加一个查找表，但是不同厂商的寄存器和查找表的内部结构有一定的差异，而且寄存器和查找表的组合模式也不同。例如，Intel 公司的可配置逻辑块通常称为逻辑单元（Logic Element，LE），由 1 个寄存器和 1 个 LUT 构成。Intel 公司的大多数 FPGA 将 10 个 LE 有机地组合起来，构成更大的功能单元-逻辑阵列模块（Logic Array Block，LAB），LAB 中除 LE 外，还包含 LE 间的进位链、LAB 控制信号、局部互连线、LUT 链、寄存器链等连线与控制资源。典型的 LAB 结构示意图如图 1-3 所示。

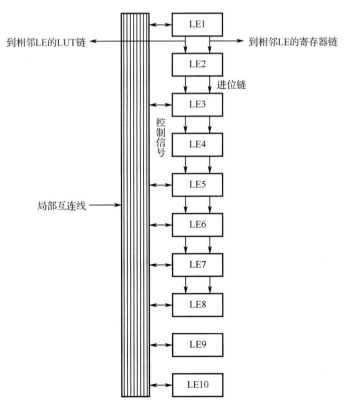

图 1-3　典型的 LAB 结构示意图

Xilinx 公司的可编程逻辑单元称为 Slice，它由上下两部分构成，每部分都由 1 个寄存器加 1 个 LUT 组成，称为逻辑单元（Logic Cell，LC），两个 LC 之间有一些共用逻辑，可以完成 LC 之间的配合与级联。Lattice 公司的底层逻辑单元称为可编程功能单元（Programmable Runction Unit，PFU），它由 8 个 LUT 和 8～9 个寄存器构成。当然，这些可编程单元的配置结构随着器件的发展在不断更新，更新的可编程逻辑器件常常根据设计需求推出一些新的 LUT 和寄存器的配置比例，并优化其内部的连接构造。

了解底层配置单元的 LUT 和寄存器配置比例的一个重要意义在于器件选型和规模估算。很多器件手册中用器件的 ASIC 门数或等效的系统门数表示器件的规模。但是由于目前 FPGA 内部除基本 CLB 外，还包含有丰富的嵌入式块 RAM、PLL 或 DLL，以及专用硬知识产权功能核（Hard IP Core，硬核）等。这些功能模块会等效出一定规模的系统门，所以用基本 CLB 的数量来权衡系统是不准确的，常常会使设计者混淆。比较简单科学的方法是用器件的寄存器或 LUT 数量来衡量（一般来说，两者的比例为 1∶1）。例如，Xilinx 公司的 Spartan-3 系列中的 XC3S1000 有 15360 个 LUT，而 Lattice 公司的 EC 系列中的 LFEC15E 也有 15360 个 LUT，所以这两款 FPGA 的 CLB 的数量基本相当，属于同一规模的产品。同理，Intel 公司的 Cyclone 器件簇的 EP1C12 的 LUT 数量是 12060 个，就比前两款 FPGA 芯片规模略小。需要说明的是，器件选型是一个综合性问题，需要将设计的需求、成本、规模、速度等级、时钟资源、I/O 特性、封装、专用功能模块等诸多因素综合起来考虑。

LE 是 Altera FPGA 芯片的基本逻辑单位，通常由 1 个 4 输入查找表、1 个可编程触发器，以及一些辅助电路组成。LE 有两种工作模式：正常模式和动态算术模式，其中正常模式用于实现普通的组合逻辑功能，动态算术模式用于实现加法器、计数器和比较器等功能。

LE 正常模式的结构如图 1-4 所示，LUT 作为通用的 4 输入函数，实现组合逻辑功能。LUT 的组合输出可以直接输出到行、列互连线，或者通过 LUT 链输出到下面 LE 的 LUT 输入端，也可以经过触发器的寄存后输出到行列互连线。触发器同样可以通过触发器链串起来作移位寄存器。在不相关的逻辑功能中使用的 LUT 和触发器可以打包到同一个 LE 中，而且同一个 LE 中的触发器的输出可以反馈到 LUT 中实现逻辑功能，这样可以提高资源的利用率。

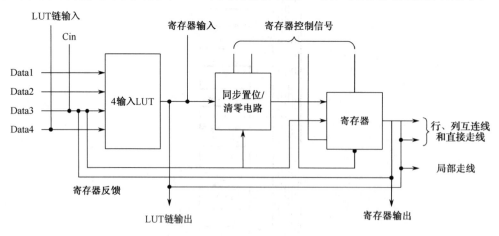

图 1-4　LE 正常模式的结构

LE 动态算术模式的结构如图 1-5 所示，LE 的 4 输入 LUT 被配置成 4 个 2 输入的 LUT，用于计算两个数之"和"与"进位值"。

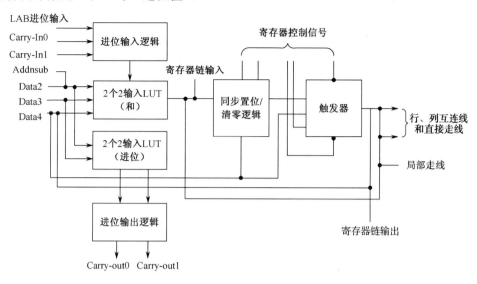

图1-5 LE动态算术模式的结构

1.2.3 时钟网络资源

业内大多数FPGA提供数字时钟网络资源或时钟管理模块,用于产生用户所需的稳定时钟信号,时钟管理模块主要由锁相环完成。锁相环能够提供精确的时钟综合,且能够减小抖动,并实现过滤功能。内嵌的数字时钟管理模块主要指延迟锁定环(Delay Locked Loop,DLL)、锁相环(Phase Locked Loop,PLL)、DSP等。现在,越来越丰富的内嵌功能单元使得单片FPGA成为系统级的设计工具,使其具备了软、硬件联合设计的能力,并逐步向SOC平台过渡。DLL和PLL具有类似的功能,可以完成时钟高精度、低抖动的倍频和分频,以及占空比的调整和移相等功能。Xilinx公司的FPGA芯片集成了DCM和DLL;Intel公司的FPGA芯片集成了PLL;Attice公司的新型FPGA芯片同时集成了PLL和DLL,可以通过IP核生成工具方便地进行管理和配置PLL和DLL。典型的DLL结构如图1-6所示。

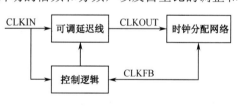

图1-6 典型的DLL结构

1.2.4 嵌入式块RAM

大多数FPGA都具有嵌入式块RAM,这大大拓展了FPGA的应用范围和灵活性。块RAM(BRAM)可被配置为单端口RAM、双端口RAM、地址存储器(CAM)和FIFO等常用存储结构。CAM内部的每个存储单元中都有一个比较逻辑,写入CAM中的数据会和内部的每个数据进行比较,并返回与端口数据相同的所有数据的地址。除BRAM外,还可以将FPGA中的LUT灵活地配置成RAM、ROM和FIFO等存储结构。在实际应用中,FPGA芯片内部的BRAM数量也是选择芯片的一个重要因素。

1.2.5　丰富的布线资源

布线资源连通 FPGA 芯片内部的所有单元，而连线的长度和工艺决定了信号在连线上的驱动能力和传输速度。FPGA 芯片内部有着丰富的布线资源。根据工艺、长度、宽度和分布位置的不同，可分为 4 类不同的布线资源：第一类是全局布线资源，用于芯片内部全局时钟和全局复位/置位的布线；第二类是长线资源，用于完成芯片 Bank 间的高速信号和第二全局时钟信号的布线；第三类是短线资源，用于完成基本逻辑单元之间的逻辑互连和布线；第四类是分布式的布线资源，用于专有时钟、复位等控制信号线。

在实际工程设计中，设计者不需要直接选择布线资源，布局布线器可根据输入逻辑网表的拓扑结构和约束条件自动选择布线资源来连通各个模块单元。从本质上来讲，布线资源的使用方法和设计的结果有密切、直接的关系。

1.2.6　内嵌专用硬核

内嵌专用硬核是相对于底层嵌入的软核而言的，FPGA 芯片内部集成的处理能力强大的硬核（Hard Core），等效于 ASIC 电路。为了提高 FPGA 性能，芯片生产商在芯片内部集成了一些专用的硬核。例如，为了提高 FPGA 的乘法速度，主流的 FPGA 芯片中都集成了专用乘法器；为了适用通信总线与接口标准，很多高端的 FPGA 芯片内部都集成了串/并收发器（SERDES），可以达到数 10 Gbps 的收发速度。Xilinx 公司的高端产品不仅集成了 PowerPC 系列 CPU，还内嵌了 DSP Core 模块，其相应的系统级设计工具是 EDK 和 Platform Studio，并依此提出了片上系统（System on Chip）的概念。通过 PowerPC、Miroblaze、Picoblaze 等平台，能够开发标准的 DSP 处理器及其相关应用。Intel 公司的高端 FPGA 芯中不仅集成了大量的硬件乘法器、DSP 核、多个高速收发器模块、PCIe 硬核模块，还集成了 ARM Cortex-A9 等具有强大实时处理功能的嵌入式硬核，从而实现 SoC 的开发目的。

1.3　FPGA 的工作原理

众所周知，类似于 PROM（Programmable Read Only Memory，可编程只读存储器）、EPROM（Erasable Programmable Read Only Memory，可擦可编程只读存储器）、EEPROM（Electrically Erasable Programmable Read Only Memory，电可擦可编程只读存储器）可编程器件的可编程原理是通过加高压或紫外线使三极管或 MOS 管内部的载流子密度发生变化，实现所谓的可编程的，但是这些器件大多只能实现单次可编程，或者编程状态难以稳定。FPGA 则不同，它采用了 LCA（Logic Cell Array，逻辑单元阵列）这样一个新概念，内部包括 CLB（Configurable Logic Block，可配置逻辑模块）、IOB（Input Output Block，输入/输出模块）和内部连线（Interconnect）三部分。FPGA 的可编程实际上是改变了 CLB 和 IOB 的触发器状态，这样可以实现多次编程。由于 FPGA 需要被反复烧写，它实现组合逻辑的基本结构不可能像 ASIC 那样通过固定的与非门来完成，而只能采用一种易于反复配置的结构。查找表可以很好地满足这一要求。目前主流的 FPGA 都采用了基于 SRAM 工艺的查找表结构，也有一些军品和宇航级 FPGA 采用 Flash 或者熔丝与反熔丝工艺的查找表结构。

根据数字电路的基本知识可以知道，对于一个 n 输入的逻辑运算，不论是与、或运算，还是其他逻辑运算，最多只可能存在 2^n 种结果。所以如果事先将相应的结果存放于一个存储单元，就相当于实现了与非门电路的功能。FPGA 的原理也是如此，它通过烧写程序文件配置查找表的内容，从而在相同电路结构的情况下实现不同的逻辑功能。查找表在本质上就是一个 RAM。目前，FPGA 中多使用 4～6 输入的 LUT，所以每个 LUT 都可以看成一个有 4～6 位地址线的 RAM。当用户通过原理图或 HDL 语言描述一个逻辑电路后，FPGA 开发软件会自动计算逻辑电路的所有可能结果，并把真值表（结果）事先写入 RAM，如表 1-1 所示。这样，每输入一个信号进行逻辑运算，就等于输入一个地址进行查表，找出地址对应的内容，然后输出即可。

表 1-1　LUT 输入与门的真值表

实际逻辑电路		LUT 的实现方式	
a b c d — out		地址线 a b　16×1 RAM　输出 c　（LUT） d	
a、b、c、d 输入	逻辑输出	地　　址	RAM 中存储的内容
0000	0	0000	0
0001	0	0001	0
…	0	…	0
1111	1	1111	1

从表 1-1 中可以看到，LUT 具有和逻辑电路相同的功能。实际上，LUT 具有更快的执行速度和更大的规模。由于基于 LUT 的 FPGA 具有很高的集成度，其器件密度从数万门到数千万门不等，可以完成极其复杂的时序逻辑与组合逻辑电路功能，所以适用于高速、高密度的高端数字逻辑电路设计。

FPGA 是由存放在片内 RAM 中的程序来设置其工作状态的，因此工作时需要对片内 RAM 进行编程。用户可以根据不同的配置模式，采用不同的编程方式编程。加电时，FPGA 芯片将 EPROM 中的数据读入片内 RAM，配置完成后，FPGA 进入工作状态。掉电后，FPGA 恢复成白片，内部逻辑关系消失，因此 FPGA 能够反复使用。FPGA 的编程不需要专用的 FPGA 编程器，只需用通用的 EPROM、PROM 编程器。Actel、QuickLogic 等公司还提供反熔丝技术的 FPGA，具有抗辐射、耐高低温、功耗低和速度快等优点，在军品和航空航天领域中应用较多，但这种 FPGA 不能重复擦写，在开发初期应用比较麻烦，费用也比较昂贵。

1.4　FPGA 与其他数字信号处理平台的比较

目前，现代数字信号处理平台主要有 ASIC、DSP、ARM 及 FPGA 四种。随着半导体芯片生产工艺的不断发展，这几种平台的应用领域越来越相互融合，但因各自的侧重点不同，依然有各自的优势及鲜明特点。对于几个平台的性能、特点、应用领域等方面的比较分析一直是广大技术人员及专业媒体讨论的热点之一。相对而言,ASIC 只提供可以接受的可编程性和集成水平,通常可为指定的功能提供最佳解决方案;DSP 可为涉及复杂分析或决策分析的功能提供最佳可编程解决方案;ARM 则在嵌入式操作系统、可视化显示等领域得到广泛的应用;FPGA 可为高度并行或涉及线性处理的高速信号处理功能提供最佳的可编程解决方案。接下来对这几种数字信号处理平台的特点进行简要介绍。

1.4.1　ASIC、DSP、ARM 的特点

ASIC 是 Application Specific Integrated Circuit 的英文缩写,是一种为专门目的而设计的集成电路。ASIC 设计主要有全定制(Full-Custom)设计方法和半定制(Semi-Custom)设计方法。半定制设计又可分为门阵列设计、标准单元设计、可编程逻辑设计等。全定制方法完全由设计师根据工艺,以尽可能高的速度和尽可能小的面积,独立地进行芯片设计。这种方法虽然灵活性高,而且可以达到最优的设计性能,但是需要花费大量的时间与人力来进行人工布局布线,而且一旦需要修改内部设计,将不得不影响到其他部分的布局,所以设计成本相对较高,适合大批量的 ASIC 芯片设计,如存储芯片的设计等。相比之下,半定制方法是一种基于库元件的约束性设计。约束的主要目的是简化设计、缩短设计周期,并提高芯片的成品率。它更多地利用了 EDA(Electronics Design Automation,电子设计自动化)系统来完成布局布线等工作,可以大大减少设计工程师的工作量,因此比较适合小规模设计生产和实验。

DSP(Digital Signal Processor,数字信号处理器)是一种独特的微处理器,有自己的完整指令系统,是以数字信号来处理大量信息的器件。一个 DSP 芯片内包括控制单元、运算单元、各种寄存器,以及一定数量的存储单元等,在其外围还可以连接若干存储器,并可以与一定数量的外部设备通信,有软、硬件的全面功能,本身就是一个微型计算机。DSP 采用的是哈佛结构设计,即数据总线和地址总线分开,使程序和数据分别存储在两个分开的空间,允许取指令和执行指令完全重叠。也就是说,在执行一条指令的同时就可取出下一条指令,并进行译码,这大大提高了微处理器的速度;还允许在程序空间和数据空间之间进行传输,因而提高了器件的灵活性。其工作原理是接收模拟信号,将其转换为 0 或 1 的数字信号,再对数字信号进行修改、删除、强化,并在其他系统芯片中把数字数据解译回模拟数据或实际环境格式。它不仅具有可编程性,而且其实时运行速度可达数千万条复杂指令每秒,远远超过通用微处理器,是数字化电子世界中日益重要的处理器芯片,它的强大数据处理能力和高运行速度,是最值得称道的两大特色。由于它运算能力很强、速度很快、体积很小,而且采用软件编程,具有高度的灵活性,因此为各种复杂的应用提供了一条有效途径。当然,与通用微处理器相比,DSP 芯片的其他通用功能相对较弱。

ARM(Advanced RISC Machines,高级精简指令集计算机)嵌入式处理器是一种 32 位高性能、低功耗的精简指令集(Reduced Instruction Set Computing,RISC)芯片,它由英国 ARM公司设计,世界上几乎所有的主要半导体厂商都生产基于 ARM 体系结构的通用芯片,或在其专用芯片中嵌入 ARM 的相关技术,例如,TI、Motorola、Intel、Atmel、Samsung、Philips、Altera、NEC、Sharp、NS 等公司都有相应的产品。ARM 只是一个核,ARM 公司自己不生产芯片,采用授权方式给半导体生产商。目前,全球几乎所有的半导体厂家都向 ARM 公司购买了各种 ARM 核,配上不同的控制器(如 LCD 控制器、SDRAM 控制器、DMA 控制器等)和外设、接口,生产各种基于 ARM 核的芯片。目前,基于 ARM 核的各种处理器型号有好几

百种，在国内市场上，常见的有 ST、TI、NXP、Atmel、Samsung、OKI、Sharp、Hynix、Crystal 等厂家的芯片。用户可以根据各自的应用需求，从性能、功能等方面考虑，在许多具体型号中选择最合适的芯片来设计自己的应用系统。由于 ARM 核采用向上兼容的指令系统，用户开发的软件可以非常方便地移植到更高的 ARM 平台。ARM 微处理器一般都具有体积小、功耗低、成本低、性能高、速度快的特点，目前 ARM 芯片广泛应用于工业控制、无线通信、网络产品、消费类电子产品、安全产品等领域，例如，交换机、路由器、数控设备、机顶盒及智能卡都采用了 ARM 技术。可以预见，ARM 技术将在电子信息领域中有越来越广泛的应用。

1.4.2 FPGA 的特点及优势

作为专用集成电路（ASIC）领域中的一种半定制电路，FPGA 既克服了定制电路的不足，又克服了原有可编程器件门电路数有限的缺点。可以毫不夸张地讲，FPGA 能完成任何数字器件的功能，上至高性能 CPU，下至简单的 74 电路，都可以用 FPGA 来实现。FPGA 如同一张白纸或是一堆积木，工程师可以通过传统的原理图输入法或硬件描述语言，自由设计一个数字系统。通过软件仿真，可以事先验证设计的正确性。在完成 PCB 以后，还可以利用 FPGA 的在线修改能力，随时修改设计而不必改动硬件电路。使用 FPGA 开发数字电路，可以大大缩短设计时间，减小 PCB 面积，提高系统的可靠性。当需要修改 FPGA 功能时，只需更换 EPROM 中的程序数据即可。这样，用同一片 FPGA，用不同的编程数据可以产生不同的电路功能，因此 FPGA 的使用非常灵活。可以说，FPGA 芯片是小批量系统提高系统集成度、可靠性的最佳选择之一。目前，FPGA 的品种很多，有 Xilinx 的 XC 系列产品、TI 公司的 TPC 系列产品、Altera 公司的 FIEX 系列产品等。

DSP 主要是用来计算的，如进行加密解密、调制解调等，优势是具有强大的数据处理能力和较高的运行速度。ARM 具有较强的事务管理功能，可以用来运行界面和应用程序等，其优势主要体现在控制方面。FPGA 可以用 VHDL 或 Verilog HDL 来编程，灵活性高，由于能够进行编程、除错、再编程和重复操作，因此可以充分地进行设计开发和验证。当电路有少量改动时，更能显示 FPGA 的优势，其现场编程能力可以延长产品在市场上的寿命，因为这种能力可以用来进行系统升级或除错。

任何信号处理器性能的鉴定都必须包括该器件是否能在指定的时间内完成所需的功能。其中一种最基本的鉴定方法就是多个乘加运算处理时间的测量。考虑一个具有 16 个抽头的简单 FIR 滤波器，要求其在每次采样中都完成 16 次乘积和累加（MAC）操作。德州仪器公司的 TMS320C6203 DSP 具有 300 MHz 的时钟频率，在合理的优化设计中，每秒可完成 4 亿至 5 亿次 MAC 操作。这意味着 C6203 系列器件的 FIR 滤波器具有最高为 3100 万次采样每秒的输入速率。在 FPGA 中，所有 16 次 MAC 操作均可并行执行。对于 Xilinx 的 Virtex 器件，16 位 MAC 操作大约需要配置 160 个结构可重置的逻辑块（CLB），因此 16 个并发 MAC 操作的设计实现将需要大约 2560 个 CLB。XCV300E 可轻松地实现上述配置，并允许 FIR 滤波器工作在 1 亿次采样每秒的输入速率。

无线通信技术发展的理论基础之一是软件无线电技术，而数字信号处理技术无疑是实现软件无线电技术的基础。无线通信一方面正向语音和数据综合的方向发展；另一方面，在手持 PDA 产品中越来越多地需要综合移动技术，这对应用于无线通信中的 FPGA 芯片提出了严峻的挑战，其中最重要的三个方面是功耗、性能和成本。为适应无线通信的发展需要，FPGA

系统芯片（System on a Chip，SoC）的概念、技术、芯片应运而生。利用系统芯片技术将尽可能多的功能集成在一片 FPGA 芯片上，使其具有速率高、功耗低的性能特点，不仅价格低廉，还可以降低复杂性，便于使用。

实际上，FPGA 器件的功能早已超越了传统意义上的胶合逻辑功能。随着各种技术的相互融合，为了同时满足运算速度、复杂度，以及降低开发难度的需求，目前在数字信号处理领域及嵌入式技术领域，"FPGA+DSP+ARM"的配置模式已浮出水面，并逐渐成为标准的配置模式。

1.5 FPGA 的主要厂商

除大家耳熟能详的 Xilinx 和 Intel 两家 FPGA 厂商外，世界上还有一些 FPGA 厂商，它们的产品虽然不如 Xilinx 和 Intel 的产品那样得到广泛的应用，但也各具特点。接下来我们简单介绍 FPGA 的主要厂商。

1.5.1 Xilinx 公司

Xilinx 公司成立于 1984 年，首创现场可编程逻辑阵列这一创新性的技术，并于 1985 年首次推出商业化产品。Xilinx 是全球领先的可编程逻辑完整解决方案的供应商。Xilinx 研发、制造并销售范围广泛的高级集成电路、软件设计工具及作为预定义系统级功能的 IP（Intellectual Property）核。用户使用 Xilinx 及其合作伙伴的自动化软件工具和 IP 核对器件进行编程，从而完成特定的逻辑操作。目前，Xilinx 满足了全世界对 FPGA 产品一半以上的需求。Xilinx 产品线还包括复杂可编程逻辑器件。在某些控制应用方面，CPLD 通常比 FPGA 速度快，但其提供的逻辑资源较少。Xilinx 可编程逻辑解决方案缩短了电子设备制造商开发产品的时间，并加快了产品面市的速度，从而减小了制造商的风险。与采用传统方法，如固定逻辑门阵列相比，利用 Xilinx 可编程器件，用户可以更快地设计和验证电路。而且，由于 Xilinx 器件是只需要进行编程的标准部件，用户不需要像采用固定逻辑芯片时那样等待样品或付出巨额成本。

Xilinx 产品已经被广泛应用于从无线电话基站到 DVD 播放机的数字电子应用技术中。传统的半导体公司只有几百个用户，而 Xilinx 在全世界有 7500 多用户，包括 Alcatel、Cisco Systems、EMC、Ericsson、Fujitsu、Hewlett-Packard、IBM、Lucent Technologies、Motorola、NEC、Nokia、Nortel、Samsung、Siemens、Sony、Sun Microsystems 及 Toshiba。

图 1-7 所示是 Xilinx 公司的商标和典型芯片实物。

（a）商标   （b）典型芯片

图 1-7 Xilinx 公司的商标和典型芯片实物

1.5.2　Intel 公司

Intel 公司的 FPGA 业务来自对 Altera 公司的收购。总部位于美国硅谷的 Altera 公司自 1983 年发明世界上第一款可编程逻辑器件以来，一直是创新定制逻辑解决方案的领先者。Altera 公司秉承了创新的传统，是世界上"可编程芯片系统"（SOPC）解决方案倡导者。Altera 结合带有软件工具的可编程逻辑技术、知识产权（IP）和技术服务，在世界范围内为 14000 多个用户提供高质量的可编程解决方案。新产品系列将可编程逻辑的内在优势——灵活性、产品及时面市和更高级性能及集成化结合在一起，专为满足当今大范围的系统需求而开发设计。今天，分布在 19 个国家的 2600 多名员工为各行业的用户提供更具创造性的定制逻辑解决方案，帮助他们解决从功耗到性能，以及成本的各种问题。用户行业包括汽车、广播、计算机和存储、消费类、工业、医疗、军事、测试测量、无线和固网等。Altera 全面的产品组合不但有器件，而且包括全集成软件开发工具、通用嵌入式处理器、经过优化的知识产权内核、参考设计实例和各种开发套件等。

2015 年 6 月，Intel 公司宣布以 167 亿美元的价格收购 Altera 公司，从而成为 Intel 历史上最大的收购案例。一时业界针对此事的评论铺天盖地。Intel+FPGA 会得出什么样的结果？某一天一觉醒来，你发现可以从互联网上下载一个 FPGA 程序，这个程序可以升级你的计算机的 CPU？一切皆有可能。

图 1-8 所示是 Intel 公司的商标和典型芯片实物。

（a）商标　　　　　　　　　　　　　（b）典型芯片

图 1-8　Intel 公司的商标和典型芯片实物

1.5.3　Lattice 公司

Lattice（莱迪思）半导体公司于 1983 年在美国俄勒冈州成立，1985 年在特拉华州重组。莱迪思半导体公司还在上海设有研发中心。

Lattice 半导体公司提供业界最广范围的现场可编程门阵列、可编程逻辑器件及其相关软件，包括现场可编程系统芯片（FPSC）、复杂的可编程逻辑器件、可编程混合信号产品和可编程数字互联器件。莱迪思还提供业界领先的 SERDES 产品。相对于其他 FPGA 厂商的产品，Lattice 的产品能提供瞬时上电操作、安全性高和节省空间的单芯片解决方案，以及一系列无可匹敌的非易失可编程器件。

图 1-9 所示是 Lattice 公司的商标和典型芯片实物。

（a）商标　　　　　　　　　　（b）典型芯片

图 1-9　Lattice 公司的商标和典型芯片实物

1.5.4　Actel 公司

Actel（爱特）公司成立于 1985 年，位于美国纽约。在 20 多年时间里，Actel 一直效力于美国军工和航空领域，并禁止对外出售。目前，Actel 逐渐转向民用和商用，除反熔丝系列产品外，还推出了可重复擦除的 ProASIC3 系列产品（针对汽车、工业控制、军事航空行业）。以下是 Actel 与其他公司（Altera、Xilinx、Lattice）的 FPGA 对比的独特之处。

1）本质结构不一样

Actel 的 FPGA 是基于 Flash 结构的，Altera、Xilinx 和 Lattice 的 FPGA 都采用 SRAM 结构，掉电后数据丢失，因此需要一块配置芯片，而 Actel 的 FPGA 无须配置。

2）安全性高——无法破解

Actel 的 FPGA 内部有双重保密功能：一个是 128 位 Flashlock 加密，另一个是 128 位 AES 加密（全部在软件中自由设置），可真正实现保护知识产权。Flashlock 密钥是保护芯片，防止他人进行效验、编程、擦除。只有正确的 128 位 Flashlock 密钥才能进行对芯片擦除/重写。2^{64} 已经很大，2^{128} 就更大了。就算运气好，把 Flashlock 密码破解了，还有使用 128 位 AES 加密的程序代码，即使用世界上最快的计算机解密也要 100 亿年。因此，Actel 的代码基本可以实现网上传输。也许有人会说用反向工程，可采取磨芯片获取开关状态。但是 Actel 的晶体管都在 7 层金属铜之下，如果把 7 层金属铜去掉了，还不破坏布线结构和内部晶体管，基本是不可能的，这也是军事和航空领域全部使用 Actel 的原因。

3）上电即运行

Actel 的 FPGA 与其他公司的 FPGA 相比，还有一个优点就是上电即运行。这个特性有助于系统组件的初始化、处理器唤醒紧急任务的执行，而 Altera、Xilinx 的 FPGA 从上电到正常工作需要 0.2 s。这点也正是 Actel 的 FPGA 广泛应用于军事和航空领域的原因。例如，不停车收费系统就利用了 Actel 的 FPGA 上电即运行的性能。汽车在高速公路上行驶的速度特别快，而在远离收费区时，FPGA 处于掉电状态；当接近收费区时，FPGA 启动工作，所以设计中必须要满足 FPGA 上电就工作。SRAM 型的 FPGA 上电配置需要 0.2 s，可能导致结果是等到 FPGA 开始工作时，汽车已经开出了射频识别区，主站无法收到车载发送的数据。

4）无可挑剔的稳定性

Actel 的 FPGA 具有硬件免疫能力，就是任何高能量的中子和 α 粒子撞击器件都丝毫没有影响，但是 SRAM 型的 FPGA 不能承受高能量粒子的撞击，不能适应恶劣的环境。这也是 Actel 的 FPGA 在军事、汽车行业中的优势所在。

图 1-10 所示是 Actel 公司的商标和典型芯片实物。

（a）商标　　　　　　　　　　　　（b）典型芯片实物

图 1-10　Actel 公司的商标和典型芯片实物

1.5.5　Atmel 公司

Atmel 公司在系统级集成方面所拥有的世界级专业知识和丰富的经验使其产品可以在现有模块的基础上进行开发，可保证最短的开发延期和最小的风险。凭借业界最广泛的知识产权组合，Atmel 是提供电子系统完整的系统解决方案的厂商。Atmel 集成电路的应用主要集中在消费品、工业、安全、通信、计算和汽车市场。

Atmel 公司是世界上高级半导体产品设计、制造的行业领先者，其产品包括微处理器、可编程逻辑器件、非易失性存储器、安全芯片、混合信号及射频信号识别技术集成电路。通过这些核心技术的组合，Atmel 生产出各种通用及每特定应用的系统级芯片，以满足当今电子系统设计工程师不断增长和演进的需求。

通过分布于超过 60 个国家的生产、工程、销售及分销网络，Atmel 承诺为北美洲、欧洲和亚洲的电子市场服务。Atmel 帮助用户设计更小、更便宜、更多特性的产品来领导市场。图 1-11 所示是 Atmel 公司的商标和典型芯片实物。

（a）商标　　　　　　　　　　　　（b）典型芯片实物

图 1-11　Atmel 公司的商标和典型芯片实物

1.6　工程中如何选择 FPGA 器件

由于 FPGA 具备设计灵活、可以重复编程的优点，因此在电子产品设计领域得到了越来越广泛的应用。在工程项目或者产品设计中，选择 FPGA 芯片可以参考以下的几点策略和原则。

1）尽可能选择成熟的产品

FPGA 芯片的工艺一直走在芯片设计领域的前列，产品更新换代速度非常快。稳定性和可靠性是产品设计需要考虑的关键因素。厂家最新推出的 FPGA 系列产品一般都没有经过大批量应用的验证。选择这样的芯片会增加设计的风险。而且，最新推出的 FPGA 芯片因为产量比较小，一般供货情况不会很理想，价格也会偏高一些。如果成熟的产品能满足设计指标要求，那么最好选这样的芯片来完成设计。

2）尽量选择兼容性好的封装

FPGA 系统设计一般采用硬件描述语言（HDL）来完成。这与基于 CPU 的软件开发有很大不同。特别是算法实现的时候，在设计之前，很难估算这个算法需要占多少 FPGA 的逻辑资源。虽然代码设计者希望算法实现之后再选择 FPGA 的型号，但是现在的设计流程一般都是软件和硬件并行设计。也就是说，在 HDL 代码设计之前，就开始进行硬件板卡的设计。这就要求硬件板卡具备一定的兼容性，可以兼容不同规模的 FPGA 芯片。幸运的是，FPGA 芯片厂家考虑到了这点。目前，同系列的 FPGA 芯片一般可以做到相同物理封装兼容不同规模的器件，因此将来的产品就具备非常好的扩展性，可以不断地增加新的功能或提高性能，而不需要修改电路板的设计文件。

3）尽量选择一个公司的产品

如果在整个电子系统中需要多个 FPGA 器件，那么尽量选择一个公司的产品。这样不仅可以降低采购成本，而且可以降低开发难度。因为开发环境和工具是一致的，芯片接口电平和特性也一致，便于互联互通。

Xilinx 公司和 Intel 公司的 FPGA 产品哪个好一些？很多第一次接触 FPGA 的工程师在芯片选型的时候都有过这个疑问。其实，这两个最大的 FPGA 厂家位于美国的同一座城市，人员和技术交流都很频繁，产品各有一定优势和特色，很难说清楚谁好谁坏。在全球不同的地区，这两家公司的 FPGA 芯片产品的市场表现有所差别。在中国市场，两家公司可以说平分秋色，在高校里 Intel 的用户会略多一些。针对特定的应用，两个厂家的产品目录里都可以找到适合的系列或型号。比如，针对低成本应用，Intel 公司的 Cyclone 系列和 Xilinx 公司的 Spartan 系列是对应的；针对高性能应用，Intel 公司的 Stratix 系列和 Xilinx 公司的 Virtex 系列是对应的。所以，最终选择哪个公司的产品还是看开发者的使用习惯。

1.7　小结

目前，FPGA 器件的全球市场相比于 CPU、ASIC 等产业虽然仍有一定差距，但从其迅猛的发展势头来看，与其他传统半导体产业分庭抗礼，继而傲视群雄的时代或许已为时不远。稍加夸张地讲，学习 FPGA 就是学习电子技术的现在和未来。

本章的很多内容只是概念性的介绍，对于 FPGA 工程师来讲，基本不需要花费过多的时间深入掌握，只需知其然即可。或者，如果你属于追求简单直接的读者，将本章内容当小说一样阅读也未尝不可。

本章学习的要点如下所述。

（1）FPGA 器件的功能已远远超出了胶合逻辑，随着与 ARM、CPU 等技术的融合，FPGA

器件已迎来了片上系统（SOPC）的发展盛世。

（2）熟悉 FPGA 的基本组成单元，熟悉 LUT 的基本工作原理。

（3）了解 ASIC、DSP、ARM 及 FPGA 平台的优势，FPGA 的主要特点在于其灵活性和强大的并行运算能力。

（4）世界上除 Xilinx 和 Intel 两家 FPGA 厂商外，还有 Lattice、Actel、Atmel 等厂商，这些厂商的产品各具特点。

（5）通常按照成熟、兼容的原则选择 FPGA 器件作为工程开发的目标器件。

1.8　思考与练习

1-1　查阅 Xilinx 与 Intel 两家公司的官方网站，了解这两家全球最大的 FPGA 厂商的最新器件及开发工具信息。

1-2　简述 FPGA 的主要组成部分。

1-3　查阅资料，说明 FPGA 与 CPLD 的主要区别有哪些。

1-4　设某逻辑运算的输入为 a、b、c、d，采用 4 输入 LUT 实现 F=(a·b)+ (c·d)的逻辑运算，写出 LUT 结构中每个地址空间的存储值。

1-5　常用的数字信号处理硬件平台有哪些？FPGA 与这些平台相比有哪些优势？

1-6　简述主要的 FPGA 厂商，并说明各厂商的 FPGA 器件的特点及其应用领域。

1-7　如何在工程中选择合适的 FPGA 器件？

第2章
设计语言及开发环境

工欲善其事，必先利其器。VHDL 语言是描述硬件的语言，我们写的是代码，实际是在绘制电路。相比于 C 等编程语言，VHDL 常用的语法只有十余条。全面了解 Quartus、ModelSim、MATLAB 等 FPGA 数字信号处理设计环境，熟知所要利用的工具，用最简单的招式加上你独特的思想，就能完成比较完美的 FPGA 工程设计。

2.1 VHDL 语言简介

2.1.1 HDL 语言的特点及优势

PLD（可编程逻辑器件）出现后，需要有一种设计切入点（Design Entry）将设计者的意图表现出来，并最终在具体器件上实现。早期的设计方式主要有两种：一种是画原理图的方式，就像 PLD 出现之前将分散的 TTL（Transistor-Transistor Logic）芯片组合成电路板那样进行设计，这种方式只是将电路板变成了一颗芯片而已；另一种是用逻辑方程式来表现设计者意图，将多条方程式语句组成的文件经过编译器编译后产生相应文件，再由专用工具写到可编程逻辑器件中，从而实现各种逻辑功能。

随着 PLD 器件技术的发展，开发工具的功能已十分强大。目前设计输入方式在形式上虽然仍有原理图输入方式、状态机输入方式和 HDL 输入方式，但由于 HDL 输入方式具有其他方式无法比拟的优点，因此其他输入方式已很少使用。HDL 设计输入方式，即采用编程语言进行设计输入的方式，主要有以下优点。

（1）通过使用 HDL，设计者可以在非常抽象的层面上对电路进行描述。设计者可以在寄存器传输级（Register Transfer Level，RTL）对电路进行描述，而不必选择特定的制造工艺，逻辑综合工具将设计自动转换为任意制造工艺版图。出现新的制造工艺时，设计者不必对电路进行重新设计，只需将 RTL 级描述输入逻辑综合工具，即可形成针对新工艺的门级网表。逻辑综合工具将根据新的工艺对电路的时序和面积进行优化。

（2）由于 HDL 不必针对特定的制造工艺进行设计，因此 HDL 就没有固定的目标器件，在设计时基本上不需要考虑器件的具体结构。不同厂商生产的 PLD 器件及相同厂商生产的不同系列的器件，虽然功能相似，但器件内部结构毕竟有不同之处，如果采用原理图输入方式，则需要对具体器件的结构、功能部件有一定的了解，这提高了设计的难度。

（3）通过使用 HDL，设计者可以在设计周期的早期对电路的功能进行验证。设计者可以很容易地对 RTL 描述进行优化和修改，以满足电路功能的要求。由于能够在设计初期发现和排除绝大多数设计错误，因此可以大大减小在设计后期的门级网表或物理版图上出现错误的可能性，避免设计过程的反复，显著缩短设计周期。

（4）使用 HDL 进行设计类似编写计算机程序，带有文字注释的源程序非常便于开发和修改。与门级电路原理图相比，这种设计表达方式能够对电路进行更加简明扼要的描述。用门级电路原理图来表达一些复杂度较高的设计时，几乎是无法理解的。

（5）HDL 设计的通用性、兼容性较好，十分便于移植。用 HDL 进行的设计在大多数情况下几乎不需要做任何修改就可以在各种设计环境中、PLD 器件之间编译实现，这给项目的升级开发、程序复用、程序交流、程序维护带来很大的便利。

随着数字电路复杂性的不断提高，以及 EDA 工具的日益成熟，基于硬件描述语言的设计方法已经成为大型数字电路设计的主流。目前的 HDL 语言较多，主要有 VHDL（VHSIC Hardware Description Language，VHSIC 是 Very High Speed Integrated Circuit，即甚高速集成电路硬件描述语言的缩写）、Verilog HDL、AHDL、SystemC、HandelC、System Verilog、System VHDL 等。其中，主流工具语言为 VHDL 和 Verilog HDL，其他 HDL 仍在发展阶段，本身不够成熟，或者是公司专为自己产品开发的工具，应用面不够广。

VHDL 和 Verilog HDL 各具优势。选择 VHDL 还是 Verilog HDL？这是一个初学者最常见的问题。大量的事实告诉我们，有时候"选择"实在不是一件容易的事。要做出正确的选择，首先需要对选择的对象有一定的了解。接下来我们就简单了解一下这两种硬件设计语言特点。

2.1.2　选择 VHDL 还是 Verilog HDL

Verilog HDL 和 VHDL 都是用于逻辑设计的硬件描述语言，两者各有优劣，也各有相当多的拥护者，并且都已成为 IEEE 标准。VHDL 于 1987 年成为 IEEE 标准，Verilog HDL 则在 1995 年才正式成为 IEEE 标准。之所以 VHDL 比 Verilog HDL 更早成为 IEEE 标准，是因为 VHDL 是美国军方组织开发的，而 Verilog HDL 则是从一个普通民间公司的产品转化而来的。

VHDL 语言由美国军方推出，最早通过国际电子工程师学会（IEEE）的标准，在北美洲及欧洲，应用非常普遍。而 Verilog HDL 语言则由 Gateway 公司推出，这家公司辗转被美国益华科技（Cadence）并购，并得到美国新思科技（Synopsys）的支持。在得到这两大 EDA 公司的支持后，Verilog HDL 通过了 IEEE 标准，在美国、日本及中国台湾，使用非常普遍。

从语言本身的复杂性及易学性来看，Verilog HDL 似乎是一种更加容易掌握的硬件描述语言，因为这种语言的语法与 C 语言有很多相似之处。但也正因此，Verilog HDL 很容易给初学者带来困惑，因为 Verilog HDL 的本质是描述硬件电路，而描述硬件电路的方法与 C 语言的设计思路几乎完全不同。相对而言，VHDL 语法比较烦琐，且语法更为严谨，更贴近硬件电路的设计思路，虽然刚接触 VHDL 语言时会觉得难以理解，但更容易让初学者形成硬件设计的思维方法。

目前的 Verilog HDL 和 VHDL 版本在抽象建模的覆盖范围方面也有所不同。一般认为

Verilog HDL 在系统级抽象方面比 VHDL 略差一些，而在门级开关电路描述方面比 VHDL 强得多。Verilog HDL 在其门级描述的底层，也就是晶体管开关级的描述方面更有优势，即使是 VHDL 的设计环境，其底层实质上也会由 Verilog HDL 描述的器件库所支持。Verilog HDL 较适合系统级、算法级、RTL 级、门级和电路开关级的设计，而对于特大型（千万门级以上）的系统级设计，VHDL 更为适合。

对两种语言的特点进行简单比较之后，似乎仍然难以得到明确的答案，如何选择仍然是一个颇为复杂的问题。

其实两种语言的差别并不大，它们的描述能力也是类似的。掌握其中一种语言以后，可以通过短期的学习，较快地学会另一种语言。选择何种语言主要还是看周围人群的使用习惯，这样可以方便后续的学习交流。对于 PLD/FPGA 设计者，两种语言可以自由选择；而对有志于成为可编程器件设计的高手，熟练掌握两种语言仅是必须打好的基本功而已。

本书采用 VHDL 语言讲解所有实例，同时为给读者更多的参考，本书配套程序资料中也给出了所有实例的 Verilog HDL 代码。

2.2　VHDL 语言基础

2.2.1　VHDL 语言简介

学习 HDL 语言（包括 VHDL 和 Verilog HDL）之前，首先需要明确每条 HDL 语句所适合的两种用途：仿真建模及逻辑综合。HDL 语言的一个重要应用是建立精确的电路仿真模型。例如，可以通过 HDL 语言来精确描述晶体管的输入输出信号关系，进而仿真诸如 RISC_CPU 等复杂的微处理器芯片。这类 HDL 语句只能进行仿真建模，不能综合成具体的逻辑电路。HDL 语言的另一个应用就是逻辑综合，即直接用 HDL 语句描述具体逻辑电路，且这类语句也可以直接综合成逻辑门、存储器、加减法器等具体的电路。当然，大部分可以进行逻辑综合的 HDL 语句也可以应用于电路的仿真建模。

1983 年，美国国防部资助开发 VHDL 硬件描述语言的最初目的是方便各厂家交流甚高速集成电路设计，后来该语言得到了计算机业界的广泛支持而迅速发展，并得到广泛应用。1985 年，VHDL 语言的 7.2 版发布。1987 年 5 月，VHDL 语言 7.2 版结束了修正，并发布了语言参考手册。1987 年 7 月，IEEE 将修正后的 VHDL 语言作为标准。1988 年至 1992 年，VHDL 根据用户的建议进行了少量修改并于 1993 年通过。因此，VHDL 语言有 1987 版和 1993 版两个版本，不过两种版本差别不大，1993 版与 1987 版兼容，且在 1987 版的基础上稍有补充。

VHDL 语言是一个成熟完整的硬件语言体系，掌握所有的语句并不是一件容易的事情。但是，与 C、VC++等语言相比，VHDL 语言相对简单得多。更重要的是，在进行具体工程设计时，最常使用的 VHDL 语句只有几十种而已。这种现象可以套用著名的"二八原则"来解释，在 VHDL 语言中，最常用的语句不足所有语句的 20%。接下来我们就介绍这些使用最为频繁、最为常用的，用于逻辑综合的 VHDL 语句。本书工程实例中所使用的仿真语句很少，相关仿真语句将在具体的仿真实例中进行介绍。

2.2.2 程序结构

下面是一个完整的 VHDL 程序，程序功能为带异步复位的十进制计数器。VHDL 程序主要包括库（library）、程序包（package）声明、实体（entity），以及对外接口声明、结构体（architecture）声明、属性配置等部分。其中，entity 与 architecture 是每个 VHDL 程序都必须包括的内容，其他部分则依据具体设计而定。

```vhdl
--下面这条语句是库（library）声明
library IEEE;
--下面 3 条语句是程序包（package）声明
use IEEE.STD_LOGIC_1164.ALL;
use IEEE.STD_LOGIC_ARITH.ALL;
use IEEE.STD_LOGIC_UNSIGNED.ALL;


--下面 5 条语句是程序的对外接口声明
entity mydesign is
port    (clk        : in std_logic;
         rst        : in std_logic;
         count      : out std_logic_vector(3 downto 0));
end mydesign;

--下面所有语句为程序的内部结构设计
architecture Behavioral of mydesign is

    --下面这条语句是程序中使用到的内部信号声明
    signal c: std_logic_vector(3 downto 0);

begin
    --用一个进程（process）完成计数器功能设计
    process(rst,clk)
    begin
        if rst = '1' then
            c <= (others=>'0');
        elsif clk='1' and clk'event then
            if c=9 then
                c <= (others=>'0');
            else
                c <= c + 1;
            end if;
        end if;
    end process;
    --在 process 之外，将程序中声明的内部信号 c 送到程序输出端口 count
    count <= c;
end Behavioral;
```

1. 库与程序包

程序开始为 library 声明。library 是程序所需要参考到的对象集合文件，如声明的对象、调用的函数、过程等，这好比 C++ 语言中的 include 语句所包含的头文件。与 C++ 语言不同的是，在 VHDL 中除声明 library 外，还需要使用 use 语句指定该 library 中具体的程序包，如 "use IEEE.STD_LOGIC_UNSIGNED.ALL"。也就是说，一个 library 中有多个 package，可以用 use 语句指定需要使用到的具体 package。程序中可以使用 FPGA 软件自带的 library，如 STD、IEEE、SYNOPSYS 等，也可以使用程序员自己设计编译的 library。ISE 环境一般将用户设计编译的 library 放在当前工程目录下的名为 work 的 library 中。我们只需设计 package 中的内容，当设计好一个 package 文件后，对程序进行编译，编译成功后自动将库文件存放在名为 work 的 library 中，其他程序文件即可直接调用。

2. 实体与结构

一个 VHDL 程序必须有一个实体和至少一个结构。实体以关键字 entity 开始，以关键字 end 结束，中间为以关键字 port 开始的实体对外接口声明。结构以关键字 architecture 开始，以关键字 end 结束，中间部分为结构的内部设计。相对于实体来讲，结构声明相对复杂一些，如 "architecture Behavioral of mydesign is" 表示实体 mydesign 的结构名为 Behavioral。在结构体结束时，用关键字 end 后面接结构名来表示，如 "end Behavioral;" 表示结构名为 Behavioral 的结构体结束，同时注意该语句以分号（;）结束。

VHDL 语言允许一个实体同时定义多个结构体，并提供一个配置管理器，负责管理特定编译及仿真期间使用的特定结构体。这种结构配置的好处是设计时可以同时设计多个可能用到的结构，文件综合时只需用 configuration 语句配置成所需的结构体即可。

VHDL 还允许一个结构体内部定义多个独立的块（block），每个块都有相应的保护条件，只有当保护条件满足时才会执行程序块中的语句。虽然 VHDL 语言提供了 block 语法功能，但在实际设计中很少这样使用。

3. 端口

关键字 port 在实体中表示对外接口声明，如果该实体表示顶层设计，则该设计的端口也表示芯片的对外接口或引脚定义；如果该实体表示模块设计，则设计端口表示该模块与其他模块或顶层设计之间的信号接口。从语法上讲，并非每个实体都必须有端口声明。当然，没有对外接口的设计是毫无意义的，这样的实体设计只能用在仿真设计方面。端口声明只能出现在实体声明中。

在前面实例的声明中，mydesign 的 entity 有 6 个端口：clk 和 rst 为输入端口，count 为 4 根信号线组成的输出端口。端口的数据类型为 std_logic 及 std_logic_vector，这两种数据类型在 std_logic_1164 程序包中定义。端口的数据类型有布尔型（BOOLEAN）、位类型（BIT）、位向量型（BIT_VECTOR）、整数型（INTEGER）、标准逻辑型（STD_LOGIC）及标准逻辑向量型（STD_LOGIC_VECTOR）6 种；端口模式主要有输入（IN）、输出（OUT）、缓冲（BUFFER）及输入/输出（INOUT）4 种。

4．内部结构设计

内部结构设计，即程序的实现部分，包括内部信号声明及代码编辑两部分。architecture 与 begin 之间为内部声明区，可声明设计内部需用到的信号、常量及组件。内部信号指设计内部产生的中间信号，用于信号之间的连接；常量指设计体中所用到的固定值；组件指设计实体声明，该实体好比一片 IC，用户只关心 IC 的对外接口及功能，不必关心其内部实现过程。begin 与 end 之间就是我们所要编写代码的地方了。VHDL 语句可分为两种：写在 process 之内的语句和写在 process 之外的语句。如果把 process 之内的语句当成一个语句体，process 之外的每条语句均可当成一个语句体，则结构体设计中的每个语句体均是并行执行的，各语句体之间的先后顺序可以任意排列。例如，下面两段程序的代码顺序完全颠倒，但程序的执行、综合、实现均没有任何差别。

```
c <= a and b;        f <= d - 5;
d <= c + e;          c <= a and b;
f <= d - 5;          d <= c + e;
```

通常，把写在 process 之外的语句所形成的电路称为组合逻辑电路。当 process 中没有用到信号边沿触发功能时，写在 process 之内的语句所形成的电路也是组合逻辑电路；当用到信号边沿触发功能时，形成的电路叫作时序逻辑电路。写在 process 之外的语句不需要任何触发信号，而写在 process 之内的语句则需要触发信号，即只有当某个信号状态发生变化，或某个信号出现预期的状态时才会触发 process 之内的语句执行。

2.2.3　数据类型

数据类型是已命名的一组值，对象的数据类型定义了该对象可以具有的值和可以对该对象进行的运算。VHDL 语言是一种类型性很强的语言，不同类型之间的对象通常不能相互赋值或运算，如下面的语句是不合法的。

```
signal stdvec: std_logic_vector(3 downto 0):=10;
```

VHDL 语言本身定义了一些基本的数据类型，如标量类型、复合类型、文件类型等，但在具体设计时，极少使用 VHDL 的基本数据类型，大多使用在基本数据类型基础上重新定义的各种数据类型。这些重新定义的数据类型大多已在封装好的程序包中定义，只要在程序文件中声明相应的程序包后即可直接使用。接下来只对几种最常用的数据类型进行介绍。

1．数值数据类型

定义数值数据类型的语法为

```
type 类型名 is range（取值范围）;
```

VHDL 语言在标准程序包 standard 中预定义了两种枚举数据类型——INTEGER、REAL，以及 INTEGER 的两种子类型——NATURAL、POSITIVE。这几种数据类型的定义如下。

```
type INTEGER is range -2147483647 to 2147483647;
type REAL is range -1.7014111e+308 to 1.7014111e+308;
```

```
subtype NATURAL is INTEGER range 0 to INTEGER'HIGH;
subtype POSITIVE is INTEGER range 1 to INTEGER'HIGH;
```

VHDL 语言通过是否带小数点来区分 INTEGER（整数）与 REAL（实数）数据类型。比如，"10.0" 为 REAL 数据，"10" 为 INTEGER 数据。FPGA 进行实数运算相当麻烦，逻辑综合的程序设计中也不支持实数类型的操作，只可以在仿真测试文件中使用。NATURAL 为自然数类型，POSITIVE 为正整数类型，这两种数据类型均是 INTEGER 的子类型。

2. 数组数据类型

数组是指由相同数据类型的数据组合在一起而形成的数据类型，VHDL 语言在标准程序包 standard 中预定义好了两种数组数据类型 STRING 和 BIT_VECTOR。

```
type STRING is array (POSITIVE range <>) of CHARACTER;
type BIT_VECTOR is array (NATURAL range <>) of BIT;
```

STRING 是指由多个 CHARACTER 组成的数组类型，BIT_VECTOR 是指由多个 BIT 数据组成的数组类型，也称为位向量或位矢量。尖括号（<>）表示无范围限制，因此 STRING 的下标范围为正整数（不能为 0），BIT_VECTOR 的下标范围为自然数（可以为 0）。如果定义数组类型时指明了下标为无限制，则在声明该类型数据时必须指明下标范围。下面是数组应用例子。

```
variable name: string(3 downto 0):= "Mike";
variable number: bit_vector(0 to 7):=x"ff";
signal count: bit_vector(7 downto 0);
```

我们也可以定义自己的数组数据类型，如

```
type BUSARRAY is array (7 downto 0) of BIT;
type COUNTARRAY is array (0 to 7) of BIT;
```

3. STD_LOGIC_1164 定义的数据类型

前面说过，虽然 VHDL 有多种基本的数据类型，用户也可以自定义各种类型的数据，但在实际设计中一般直接应用软件程序包中已定义好的数据类型。在设计源文件时，一般需要包含几条库及程序包声明语句。

```
library IEEE;
use IEEE.STD_LOGIC_1164.ALL;
use IEEE.STD_LOGIC_ARITH.ALL;
use IEEE.STD_LOGIC_UNSIGNED.ALL;
```

STD_LOGIC_ARITH 和 STD_LOGIC_UNSIGNED 程序包的内容在后文讨论。设计中用得最多的数据类型是在 STD_LOGIC_1164 程序包中定义的数据类型 STD_LOGIC 及其数组形式 STD_LOGIC_VECTOR。现在来看 STD_LOGIC_1164 程序包中是如何来定义这两种数据类型的。

```
TYPE std_ulogic IS (
                'U',   -- Uninitialized
```

```
'X',  -- Forcing    Unknown
'0',  -- Forcing    0
'1',  -- Forcing    1
'Z',  -- High Impedance
'W',  -- Weak       Unknown
'L',  -- Weak       0
'H',  -- Weak       1
'-'   -- Don't care
);
TYPE std_ulogic_vector IS ARRAY ( NATURAL RANGE <> ) OF std_ulogic;
SUBTYPE std_logic IS resolved std_ulogic;
TYPE std_logic_vector IS ARRAY ( NATURAL RANGE <>) OF std_logic;
```

读者可能会感到奇怪，STD_LOGIC 数据类型仅是 STD_ULOGIC 的一个子类型，在定义该类型时有一个关键字 resolved。resolved 是程序包中定义的一个函数，我们不必去过多关注 resolved 的细节，只需知道 STD_LOGIC 类型的信号因为有 resolved 函数的作用，可以由两个以上的信号来驱动。此外，STD_LOGIC 的定义与 STD_ULOGIC 完全相同，STD_LOGIC_VECTOR 是 STD_LOGIC 的数组形式。从 STD_ULOGIC 数据类型的定义来看，它是一种有 9 个值的枚举数据类型，每个值都代表着规定的含义，如 X 表示未知状态，U 表示没有初始化，Z 表示高阻状态。在这 9 个状态值中，我们只需记住 1、0、Z 分别代表数字电路中的 1、0 及高阻状态即可，其他值通常只在仿真建模时使用。

与 VHDL 标准程序包中定义的二值数据个 BIT 相比，STD_LOGIC 的值明显丰富了许多。事实上，STD_LOGIC 所定义的值可以完全表示数字电路中的信号逻辑。同时，加上 IEEE 库中提供的适合 STD_LOGIC 数据类型的各种运算、操作符功能及函数支持，在 VHDL 设计中几乎仅声明 STD_LOGIC 及 STD_LOGIC_VECTOR 这两种数据类型即可以完成全部设计。更形象地讲，在进行 VHDL 设计时，可以将每 BIT 的 STD_LOGIC 类型数据都当成一条实际的信号线来理解，而数字逻辑电路设计不过是各种数字信号之间的运算、控制等操作。

4. STD_LOGIC_ARITH 定义的数据类型

STD_LOGIC_ARITH 中主要定义了 3 种数据类型。

```
type UNSIGNED is array (NATURAL range <>) of STD_LOGIC;
type SIGNED is array (NATURAL range <>) of STD_LOGIC;
subtype SMALL_INT is INTEGER range 0 to 1;
```

SMALL_INT 为 INTEGER 的子类型，只有"0"和"1"两种取值，在 VHDL 设计中极少使用。有趣的是 UNSIGNED 和 SIGNED 两种数据类型的定义方式，你可能又觉得十分奇怪了，STD_LOGIC_ARITH 中定义的两种数组类型 UNSIGNED、SIGNED 与 STD_LOGIC_1164 中的 STD_LOGIC_VECTOR 的定义完全相同！这样定义有什么特殊的用处吗？单单从字面上理解，STD_LOGIC_VECTOR 数据类型是指一组 STD_LOGIC 类型的数据集合，SIGNED 指有符号数据，UNSIGNED 指无符号数据。对于一组二进制数据，我们有时要当成有符号数来运算，有时要当成无符号数来运算，UNSIGNED 与 SIGNED 类型数据正是为解决这一问题而定义的。

　　在源文件设计中，我们通常会将成组的二进制信号声明成 STD_LOGIC_VECTOR 数据类型。这样，在设计中，操作数进行加、减、比较等操作时会被当成无符号数运算。如果需要在设计文件中把操作数当作有符号数运算，则只需将或 STD_LOGIC_UNSIGNED 程序包改成 STD_LOGIC_SIGNED 即可。读者可能要问了：如果在设计文件中要同时使用有符号数和无符号数操作，该怎么办呢？如果是这样，则首先要在源文件头声明程序包 STD_LOGIC_UNSIGNED，然后在需要进行有符号数的操作时，用关键字 SIGNED 指明操作数为有符号数。

　　在 STD_LOGIC_VECTOR 数据的前面加类型名 UNSIGNED 或 SIGNED 可以看成数据类型转换，那么其他数据类型之间是否也可以进行这种方式的类型转换呢？答案是否定的。STD_LOGIC_VECTOR 与 UNSIGNED、SIGNED 之间可以进行类型转换的主要原因是它们的定义相同。在 VHDL 设计中，还有一种大家在其他语言中最为熟悉的数据类型 INTEGER，虽然我们不主张在设计中用这种数据类型，但并非不能使用。例如，在设计中同时使用 INTEGER 与 STD_LOGIC_VECTOR 两种数据类型，有时难免出现需要 INTEGER 与 STD_LOGIC_ VECTOR 进行类型转换的情况。庆幸的是，IEEE 已为我们编写好类型转换函数，使用起来相当方便，读者可以查看 STD_LOGIC_UNSIGNED 程序包源文件了解该函数的使用方法。

2.2.4　数据对象

　　VHDL 语言的数据对象有 3 种——常量（constant）、变量（variable）和信号（signal）。常量的值在声明时即被指定，且在设计中不能改变。常量的声明必须在 VHDL 文件中的声明区（关键字 architecture 与 begin 之间）中声明；变量的值可以由 VHDL 语句改变，变量只能在进程（process）或子程序中声明，作用于变量的操作将立即改变变量的值；信号是 VHDL 语言中独有的数据对象，也是最重要、最普遍使用的数据对象，实体（entity）的端口必须是信号。信号只能在 VHDL 文件的声明区或实体的端口中声明，不能在进程或子程序中声明，信号的值可以由 VHDL 语句改变。信号和变量均可在声明时赋初值，关于信号与变量之间的区别在介绍 VHDL 语句时再详细阐述。下面是 3 种数据对象声明的例子。

```
CONSTANT maxnumber: integer:=100;
CONSTANT LowIndex: std_logic_vector(7 downto 0):=X"f0";
variable count: std_logic_vector(10 downto 0);
variable num: integer:=10;
signal s1: std_logic_vector(7 downto 0);
signal jud: Boolean:=false;
```

2.2.5　运算符

　　VHDL 的运算符可分为逻辑运算符（Logical Operators）、关系运算符（Relational Operators）、符号运算符（Sign Operators）、算术运算符（Arithmetic Operatorss）、移位运算符（Shift Operators）及连接运算符（Concatenation Operators），每种运算符均在 VHDL 的程序包中预先进行了定义。与其他编程语言一样，VHDL 的运算符也有重载的特性，即不同类型数据之间的运算操作采用相同的运算符时，程序可自动调用相应的运算符操作函数。VHDL 是一种类型检查十分严格的编程语言，所有不同数据类型的操作均需要有相应的重载运算符函数支撑，否则程序不能正确编译。

1. 逻辑运算符

逻辑运算符有 7 种：and（与）、or（或）、nand（与非）、nor（或非）、xor（异或）、xnor（同或）、not（非），每种运算符的意义都与数字电路中的门电路符号相同。图 2-1 所示为几种逻辑运算符表达式综合后的 RTL 原理图。

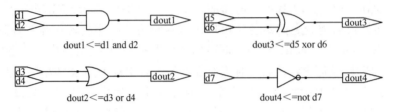

图 2-1 逻辑运算符表达式综合后的 RTL 原理图

逻辑运算符除用于赋值语句外，还可以用于产生布尔型数值，用作条件语句中的判断条件，如

```
a>b and c>d
clk='1' and clk'event
a>10 or b/=6
```

2. 符号运算符

符号运算符有 3 种：负值符号（-）、正值符号（+）及取绝对值（abs）。由于正值符号用于变量或信号前不改变原值，所以正值符号几乎用不到。负值符号对原值取相反的值，绝对值运算即取原值的绝对值。由于负值符号及取绝对值均需用有符号数来表示，因此必须声明有符号数运算符号的程序包，如 STD_LOGIC_SIGNED。图 2-2 所示为 STD_LOGIC_VECTOR 类型数据的负值运算及取绝对值运算表达式综合后的 RTL 原理图。

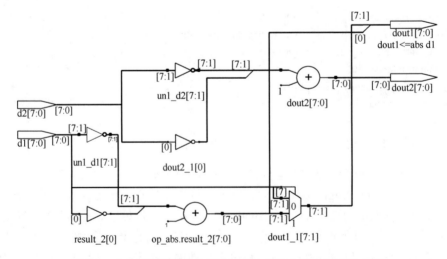

图 2-2 负值运算及取绝对值运算表达式综合后的 RTL 原理图

从图 2-2 中可以看出，负值运算是由取反及加法器两种基本逻辑元件完成的；而取绝对值运算则是由取反、加法器及多路信号选择器三种基本逻辑元件完成的。

在应用符号运算符时，必须声明具有符号数运算符的程序包（STD_LOGIC_SIGNED），否则程序不能编译通过；用 XST 综合工具综合时，界面中会显示"abs（-）can not have such operands in this context."（程序中不能有 abs（-）运算符）提示信息。

3．关系运算符

VHDL 提供了 6 种关系运算符：等于（=）、不等于（/=）、大于（>）、小于（<）、大于或等于（>=）、小于或等于（<=）。各种关系运算符的意义十分清楚，值得注意的是，STD_LOGIC_SIGNED 和 STD_LOGIC_UNSIGNED 这两个设计中最常用的程序包中对 6 种关系运算符均进行了重载，使 STD_LOGIC_VECTOR 类型的数据可以直接与 STD_LOGIC_VECTOR 或 INTEGER 类型的数据进行比较，这给编写代码带来了不少方便，因为一长串二进制数据的十进制值读/写起来很不方便。下面是一些关系运算符的语句例子。

```
Signal d1,d2: std_logic_vector(7 downto 0);
Signal d3,d4: std_logic_vector(4 downto 0);
Signal d5: integer;
Signal R1,R2,R3,R4: Boolean;
R1<= (d1<=d2);
R2<= (d1>d3);
R3<= (d4>d5);
R4<= (d1>100);        --该语句如果写成"R4<=(d1>"01100100")"就没有那么一目了然了
```

读者可能已经发现，在 VHDL 语言中，符号"<="、">="可表示信号赋值，也可表示关系运算符，在写程序时是否需要刻意注意同情况的明确意义呢？完全不必要，且 VHDL 语言也没有提供这项语法。在编译程序时，编译器会根据代码的上下文自动确定符号代表的含义。

4．算术运算符

VHDL 提供了 7 种关系运算符：加法（+）、减法（-）、乘法（*）、除法（/）、指数（**）、求模（mod）、求余（rem），但只有加法、减法、乘法这 3 种运算符在程序包 STD_LOGIC_UNSIGNED 和 STD_LOGIC_SIGNED 中进行了定义，且这 3 种运算符的操作数及运算结果均可以是 STD_LOGIC_VECTOR 数据类型。之所以重点关心 STDLOGIC_VECTOR 类型的数据是否能直接使用各种运算符，是因为 STD_LOGIC_VECTOR 是 VHDL 设计中使用最为普遍的数据类型。

加法及减法运算在数字电路中的实现相对简单。在用综合工具综合设计时，RTL 电路图中的加、减操作会被直接综合成加法器或减法器。乘法运算在其他软件编程语言中实现起来十分简单，但用门电路、加法器、触发器等基本数字电路元件实现却着实不是一件容易的事。

除法、指数、求模、求余运算均没有在 STD_LOGIC_SIGNED 和 STD_LOGIC_ UNSIGNED 程序包中定义，其操作数及运算结果也没有 STD_LOGIC_VECTOR 数据类型，因此无法在 VHDL 程序中直接对 STD_LOGIC_VECTOR 类型的数据进行相关运算。实际上，用基本逻辑元件构建这 4 种运算本身是十分繁杂的工作，如果要用 VHDL 实现这些运算，一种方法是使用开发环境提供的 IP 核或使用商业 IP 核，另一种方法是将算法分解成加、减、乘等操作步骤来逐步实现。

FPGA 器件一般都提供除法器 IP 核。VHDL 语言中不仅 STD_LOGIC_ VECTOR 的数据类型不能直接使用这些运算，且设计文件中的变量及信号均不能使用这些运算符。那么 VHDL 提供的这几种运算符在哪里使用呢？只在常量声明时使用，即这些运算符只能对常量类型的数据进行运算。前面说过，常量本身就是一些固定值，直接指定即可，何必多此一举在常量表达式里加运算符？这还是为了代码书写的方便，以及在一些情况下更易表达常量的构成及常量之间的关系，如下面这些例子。

```
Constant RAM_RAW: integer:=7;
Constant RAM_COL: integer:=8;
Constant RAM_NUM: integer:= RAM_RAW* RAM_COL
Constant EXP: integer:=9;
Constant COUNT: integer:=2**EXP;
```

5. 移位运算符

NUMERIC_STD 程序包对 4 个移位运算符进行重载定义：逻辑左移（SLL）、逻辑右移（SRL）、循环左移（ROL）和循环右移（ROR）。在进行 SLL 及 SRL 运算时，移位后的空位填 "0"。图 2-3 所示是 4 种移位运算操作的动作示意图。

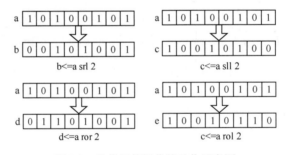

图 2-3　移位运算操作的动作示意图

虽然 NUMERIC_STD 程序定义了移位运算符，但该运算符只支持 BIT_VECTOR 类型的数据，所以在实际设计中极少使用。那么在设计中要用到移位运算时怎么办呢？STD_LOGIC_SIGNED 和 STD_LOGIC_UNSIGNED 程序包已定义好了两个移位函数：左移函数 SHL 及右移函数 SHR。

```
function   SHL(ARG:STD_LOGIC_VECTOR;COUNT:  STD_LOGIC_VECTOR)   return   STD_LOGIC_
VECTOR;
function   SHR(ARG:STD_LOGIC_VECTOR;COUNT:  STD_LOGIC_VECTOR)   return   STD_LOGIC_
VECTOR;
```

上面两条函数定义语句在 STD_LOGIC_SIGNED 及 STD_LOGIC__UNSIGNED 程序包中定义。SHL 与 SHR 是函数，使用时需采用函数调用方法。对于无符号数信号，SHL、SHR 与 SLL、SRL 的作用相同。对于有符号数信号，SHL 与 SLL 仍然相同；SHR 运算时，右边的空位补原数据的最高位，即补符号位，也称符号扩展。

6．连接运算符

连接运算符"&"用于将两个操作数连接起来，连接后的数据长度为两个操作数长度之和。连接运算符有什么作用呢？最直接的应用实例是加法操作。我们知道，两个长为 2 比特的二进制数据相加，为了保证相加的结果不溢出，结果必须用长为 3 比特的数据保存，考查下面的例子。

```
signal a,b: std_logic_vector(3 downto 0);
signal c: std_logic_vector(4 downto 0);
c<=a+b;
```

程序综合时没有出现问题，但在用 ModelSim 做仿真时，却出现了问题。

```
Error: Length of actual is 4. Length of expected is 5.
```

原因是 VHDL 语言具有严格的数据类型检查的特点，连接运算符正好可以解决这一问题。对于无符号数，可在操作数的高位再连接 1 比特的"0"即可；对于有符号数，在操作数的高位扩展 1 比特的符号位即可。在上面的例子中，将语句"c<=a+b"修改为"c<=('0'&a)+('0'&b)"后，程序可正常仿真。对于加法、减法操作来说，运算数据结果的长度与长度较长的操作数相同，也就是说，前面的语句也可修改为"c<=（'0'&a）+b"。

2.2.6　VHDL 语句

VHDL 语言是描述硬件逻辑电路的语言，与其他软件语言有明显的区别。从描述的电路结构来看，VHDL 有描述组合逻辑（Combinational Logic）电路的语句和描述时序逻辑（Sequential Logic）电路的语句；从语句执行顺序来看，VHDL 有并发语句和顺序语句两种。组合逻辑电路指没有触发信号的电路，电路输出结果直接由输入信号决定，当输入信号变化时，输出信号即发生变化；时序逻辑电路指有触发信号的电路，电路有记忆功能，电路的输出结果不仅受输入信号的影响，同时还受触发信号的控制，只有当触发信号及输入信号均发生变化时，输出信号才发生变化。组合逻辑电路与时序逻辑电路的含义与常规数字电路相同。读者应该还记得，前文讲解 VHDL 程序结构时介绍过语句体并行执行的概念，VHDL 中的并发语句即指同时执行的语句，在编写代码时，并发语句无先后顺序之分，并发语句是写在 process（进程）之外的语句，这里的 process 也是 VHDL 的一个独特语句；顺序语句则是指按语句出现的先后顺序执行的语句，且顺序语句均需要写在 process 之内。组合逻辑电路通常写在 process 之外，也可以写在 process 之内；时序逻辑电路只能写在 process 之内。

上面介绍的组合逻辑电路、时序逻辑电路、顺序执行语句、并行执行语句、process 语句等概念之间的关系听起来可能会有些混乱，因为它们是从不同角度来描述 VHDL 语句的功能或特点的。VHDL 语言的语句虽然比 C 语言要少很多，但由于包含了完整的仿真、测试、建模语句，精通所有的语句仍然需要花费极大的精力。但常用的电路建模语句并不多，且语义明确，接下来仅介绍常用的部分 VHDL 语句，读者需要仔细体会各语句的特点及所描述的功能电路模型。随着编程经验的增加，相信读者会很快对这些概念有更准确的把握。

1. 赋值语句

VHDL 有 3 种对象的赋值语句：常量赋值、变量赋值、信号赋值。

常量赋值语句是并发执行语句，只能出现在结构体的声明区，声明的常量仅在结构体设计内部可以引用。其语法为

> CONSTANT 常量名: 数据类型 := 数据或表达式;

变量赋值语句是顺序执行语句，变量赋值语句只能综合成组合逻辑电路。变量可以先声明后赋值，也可以在声明时直接赋初值。变量的声明只能出现在 process 语句块中的保留字 process 与 begin 之间，变量赋值语句只能出现在 process 语句块之内，其作用域仅限于声明该变量的 process 之内。也就是说，一个 VHDL 设计文件中除了 process 之内有变量，其他地方是不能有变量存在的。当程序执行到变量赋值语句时，变量值立即改变成表达式的值。读者可能会觉得这种说法有些多余，难道还有不立即改变赋值对象值的语句吗？这正是信号赋值语句与变量赋值语句的最大区别，也是硬件描述语言不同于其他计算机编程语言的最大特点。我们先来看看变量赋值语法，等介绍完信号赋值语句后，再以一个实例讲述两者的差异。

> variable 变量名: 数据类型 [:= 数据或表达式];
> 变量名:= 数据或表达式;

信号可以先声明后赋值，也可以在声明时直接赋初值。信号只能在结构体的声明区声明，不能在 process 之内声明。信号赋值语句可以是顺序执行语句，也可以是并发执行语句。当信号赋值语句出现在 process 之外时，为并发执行语句，只能综合成组合逻辑电路；当出现在 process 之内时，为顺序执行语句，可以综合成组合逻辑电路或时序逻辑电路。当程序执行到信号赋值语句时，信号值在一定时间后才改变成表达式的值。先来看看信号赋值语法。

> signal 信号名: 数据类型 [:= 数据];
> 信号名 <= [transport] 数据或表达式 [after 时间];

声明信号时赋初值以符号 ":=" 表示，此时程序执行当前语句时信号值立即改变；信号赋值符号为 "<="，即运算操作符中的 "小于或等于" 符号，当程序执行到当前语句时，信号值在一定时间后才改变。用户可以通过保留字 after 显示地指定信号值变化所需的延时，如果没有显示指定时间，则默认为 delta time 为无穷短。需要注意的是，delta time 是比任何显示指定的时间都要短的时间。正是为了区分对象立即接受新值及延迟接收新值，VHDL 用两种不同的符号（:=和<=）来表示赋值操作。

2. when-else 语句

when-else 语句是并发执行语句，只能写在 process 之外，综合成组合逻辑电路。首先来看语句的语法。

> 目标信号 <= 指定的逻辑值 when 条件表达式 1 else
> [指定的逻辑值 when 条件表达式 2 else]
> […]
> [以上条件均不满足时指定的逻辑值];

when-else 语句的语法意义很明确，语句依次判断各条件表达式的值，当某条件表达式为真时，将指定逻辑值赋值给目标信号，同时语句终止执行，不再对后面的条件进行判断。所以，语句的条件表达式有优先级，条件表达式越靠前的优先级越高。

3. with-select-when 语句。

with-select-when 语句是并发执行语句，只能写在 process 之外，综合成组合逻辑电路。首先来看语句的语法。

```
with 条件表达式的信号 select
目标信号 <= 指定的逻辑值 when 条件表达式 1，
            [指定的逻辑值 when 条件表达式 2，]
            […]
            以上条件均不满足时指定的逻辑值 when others；
```

with-select-when 语句的语法意义很明确，语句依次判断各条件表达式的值，当某条件表达式值为真时，将指定的逻辑值指定给目标信号。与 when-else 语句不同的是，条件表达式之间没有优先级，也就是说，即使第一个条件表达式的值为真，语句也依然会继续往下执行，直到语句结束。值得注意的是，在使用这条语句时，最后的 when others 指所有条件均不满足时目标信号的逻辑值。从语句的语义上分析，这条语句非常适合用来描述译码器或不具有优先级的多路选择器电路。

4. process 的语法结构

process（进程）是 VHDL 语言中最为重要的语法结构，所有时序逻辑电路均须使用 process 结构。本节前面介绍的几种语句也完全可以通过 process 的语法结构来实现。process 的基本语法结构如下。

```
[进程标号]: process [（敏感向量列表）]
    变量声明区；
begin
    进程设计区；
end process [进程标号]；
```

保留字 process 之前的进程标号可选，但如果设置了进程标号，则在 process 结束时也必须写上进程标号。进程标号只用来对 process 设置一个名称，本身不参与编译或仿真。敏感向量是指触发 process 内部语句动作的信号，只有当敏感向量列表中的信号逻辑状态发生改变时，才能触发 process 的内部语句执行。只有当进程设计区中出现 wait 语句时，才不需要设置敏感向量，否则必须设置至少一个敏感向量信号。wait 语句本身就决定了 process 内部程序的触发条件，所以不设置敏感信号。wait 语句将在稍后介绍。

5. if 语句

if 语句是顺序执行语句，只能写在 process 之内。if 语句是 VHDL 语言中最重要使用最广泛的语句，其完整语法如下。

```
if（条件表达式 1）then
    语句 1;
[elsif（条件表达式 2）then]
    [语句 2;]
[else]
    [语句 3;]
[…]
endif;
```

本书前面已多次使用到 if 语句，其语义十分明确，当相应条件成立时就执行条件下的语句。需要注意的一点是，if 语句是有优先级的，这与并行执行语句 when-else 相似。

6. case 语句

case 语句是顺序执行语句，只能写在 process 之内。case 语句也是条件判断语句，与 if 语句不同的是，语句中的条件判断没有优先级，类似并行语句 with-select-when 语句，所以用 with-select-when 语句编写的代码也完全可以在 process 中通过 case 语句实现。先来看看 case 语句的完整语法。

```
case（判断信号）is
    when 成立的信号值 1 =>
        语句 1;
    [when 成立的信号值 2=> ]
        [语句 1;]
        …
    when others =>
        语句 n;
end case;
```

case 语句中的成立信号值必须包含条件成立信号的所有取值，当要求 when others 后不必执行任何语句时，可用语句 null 代替。null 表示没有任何操作，只能用在 process 语法结构中。

7. wait 语句

wait 语句是顺序执行语句，只能写在 process 之内。wait 语句有 3 种形式：wait until、wait for、wait on。其中，只有 wait until 可以综合成电路，其他两种形式均无法综合成电路，只能在仿真测试文件中使用。它们的语法分别如下。

```
wait until 条件表达式;
    语句;
wait for 时间;
    语句;
wait on 信号名称;
    语句;
```

由于 wait 语句的优先级很高，wait 语句必须是紧跟 process 后的第一条语句。如果 process 中有 wait 语句，则不能有敏感信号。

wait until 语句表示当条件表达式成立时执行后面的语句，wait for 表示程序在等待给定时间后再执行后面的语句，wait on 表示当指定的信号状态发生变化时执行后面的语句。

2.3　Quartus Ⅱ 开发环境

2.3.1　Quartus Ⅱ 简介

Quartus Ⅱ 是 Intel 公司的综合性 PLD/FPGA 开发软件，支持原理图、VHDL、Verilog HDL 及 AHDL（Altera Hardware Description Language）等多种设计输入形式，内嵌自带的综合器和仿真器，可以完成从设计输入到硬件配置的完整 PLD 设计流程。

Quartus Ⅱ 可以在 Windows、Linux 和 UNIX 上使用，除可以使用 Tcl 脚本完成设计流程外，还提供了完善的用户图形界面设计方式，具有运行速度快、界面统一、功能集中、易学易用等特点；Quartus Ⅱ 支持 Altera 的 IP 核，包含了 LPM/MegaFunction 宏功能模块库，用户可以充分利用成熟的模块，简化设计，加快设计速度；对第三方 EDA 工具的良好支持使用户可以在设计流程的各个阶段使用熟悉的第三方 EDA 工具。

此外，Quartus Ⅱ 通过和 DSP Builder 工具与 MATLAB/Simulink 相结合，可以方便地实现各种 DSP 应用系统；支持 Altera 的片上可编程系统（SoPC）开发，集系统级设计、嵌入式软件开发、可编程逻辑设计于一体，是一种综合性的开发平台。

Maxplus Ⅱ 作为 Altera 的上一代 PLD 设计软件，由于其具有出色的易用性而得到了广泛的应用。目前，Altera 已经停止了对 Maxplus Ⅱ 的更新支持，Quartus Ⅱ 与之相比，不仅仅是支持器件类型的丰富和图形界面的改变，Altera 在 Quartus Ⅱ 中包含了许多诸如 SignalTap Ⅱ、Chip Editor 和 RTL Viewer 的设计辅助工具，集成了 SoPC 和 HardCopy 设计流程，并且继承了 Maxplus Ⅱ 友好的图形界面及简便的使用方法。

Quartus 软件的版本更新很快，几乎每年都会推出新的版本，2014 及以前的版本均为 Quartus Ⅱ，2015 年后推出的版本更名为 Quartus Prime，目前最新的版本是 Quartus Prime Pro20.4。两种版本的设计界面相差不大，设计流程几乎完全相同。其中，Quartus Ⅱ 13 是最后同时支持 32 位及 64 位系统的软件版本，后续版本仅支持 64 位系统，为兼顾更广泛的设计平台，同时考虑到软件版本的稳定性，本书及开发板配套例程均采用 Quartus Ⅱ 13.1。

Quartus Ⅱ 提供了完全集成且与电路结构无关的开发包环境，具有数字逻辑设计的全部特性，主要包括以下几点。

- 可利用原理图、结构框图、Verilog HDL、AHDL 和 VHDL 完成电路描述，并将其保存为设计实体文件。
- 可进行芯片（电路）平面布局连线编辑。
- 采用 LogicLock 增量设计方法，用户可建立并优化系统，然后添加对原始系统的性能影响较小或无影响的后续模块。
- 具有功能强大的逻辑综合工具。
- 具有完备的电路功能仿真与时序逻辑仿真工具。
- 支持定时/时序分析与关键路径延时分析。

- 可使用 SignalTap II 逻辑分析工具进行嵌入式的逻辑分析。
- 支持软件源文件的添加和创建，并将它们链接起来生成编程文件。
- 使用组合编译方式可一次完成整体设计流程。
- 可自动定位编译错误。
- 具有高效的编程与验证工具。
- 可读入标准的 EDIF 网表文件、VHDL 网表文件和 Verilog HDL 网表文件。
- 能生成第三方 EDA 软件使用的 VHDL 网表文件和 Verilog HDL 网表文件。

2.3.2 Quartus II 的用户界面

启动 Quartus II 后，其默认工作界面如图 2-4 所示，主要由标题栏、菜单栏、工具栏、资源管理窗、工程工作区、编译状态显示窗、信息显示窗和等部分组成。

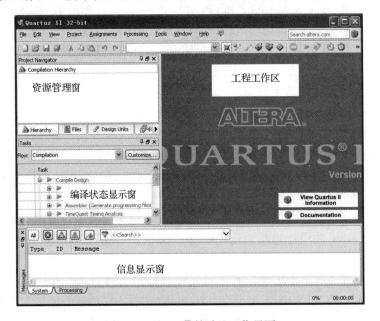

图 2-4 Quartus II 的默认工作界面

（1）标题栏。标题栏显示当前工程的路径和程序名称。

（2）菜单栏。菜单栏主要由文件（File）、编辑（Edit）、视图（View）、工程（Project）、资源分配（Assignments）、操作（Processing）、工具（Tools）、窗口（Window）和帮助（Help）9 个下拉菜单组成。其中，工程（Project）、资源分配（Assignments）、操作（Processing）、工具（Tools）集中了 Quartus II 较核心的全部操作命令，下面分别介绍。

工程（Project）菜单主要实现对工程的操作。

- Add/Remove Files in Project：添加或新建某种资源文件。
- Revisions：创建或删除工程，在打开的界面中单击"Create"按钮创建一个新的工程；或者在创建好的几个工程中选择一个，单击"Set Current"按钮，就把该工程设置为当前工程。
- Archive Project：为工程归档或备份。

- Generate Tcl File for Project：产生工程的 Tcl 脚本文件，选择好要生成的文件名和路径后单击 "OK" 按钮即可，如果选择了 "Open generated file"，则在工程工作区打开该 Tcl 文件。
- Generate Power Estimation File：产生功率估计文件。
- HardCopy Utilities：与 HardCopy 器件相关的功能。
- Locate：将 Assignment Editor 中的节点或源代码中的信号在 Timing Clousure Floorplan、编译后布局布线图、Chip Editor 或源文件中定位其位置。
- Set as Top-level Entity：把工程工作区打开的文件设定为顶层文件。
- Hierarchy：打开工程工作区显示的源文件的上一层或下一层的源文件，以及顶层文件。
- Device：设置目标器件型号。
- Assign Pins：打开分配引脚界面，给设计的信号分配 I/O 引脚。
- Timing Settings：设置 EDA 工具（如 Synplify）等。
- Settings：打开参数设置界面，可以切换到使用 QuartusⅡ开发流程的各个步骤所需的参数设置界面。
- Wizard：启动时序约束设置、编译参数设置、仿真参数设置、Software Build 参数设置。

资源分配（Assignment）菜单主要有以下命令。

- Assignment Editor：分配编辑器，用于分配引脚、设置引脚电平标准、设定时序约束等。
- Remove Assignments：用户可以使用它删除设定类型的分配，如引脚分配、时序分配等。
- Demote Assignment：允许用户降级使用当前较不严格的约束，使编译器更高效地编译分配和约束等。
- Back-Annotate Assigments：允许用户在工程中反标引脚、逻辑单元、节点、布线分配等。
- Import Assigments：给当前工程导入分配文件。
- Timing Closure Foorplan：启动时序收敛平面布局规划器。
- LogicLock Region：允许用户查看、创建和编辑 LogicLock 区域约束，以及导入/导出 LogicLock 区域约束文件。

Processing 菜单包含了对当前工程执行各种设计流程，如开始综合、开始布局布线、开始时序分析等。

Tools 菜单用于调用 QuartusⅡ中集成的一些工具，如 MegaWizard Plug-In manager（用于生成 IP 核和宏功能模块）、Chip Editor、RTL Viewer、Programmer 等。

（3）工具栏。工具栏中包含了常用命令的快捷图标，将鼠标移动到相应图标时，鼠标下方就出现此图标对应的含义，而且每种图标在菜单栏中均能找到相应的命令菜单。用户可以根据需要将自己常用的功能定制为工具栏上的图标，以方便灵活快速地进行各种操作。

（4）资源管理窗。资源管理窗用于显示当前工程中所有相关的资源文件，其左下角有 3 个标签，分别是结构层次（Hierarchy）、文件（Files）和设计单元（Design Units）。结构层次窗口在工程编译之前只显示顶层模块名，工程编译一次后，此窗口按层次列出工程中所有的模块，并列出每个源文件所用资源的具体情况，顶层可以是用户产生的文本文件，也可以是图形编辑文件。文件窗口列出工程编译后的所有文件，文件类型有设计器件文件（Deisgn Deivce Files）、软件文件（Software Files）和其他文件（Others Files）。设计单元窗口列出工程编译后的所有单元，如 Verilog HDL 单元、VHDL 单元等，一个设计器件文件对应生成一个设计单元，参数定义文件没有对应设计单元。

（5）工程工作区。器件设计、定时约束设计、底层编辑器和编译报告等均显示在工程工作区。当 Quartus II 实现不同功能时，此区域将打开相应的操作窗口，显示不同的内容，可进行不同的操作。

（6）编译状态显示窗。编译状态显示窗主要显示模块综合、布局布线过程及时间。模块（Module）列出工程模块，过程（Process）显示综合、布局布线进度条，时间（Time）显示综合、布局布线所耗费时间。

（7）信息显示窗。信息显示窗显示 Quartus II 综合、布局布线过程中的信息，如开始综合时调用源文件、库文件、综合布局布线过程中的定时、告警、错误等，如果是告警和错误，则会给出具体的引起告警和错误的原因，以方便设计者查找及修改错误。

2.4　ModelSim 简介

2.4.1　ModelSim 的主要特点

Mentor 公司的 ModelSim 是业界最优秀的 HDL 语言仿真软件，它能提供友好的仿真环境，是业界唯一的单内核支持 VHDL 和 Verilog HDL 混合仿真的仿真器。它采用直接优化的编译技术、单一内核仿真技术，编译仿真速度快，编译的代码与平台无关，便于保护 IP 核，个性化的图形界面和用户接口，为用户加快调试进程提供了强有力的手段，是 FPGA 的首选仿真软件。其有以下主要特点。

- 采用 RTL 和门级优化技术，编译仿真速度快，具有跨平台跨版本仿真功能。
- 可进行单内核 VHDL 和 Verilog HDL 混合仿真。
- 集成了性能分析、波形比较、代码覆盖、数据流、信号检测（Signal Spy）、虚拟对象（Virtual Object）、Memory 窗口、Assertion 窗口、源码窗口显示信号值、信号条件断点等众多调试功能。
- 具有 C 语言接口，支持 C 语言调试。
- 最全面支持系统级描述语言，支持 SystemVerilog、SystemC、PSL 等语言。

ModelSim 分几种不同的版本，包括 SE、PE、LE 和 OEM。其中，SE 是最高级的版本，而集成在 Actel、Atmel、Altera、Xilinx 以及 Lattice 等 FPGA 厂商设计工具中的均是其 OEM 版本。SE 版和 OEM 版在功能和性能方面有较大差别。对于大家都关心的仿真速度，以 Xilinx 公司提供的 OEM 版 ModelSim XE 为例，对于代码少于 40000 行的设计，ModelSim SE 比 ModelSim XE 要快 10 倍；对于代码超过 40000 行的设计，ModelSim SE 要比 ModelSim XE 快近 40 倍。ModelSim SE 支持 PC、UNIX 和 Linux 混合平台，提供全面完善及高性能的验证功能，全面支持业界广泛的标准。虽然集成在 Altera 等 FPGA 厂商设计工具中的工具是 OEM 版本，但用户可独立安装 ModelSim 的 SE 版本，且只需通过简单设置，即可将 SE 版本的 ModelSim 软件集成在 Quartus II 等开发工具中。

首先直接运行 Quartus II，依次单击"Tools→Options"菜单，在打开的软件设置界面中依次单击"General→EDA Tool Options"即可出现集成工具选项设置界面，如图 2-5 所示。从选项中可以看出，Quartus II 可以集成 ModelSim、Synplify、Synplify Pro、Precision 等工具。

在相应工具对应的路径编辑框中输入工具的执行路径即可轻松地将 ModelSim 等第三方工具集成在 Quartus Ⅱ 环境中。在图 2-5 中，设置 ModelSim-Altera 对应的路径为"C:\altera\13.1\modelsim_ase\win32aloem\"（读者需要根据 ModelSim 的具体安装路径进行设置）即可将 ModelSim 软件集成在 Quartus Ⅱ 软件环境中。

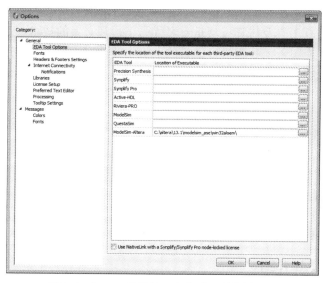

图 2-5　Quartus Ⅱ 的第三方集成工具设置界面

2.4.2　ModelSim 的工作界面

ModelSim 是独立的仿真软件，本身可独立完成程序代码编辑及仿真功能。ModelSim 的默认工作界面如图 2-6 所示，主要由标题栏、菜单栏、工具栏、库信息窗口、对象窗口、波形显示窗口和脚本信息窗口组成。

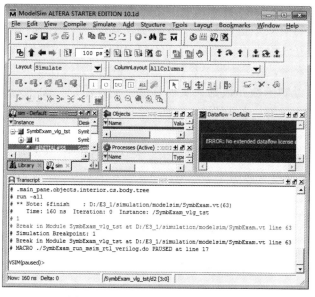

图 2-6　ModelSim 的默认工作界面

ModelSim 的窗口很多，共有十余个。在仿真过程中，除了主窗口，其他窗口均可以打开多个副本，且各窗口中的对象均可相互以拖动的方式添加，使用十分方便。当关闭主窗口时，所有已打开的窗口均自动关闭。ModelSim 丰富的显示及调试窗口，可以极大地方便设计者对程序的仿真调试，但也使初学者掌握起来比较困难。本书不对 ModelSim 软件进行详细介绍，读者可参考软件使用手册及其他参考资料学习使用。仿真技术在 FPGA 设计中具有十分重要的地位，熟练掌握仿真工具及仿真技巧是一名优秀工程师必备的技术。当然，要熟练掌握仿真软件，除查阅参考资料外，还需进行大量的上机实践，在工程实践中逐渐理解、掌握并熟练应用各种窗口，以提高仿真调试技能。

2.5 MATLAB 简介

在完成 FPGA 的数字信号处理设计过程中，通常会首先采用 MATLAB 完成数字信号处理系统的参数设计，如滤波器系数设计，而后采用 FPGA 对所设计的滤波器进行最终实现，使设计的 FPGA 程序满足所需功能。虽然本书使用 MATLAB 进行设计的内容不多，但考虑到 MATLAB 在数字信号处理设计中的重要作用，读者还是有必要对其有一定的了解。

2.5.1 MATLAB 介绍

20 世纪 70 年代，美国新墨西哥大学计算机科学系主任 Cleve Moler 为了减轻学生编程的负担，用 FORTRAN 编写了最早的 MATLAB。1984 年，由 Little、Moler、Steve Bangert 合作成立的 MathWorks 公司正式把 MATLAB 推向市场。到 20 世纪 90 年代，MATLAB 已成为国际控制界的标准计算软件。本书使用 MATLAB R2014a 版本进行设计及讲解。

MATLAB 是由美国 MathWorks 公司发布的，主要面对科学计算、可视化，以及交互式程序设计的高科技计算环境，它将数值分析、矩阵计算、科学数据可视化，以及非线性动态系统的建模和仿真等诸多强大功能集成在一个易于使用的视窗环境中，为科学研究、工程设计，以及必须进行有效数值计算的众多科学领域提供了全面的解决方案，并在很大程度上摆脱了传统非交互式程序设计语言（如 C、FORTRAN）的编辑模式，代表了当今国际科学计算软件的先进水平，它在数学类科技应用软件中的数值计算方面首屈一指。MATLAB 可以进行矩阵运算、绘制函数和数据、实现算法、创建用户界面、连接其他编程语言的程序等，主要应用于工程计算、控制设计、信号处理与通信、图像处理、信号检测、金融建模设计与分析等领域。

MATLAB 的基本数据单位是矩阵，它的指令表达式与数学、工程中常用的形式十分相似，故用 MATLAB 来解算问题要比用 C、FORTRAN 等语言简洁得多。MATLAB 吸收了 Maple 等软件的优点，使其成为一个强大的数学软件，在新的版本中还加入了对 C、FORTRAN、C++、Java 的支持。用户可以直接调用，也可以将自己编写的实用程序导入 MATLAB 函数库中方便以后调用。此外，许多 MATLAB 爱好者编写了一些经典的程序，用户可以直接下载使用。

2.5.2 MATLAB 的工作界面

MATLAB 的工作界面简单明了，易于操作。正确安装 MATLAB 软件后，依次单击"开始→所有程序→MATLAB→R2014a→MATLAB R2014a" 即可打开 MATLAB 软件，其主工作界面如图 2-7 所示。

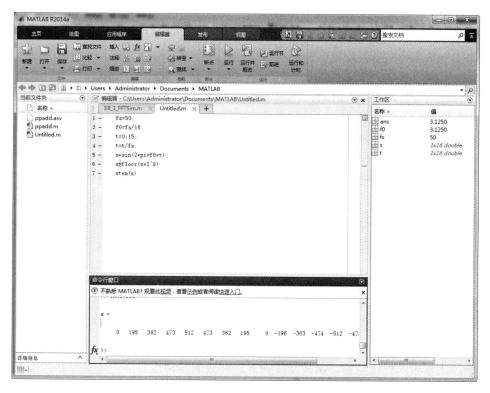

图 2-7 MATLAB 主工作界面

命令行窗口是 MATLAB 的主窗口。在命令行窗口中，可以直接输入命令，系统将自动显示命令执行后的信息。如果一条命令过长，需要两行或多行才能输入完毕，则要使用 "…" 作为连接符号，按 Enter 键进入下一行，继续输入。另外，在命令行窗口输入命令时，可利用快捷键十分方便地调用或修改以前输入的命令。例如，通过向上键↑可重复调用上一条命令，对它加以修改后直接按 Enter 键执行。在执行命令时不需要将光标移至行尾。命令行窗口只能执行单条命令，用户可通过创建 M 文件（扩展名为 ".m" 的文件）来编辑多条命令，在命令行窗口中输入 M 文件的名称，即可依次执行 M 文件中的所有命令。

命令历史窗口用于显示用户在命令行窗口中执行过的命令，用户可直接双击历史窗口中的命令来执行该命令，也可以在选中某条或多条命令后，执行复制、剪切等操作；工作空间窗口用于显示当前工作环境中所有创建的变量信息；单击工作空间窗口下的 "Current Directory" 标签可打开当前工作路径窗口，该窗口用于显示当前工作在什么路径下，包括 M 文件的路径等。

2.5.3 MATLAB 的特点及优势

MATLAB 的主要特点及优势体现在以下几个方面。

（1）具有友好的工作平台和编程环境。MATLAB 由一系列工具组成。这些工具方便用户使用 MATLAB 的函数和文件，其中许多工具采用的是图形用户界面，包括 MATLAB 桌面和命令行窗口、命令历史窗口、编辑器和调试器、路径搜索和用于用户浏览帮助、工作空间、文件的浏览器。随着 MATLAB 的商业化，以及软件本身的不断升级，MATLAB 的用户界面也越来越精致，更加接近 Windows 的标准界面，人机交互性更强，操作更简单，而且新版本的 MATLAB 提供了完整的联机查询、帮助系统，极大地方便了用户的使用。简单的编程环境提供了比较完备的调试系统，程序不必经过编译就可以直接运行，而且能够及时报告出现的错误并分析出错原因。

（2）程序语言简单易用。MATLAB 使用高级的矩阵/阵列语言，它包含控制语句、函数、数据结构、输入/输出和面向对象的编程语言。用户可以在命令行窗口中将输入语句与执行命令同步，也可以先编写好较为复杂的应用程序（M 文件）后再运行。MATLAB 的底层语言为 C++语言，因此语法特征与 C++语言极为相似，而且更加简单，更加符合科技人员对数学表达式的书写格式，因而更利于非计算机专业的科技人员使用。这种语言可移植性好、可拓展性极强，这也是 MATLAB 能够深入到科学研究及工程计算各个领域的重要原因。

（3）具有强大的科学计算机数据处理能力。MATLAB 是一个包含大量算法的集合，拥有 600 多个工程中要用到的数学运算函数，可以方便地实现用户所需的各种计算功能。函数中所使用的算法都是科研和工程计算中的最新研究成果，且经过了各种优化和容错处理。在通常情况下，它可以代替底层编程语言，如 C 和 C++语言。在计算要求相同的情况下，使用 MATLAB 编程，工作量会大大减少。MATLAB 的这些函数集包括最简单、最基本的函数，以及诸如矩阵、特征向量、快速傅里叶变换等复杂函数。函数所能解决的问题大致包括矩阵运算和线性方程组的求解、微分方程及偏微分方程组的求解、符号运算、傅里叶变换和数据的统计分析、工程中的优化问题、稀疏矩阵运算、复数的各种运算、三角函数和其他初等数学运算、多维数组操作，以及建模动态仿真等。

（4）具有出色的图形处理功能。MATLAB 自产生之日起就具有方便的数据可视化功能，可将向量和矩阵用图形表现出来，并且可以对图形进行标注和打印。高层次的作图包括二维和三维的可视化、图像处理、动画和表达式作图，可用于科学计算和工程绘图。MATLAB 的图形处理功能十分强大，它不仅具有一般数据可视化软件都具有的功能（如二维曲线和三维曲面的绘制和处理等），而且在一些其他软件所没有的功能（如图形的光照处理、色度处理，以及四维数据的表现等）方面同样表现出色。对一些特殊的可视化要求，如图形对话等，MATLAB 也有相应的功能函数，满足了用户不同层次的要求。

（5）具有应用广泛的模块集合工具箱。MATLAB 对许多专门的领域都开发了功能强大的模块集和工具箱（Toolbox）。一般来说，它们都是由特定领域的专家开发的，用户可以直接使用工具箱学习、应用和评估不同的方法而不需要自己编写代码。目前，MATLAB 已经把工具箱延伸到了科学研究和工程应用的诸多领域，数据采集、数据库接口、概率统计优化算法、偏微分方程求解、神经网络、小波分析、信号处理、图像处理、系统辨识、控制系统设计、鲁棒控制、模型预测、模糊逻辑、金融分析、地图工具、非线性控制设计、实时快速原型及半物理仿真、嵌入式系统开发、定点仿真、电力系统仿真等，都在工具箱中有自己的一席之地。

（6）具有实用的程序接口和发布平台。MATLAB 可以利用 MATLAB 编译器和 C/C++数学库和图形库，将自己的 MATLAB 程序自动转换为独立于 MATLAB 运行的 C 和 C++代码。允许用户编写可以和 MATLAB 进行交互的 C 或 C++语言程序。另外，MATLAB 网页服务程序还允许在 Web 应用中使用自己的 MATLAB 数学和图形程序。MATLAB 的一个重要特色就是具有一套程序扩展系统和一组称之为工具箱的特殊应用子程序。工具箱是 MATLAB 函数的子程序库,每个工具箱都是为某类学科专业和应用定制的,主要包括信号处理、控制系统、神经网络、模糊逻辑、小波分析和系统仿真等方面的应用。

(7)可进行包括用户界面的应用软件开发。在开发环境中,用户可方便地控制多个文件和图形窗口;在编程方面,支持函数嵌套、有条件中断等;在图形化方面,具备强大的图形标注和处理功能;在输入/输出方面,可以直接与 Excel 等格式文件进行连接。

2.6 FPGA 信号处理板 CRD500

为便于学习实践,我们精心设计了与本书配套的 FPGA 数字信号处理板 CRD500(见图 2-8)。本书的绝大多数设计实例可在 CRD500 开发板上进行验证。

图 2-8　FPGA 数字信号处理板 CRD500 实物图

CRD500 是专为数字信号处理技术、数字通信技术的 FPGA 设计实验设计的通用开发板,除本书中的设计实例外,作者前期出版的《数字滤波器的 MATLAB 与 FPGA 实现——Altera/Verilog 版(第 2 版)》《数字通信同步技术的 MATLAB 与 FPGA 实现——Altera/Verilog 版(第 2 版)》《数字调制解调技术的 MATLAB 与 FPGA 实现——Altera/Verilog 版(第 2 版)》中的所有实例均可在 CRD500 开发板上验证。

在理解了数字信号处理技术的原理,完成了 FPGA 代码设计及仿真测试后,将 FPGA 程序下载到开发板上进行功能验证,从而形成从理论到实践的完整学习体验过程,可以有效地加深读者对数字信号处理技术的理解深度,从而更好地构建起理论知识与工程实践之间的桥梁。

CRD500 为 130 mm×90 mm 的 4 层板结构,其中完整的地层保证了整个电路板具有很强的抗干扰能力和良好的工作稳定性。综合考虑信号处理算法对逻辑资源的需求,以及产品价格等因素,CRD500 开发板采用 Intel CycloneIV 的 EP4CE15F17C8-FBGA256 为主芯片。芯片包含 15408 个 LEs、504kbit 的 Embedded memory、23 个 18 位宽硬核乘法器,最大可用 I/O

数量达 343 个，可以满足常用数字信号处理技术的工程实例验证。Cyclone Ⅳ系列产品是目前 Altera 市场占有率极高的系列芯片，各款芯片的硬件资源情况见表 2-1。

表 2-1　Intel Cyclone Ⅳ系列芯片的硬件资源情况

单位：个

项目	型　号								
	EP4CE6	EP4CE10	EP4CE15	EP4CE22	EP4CE30	EP4CE40	EP4CE55	EP4CE75	EP4CE115
逻辑门	6272	10320	15408	22320	28848	39600	55856	75408	114480
嵌入式存储器	270	414	504	594	594	1134	2340	2745	3888
嵌入式 18×18 倍增器	15	23	56	66	66	116	154	200	266
通用 PLL	2	2	4	4	4	4	4	4	4
全局时钟网络	10	10	20	20	20	20	20	20	20
用户 I/O	8	8	8	8	8	8	8	8	8
最大用户 I/O	179	179	343	153	532	532	374	426	528

CRD500 的结构示意图如图 2-9 所示，其主要有以下特点及功能接口。

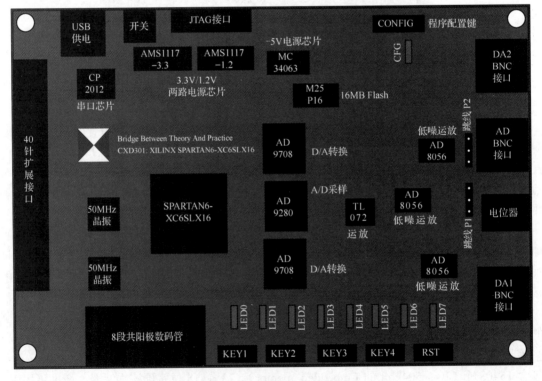

图 2-9　CRD500 结构示意图

- 4 层板结构，完整的地层，提高 PCB 的稳定性和可靠性。
- 采用 Intel CycloneIV 的 EP4CE15F17C8-FBGA256 为主芯片，丰富的资源可胜任一般数字信号处理算法，BGA256 封装更加稳定，提供标准 10 针 JTAG 程序下载及调试接口。
- 16 MB 的 Flash M25P16，有足够的空间存储 FPGA 配置程序，还可以作为外部数据存储器使用。
- 2 个独立的晶振，真实模拟信号发射端和接收端不同的时钟源。
- 2 路独立的 8 位 D/A 接口（最高抽样频率达 32MHz），1 路独立的 8 位 A/D 接口（最高转换速率达 125MHz），可以完成从模拟信号产生、A/D 采样、信号处理，处理后 D/A 转换输出的整个信号处理算法验证。
- 3 个低噪运放芯片 AD8056 有效调节 A/D、D/A 信号幅度大小。
- USB 供电接口，配置 CP2102 芯片，同时可作为串口通信接口。
- 4 个 8 段共阳极 8 段数码管。
- 8 个 LED 灯。
- 5 个独立按键。
- 40 针扩展接口，扩展输出独立的 FPGA 用户引脚。

2.7 小结

本章首先介绍了硬件描述语言的基本概念及优势，并对 Verilog HDL 语言、开发环境及 MATLAB 进行了简要介绍。

本章学习的要点如下所述。

（1）相比于 C、C++等传统编程语言，VHDL 语言的语法种类要少得多，而常用的语法不过十几条。由于 VHDL 是描述硬件电路的语言，因此需要设计者从硬件电路的角度对语法进行准确的理解。

（2）了解并掌握 VHDL 中的常用语法，并通过查看 RTL 原理图的方式，理解这些基本语法所对应的具体电路结构。

（3）了解 Quartus Ⅱ 开发环境、ModelSim 仿真软件，以及 MATLAB 软件的基本特点，熟悉软件的基本使用方法。

（4）了解 CRD500 开发板的性能特点，便于后续章节的 FPGA 实例验证。

2.8 思考与练习

2-1 HDL 语言设计输入方式与原理图输入方式的优势有哪些？

2-2 简述 VHDL 语言的特点。

2-3 VHDL 的程序结构主要包括哪几部分？

2-4 采用 VHDL 描述一个名为 m0 的模块，模块共有 3 个输入信号和 2 个输出信号。输入信号分别为 1 位的 clk、4 位的 din1、5 位的 din2，输出信号分别为 1 位的 dout1 和 10 位的 dout2。

2-5　画出下面的端口程序所描述的电路顶层接口框图。

```
entity m1 is
port (clk : in std_logic;
    rst : in std_logic;
    wr : in std_logic;
    cn : out std_logic_vector(9 downto 0));
end m1;
```

2-6　分别画出下面两段程序所描述的电路原理框图。

```
//第 1 段程序
entity m1 is
port (clk    : in std_logic;
    d : in std_logic;
    q : out std_logic);
end m1;
    architecture Behavioral of m1 is
    signal d1,d2: std_logic;
begin
    process(clk)
    begin
        if clk='1' and clk'event then
            d1 <= d;
            d2 <= d1;
            q <= d2;
        end if;
    end process;
end Behavioral;
//第 2 段程序
entity m2 is
port (clk : in std_logic;
    d : in std_logic;
    q : out std_logic);
end m2;
    architecture Behavioral of m2 is
    signal d1,d2: std_logic;
begin
    process(clk)
    begin
        if clk='1' and clk'event then
            d1 <= d;
            d2 <= d1;
        end if;
    end process;
```

```
        q <= d2;
end Behavioral;
```

2-7　查找下面程序中的错误代码，并加以改正。

```
architecture Behavioral of tst is
    signal cnt:std_logic_vector (3 downto 0);
begin
    process(clk,rst)
    begin
        if (rst='1') then
            cnt <= (others=>'0');
        elsif clk='1' and clk'event then
            cnt = cnt + 1;
        end if;
    end process;
cn <= cnt;
```

2-8　在测试文件中编写程序代码，以上电为起始时刻，初始状态为 0，20 个时间单位后为 1；40 个时间单位为 0，60 个时间单位后为 1。

第**3**章
FPGA 设计流程

本章通过一个完整的流水灯实例设计，详细介绍设计准备、设计输入、设计综合、功能仿真、设计实现、布局布线后仿真和程序下载等一系列既复杂又充满挑战和乐趣的 FPGA 设计流程。

3.1 FPGA 设计流程简介

本章介绍 FPGA 设计流程的主要步骤。FPGA 设计流程和使用 Altium Designer 设计 PCB 的流程类似，如图 3-1 所示，其中的实线框为必要步骤，虚线框为可选步骤。

1. 设计准备

在进行任何设计之前，都要进行一些准备工作。例如，在进行 VC 开发前需要先进行需求分析，在进行 PCB 设计前需要先明确 PCB 的功能及接口。设计 FPGA 项目和设计 PCB 类似，只是设计的对象是芯片的内部功能结构。从本质上讲，FPGA 的设计就是 IC 的设计，在进行代码输入前必须明确 IC 的功能及对外接口。PCB 的接口是一些插座及信号线，IC 的对外接口体现在其引脚上。FPGA 灵活性的最直接体现就是用户引脚均可自主定义。也就是说，在下载程序前，FPGA 的用户引脚没有任何功能，用户引脚的功能最终是输入还是输出，是复位还是 LED 输出，完全由程序确定，这对传统的专用芯片来说是无法想象的。

2. 设计输入

明确了设计功能及对外接口后就可以开始设计输入了。所谓设计输入，就是编写代码、绘制原理图、设计状态机等

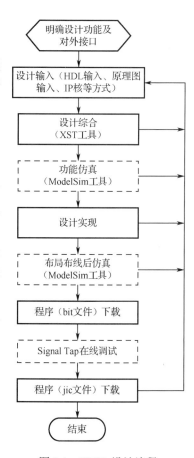

图 3-1　FPGA 设计流程

一系列工作。对于复杂的设计，在编写代码前还需进行顶层设计、模块功能设计等一系列工作；对于简单的设计，一个文件就可以解决所有的问题。设计输入的方式有多种，如原理图输入方式、状态机输入方式、HDL 代码输入方式、IP 核输入方式，以及 DSP 输入方式等。其中，IP 核输入方式是一种高效率的输入方式，它使用经过测试的 IP 核，可确保设计的性能并提高设计的效率。

3．设计综合

大多数介绍 FPGA 设计的图书在讲解设计流程时，均把设计综合放在功能仿真之后，原因是功能仿真是对设计输入的语法进行检查及仿真，不涉及电路综合及实现。换句话说，即使写出的代码最终无法综合成具体的电路，功能仿真也可能正确无误。但作者认为，如果辛辛苦苦写出的代码最终无法综合成电路，即根本就是一个不可能实现的设计，却不尽早检查并修改设计，而是费尽心思地追求功能仿真的正确性，岂不是在浪费宝贵的时间？因此，在完成设计输入后，先进行设计综合，查看自己的设计是否能形成电路，再进行功能仿真可能会更好一些。所谓设计综合，就是将 HDL、原理图等设计输入翻译成由与、或、非门、触发器等基本逻辑单元组成的逻辑连接，并形成 edf 和 edn 等格式的文件，供布局布线器进行电路实现。

FPGA/CPLD 是由一些基本逻辑单元和存储器组成的，电路综合的过程就是将通过语言或绘图描述的电路自动编译成基本逻辑单元组合的过程。这好比使用 Protel 设计 PCB，设计好电路原理图后，要将原理图转换成网表文件，如果没有为原理图中的各元件指定元件封装，或者元件库中没有指定的元件封装，则在转换成网表文件并进行后期布局布线时无法进行下去。同样，如果 HDL 的输入语句本身没有与之相对应的硬件实现，也就无法将设计综合成电路（无法进行电路综合），即使设计在功能、语法上是正确的，在硬件上也无法找到与之相对应的逻辑单元来实现。

4．功能仿真

功能仿真又称行为仿真，顾名思义，即功能性仿真，用于检查设计输入的语法是否正确、功能是否满足要求。由于功能仿真仅关注语法的正确性，因此即使通过了功能仿真，也无法保证最后设计的正确性。实际上，对于高速或复杂的设计来讲，在通过功能仿真后，后续工作可能仍然十分繁杂，原因是功能仿真没有用到实现设计的时序信息，仿真延时基本可以忽略不计，处于理想状态。对于高速或复杂的设计来说，基本元器件的延时正是制约设计的瓶颈。虽然如此，功能仿真在设计初期仍然是十分重要的，一个不能通过功能仿真的设计，一般是不可能通过布局布线仿真的，也不可能实现设计者的意图。功能仿真还有一个作用，就是可以对设计中的各个模块单独进行仿真，这也是程序调试的基本方法，即先对各底层模块分别进行仿真调试，再对顶层模块进行综合调试。

5．设计实现

设计实现是指根据选定的 FPGA/CPLD 型号，以及综合后生成的网表文件，将设计配置到具体 FPGA/CPLD 中。由于涉及具体的 FPGA/CPLD 型号，所以实现工具只能选用 FPGA/CPLD 厂商提供的软件。虽然看起来步骤较多，但在具体设计时，直接单击 Quartus II 环境中的编译设计（Compile Design）条目，即可自动完成所有实现步骤。设计实现的过程就好比 Protel 软件根据原理图生成的网表文件绘制 PCB 的过程。绘制 PCB 可以采用自动布局布线和手动布局布线两种方式。对于 FPGA 设计，Quartus Ⅱ 工具同样提供了自动布局布线和手动布局布线两种方式，只是手动布局布线相对困难得多。对于常规或相对简单的设计，仅依靠 Quartus Ⅱ 自动布局布线功能即可得到满意的效果。

6．布局布线后仿真

一般说来，无论软件工程师还是硬件工程师，都更愿意在设计过程中充分展示自己的创造才华，而不太愿意花过多时间去做测试或仿真工作。对一个具体的设计来讲，工程师愿意更多地关注设计功能的实现，只要功能正确，工作差不多也就完成了。随着目前设计工具的快速发展，尤其是仿真工具功能的日益强大，这种观念恐怕需要改变了。对于 FPGA 设计来讲，布局布线后仿真（Post-Place & Route Model），也称后仿真或时序仿真，在 Intel 中称为门级仿真（Gate Level Simulation）具有十分精确的逻辑器件延时模型，只要约束条件设计正确合理，仿真通过了，程序下载到具体器件后基本上也就不用担心会出现问题。在介绍功能仿真时讲过，即使功能仿真通过了，也还离设计成功较远，但只要时序仿真通过了，离设计成功就很近了。ModelSim 提供的仿真方式还有翻译后仿真（Post-Translate Model）和映射后仿真（Post-Map Model），在实际中用得不多或基本不使用。

7．程序下载

时序仿真通过后就可以将设计生成的程序写入器件中进行最后的硬件调试了，如果硬件电路板没有问题，就可以看到设计已经在正确地工作了。

对于 Intel FPGA，下载文件主要有两种：扩展名为 sof 的下载文件（bit 文件）和扩展名为 jic 的下载文件。sof 文件用于在电路调试时下载到 FPGA 中，但电路板断电后文件的内容会消失，FPGA 不再工作；jic 文件用于在完成电路设计后下载到 PROM 中，电路板断电后，文件的内容不消失，电路板上电后，PROM 中的 jic 文件会自动下载到 FPGA 中，使 FPGA 按照设计的要求工作。因此，只要将不同的文件分别下载到 FPGA 和 PROM 中，当电路板上电后，FPGA 即可实现不同的功能。

虽然程序在下载之前进行了仿真测试，程序本身运行正确，但在下载到器件中时，仍需要进行软/硬件联合调试，以确保系统能正常工作。因此，通常先将 sof 文件下载到 FPGA 中，并使用 Quartus Ⅱ 提供的 Signal Tap 工具进行调试。Signal Tap 可以抓取程序中的各种信号（如 FPGA 接口信号的波形）进行观察，以此来分析测试软件和硬件的功能。在确保 sof 文件下载后系统能正常工作的前提下，再将 jic 文件下载到 PROM 中，最终完成 FPGA 的设计。

3.2　流水灯实例设计

3.2.1　明确项目需求

在做任何设计之前，都首先要明确项目的需求。对于简单的项目，一两句话就能讲清楚项目需求；对于复杂的项目，则需要反复与客户进行沟通，详细地分析项目需求，尽量弄清楚详细的技术指标及性能，为后续的项目设计打好基础。

流水灯实例的项目需求比较简单，需要使用 CRD500 上的 8 个 LED 实现流水灯效果，如图 3-2 所示。

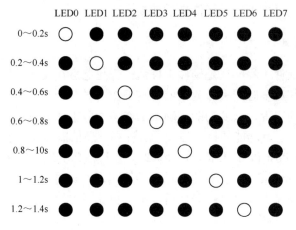

图 3-2　使用 CRD500 上的 8 个 LED 实现流水灯效果

CRD500 上的 8 个 LED（LED0～LED7）排成一行，随着时间的推移，依次点亮，呈现"流水"的效果。设定每个 LED 的点亮时长为 0.2 s，从上电时刻开始，在 0～0.2 s 内 LED0 点亮，在 0.2～0.4 s 内 LED1 点亮，依次类推，在 1.2～1.4 s 内 LED7 点亮，为一个完整周期，即 1.4 s。在下一个 0.2 s 的时间段，即 1.4～1.6 s 内，LED0 重新点亮，并进行循环。

3.2.2　读懂电路原理图

FPGA 设计最终要在电路板上运行，因此 FPGA 工程师需要具备一定的电路图读图知识，以便于和硬件工程师或项目总体方案设计人员进行沟通交流。FPGA 设计项目必须明确知道所有输入/输出信号的硬件连接情况。对于流水灯实例，输入信号有时钟信号、复位信号、8 个 LED 的输出信号。

时钟信号的电路原理图和引脚连接如图 3-3 所示。图 3-3（a）中，X 为 50 MHz 的晶振，由 3.3 V 供电，生成的时钟信号由 X 的引脚 3 输出，时钟信号的网络标号为 GCLK1。图 3-3（b）所示为 EP4CE15F17C8 的引脚连接，GCLK1 与 M1 引脚相连，因此 FPGA 的时钟信号从 FPGA 的 M1 引脚输入。

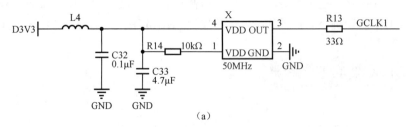

（a）

图 3-3　时钟信号的电路原理图和引脚连接

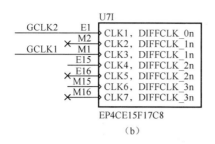

图 3-3　时钟信号的电路原理图和引脚连接（续）

复位信号的电路原理图和引脚连接如图 3-4 所示。图 3-4（a）所示为复位信号的电路原理图，当按钮 RST 未按下时，其左侧的 RST 信号线呈低电平；当按钮 RST 按下时，RST 信号线呈高电平。图 3-4（b）所示为 EP4CE15F17C8 引脚连接，RST 与 P14 引脚相连，RST 为高电平时有效，复位信号从 FPGA 的 P14 引脚输入。

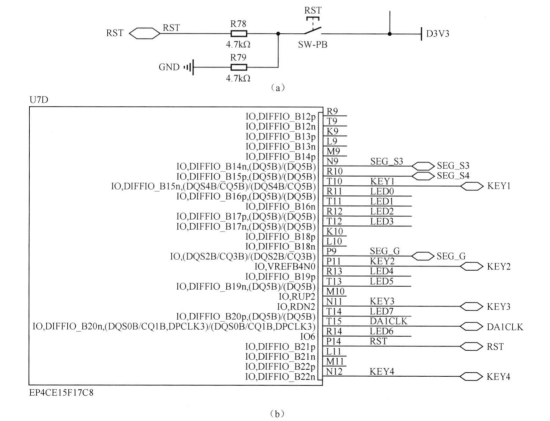

图 3-4　复位信号的电路原理图和引脚连接

LED 的电路原理图如图 3-5 所示，可以看出，当 FPGA 相应引脚的输出为高电平时，LED0～LED7 点亮，反之 LED 熄灭。FPGA 芯片中与 LED 相连的引脚可以在 CRD500 原理图中查阅。流水灯实例接口信号定义如表 3-1 所示。

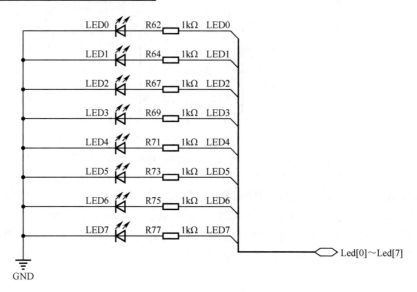

图 3-5　LED 的电路原理图

表 3-1　流水灯实例接口信号定义

程序信号名称	FPGA 引脚	传 输 方 向	功 能 说 明
RST	P14	→FPGA	高电平有效的复位信号
GCLK	M1	→FPGA	50 MHz 的时钟信号
Led[0]	R11	FPGA→	当输出为高电平时点亮 LED0
Led[1]	T11	FPGA→	当输出为高电平时点亮 LED1
Led[2]	R12	FPGA→	当输出为高电平时点亮 LED2
Led[3]	T12	FPGA→	当输出为高电平时点亮 LED3
Led[4]	R13	FPGA→	当输出为高电平时点亮 LED4
Led[5]	T13	FPGA→	当输出为高电平时点亮 LED5
Led[6]	R14	FPGA→	当输出为高电平时点亮 LED6
Led[7]	T14	FPGA→	当输出为高电平时点亮 LED7

3.2.3　形成设计方案

根据前文的分析可知，单个 LED 点亮的持续时间为 0.2 s，8 个 LED 循环点亮一次需要 1.6 s。有多种设计方案可以实现流水灯效果，下面讨论三种设计方案。

第一种设计方案：由于输入时钟信号的频率为 50 MHz，8 个 LED 循环点亮一次需要 1.6 s，因此可以首先生成一个周期为 1.6 s 的计数器 cn1s6，然后根据计数器的值设置 8 个 LED 的状态。当时间为 0～0.2 s 时，仅点亮 LED0，当时间为 0.2～0.4 s 时仅点亮 LED1，依次类推，当时间为 1.4～1.6 s 时仅点亮 LED7，从而实现流水灯效果。

第二种设计方案：由于输入时钟信号的频率为 50 MHz，单个 LED 点亮的持续时间为 0.2 s，因此可以首先生成一个周期为 0.2 s 的时钟信号 cn0s2；然后在 cn0s2 的驱动下，生成 3 bit 的八进制计数器 cn1s6，cn1s6 共有 8 种状态（0～7），且每种状态的持续时间均为一个 cn0s2 的时钟周期，即 0.2 s；最后根据 cn1s6 的 8 种状态，分别点亮某个 LED，即当 cn1s6 为 0 时点亮 LED0，当 cn1s6 为 1 时点亮 LED1，依次类推，当 cn1s6 为 7 时点亮 LED7，从而实现流水灯效果。

第三种设计方案：首先在 50 MHz 时钟信号的驱动下生成周期为 0.2 s 的计数器 cn0s2，然后根据 cn0s2 的状态生成周期为 1.6 s 的八进制计数器 cn1s6，最后根据 cn1s6 的 8 种状态分别点亮某个 LED，从而实现流水灯效果。

经过上面的分析可知：第一种设计方案的思路最简单，仅需要一个时钟信号 GCLK1，但不利于灵活调整流水灯的运行参数；第二种设计方案可通过更改 0.2 s 的计数器值来调整流水灯的周期，但需要用到 GCLK1 和 cn0s2 两个时钟信号，而 Verilog HDL 一般推荐使用同一个时钟完成所有的设计；第三种设计方案与第二种设计方案类似，但仅需一个时钟信号 GCLK1。

流水灯实例的 FPGA 程序设计框图（第三种设计方案）如图 3-6 所示。

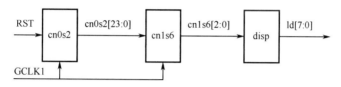

图 3-6　流水灯实例的 FPGA 程序设计框图（第三种设计方案）

为了给读者提供更多参考，本章后续将给出第二种和第三种设计方案的 Verilog HDL 程序代码。读者在了解 Verilog HDL 的基本语法的基础上，可以采用第一种设计方案来完成流水灯实例的程序设计，并与第三种设计方案的程序进行对比分析，进一步加深对 Verilog HDL 语法及程序建模思想的理解和掌握。

3.3　流水灯实例的 Verilog HDL 程序设计与综合

3.3.1　建立 FPGA 工程

完成项目需求分析、电路图分析及方案设计后，就可以进行 FPGA 设计了。如果用户的计算机已安装 Quartus Ⅱ 13.1，则双击桌面上的 Quartus Ⅱ 13.1 图标，即可打开 Quartus Ⅱ 13.1。在工作界面中依次单击菜单"File→New Project Wizard"，可打开新建 FPGA 工程（Project）界面。软件自动打开新建工程向导，显示 Project Wizard 能够完成的工作，勾选"Don't show me this introduction again"复选框后，再次新建工程时将不再显示此界面；单击"Next"按钮，进入工程路径、名称设置界面，如图 3-7 所示。

设置工程路径（What is the working directory for this project?）、工程名后（What is the name of the project?），工程中的顶层设计文件（top-level design file）名自动与工程名保持一致，单击"Finish"按钮完成工程创建，软件自动返回 Quartus Ⅱ 13.1 的主工作界面。此时打开工程路径所指向的文件夹，可以发现目录中出现了一个子文件夹"db"，以及 waterlight.qpf 和 waterlight.qsf。其中，db 文件夹存放工程编译中的一些过程文件；waterlight.qpf 为 Quartus Ⅱ 13.1 的工程文件，可以双击这个文件直接启动 Quartus Ⅱ 13.1 软件并打开该 FPGA 工程。

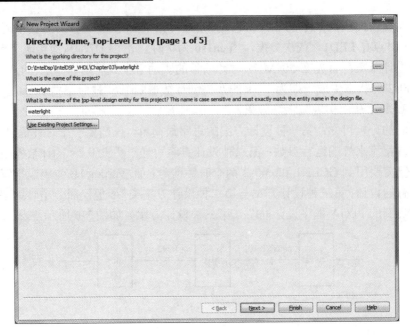

图 3-7　工程名称、路径设置页面

完成工程路径、名称设置后，需要指定 FPGA 设计的目标器件，右击主工作界面左侧的 "Cyclone IV GX: AUTO"，在弹出的菜单中单击 "Device"，打开目标器件设置界面，如图 3-8 所示。

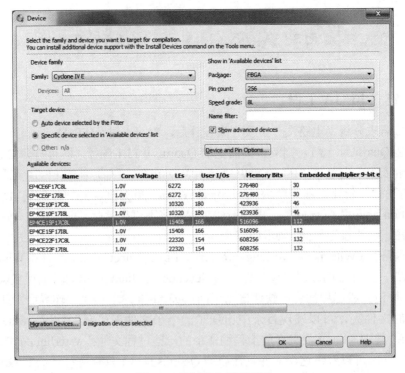

图 3-8　目标器件设置界面

在"Family"下拉菜单中选择 FPGA 器件家庭系列"Cyclone Ⅳ E",在"Available devices:"列表框中选择 FPGA 器件"EP4CE15F17C8L",单击"OK"按钮,完成流水灯 FPGA 工程的建立。

3.3.2　VHDL 程序输入

完成 FPGA 工程建立后,开始编写 Verilog HDL 程序代码,进行 FPGA 设计。FPGA 设计输入的基本方式有原理图方式及 HDL 代码输入两种。其中,原理图方式类似绘制电路图的设计方式,虽然直观,但十分不便于程序移植和后期代码的维护,很少使用,此处不进行介绍,有兴趣的读者可以自行查看相关参考资料。本书均采用 HDL 代码输入方式进行 FPGA 程序设计。

在 Quartus Ⅱ 13.1 主工作界面中依次单击菜单"File→New",打开新建资源界面,如图 3-9 所示。

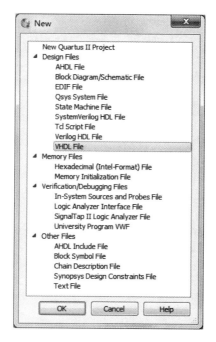

图 3-9　新建资源界面

由新建资源界面可知,Quartus Ⅱ 13.1 可新建的资源类型很多,其中"Block Diagram/Schematic File"类型为原理图输入方式的文件,"VHDL File"为 FPGA 设计最常用的 HDL 代码输入方式的文件。HDL 语言包括 Verilog HDL 和 VHDL,界面中的"VHDL File"即为 VHDL 语言的设计输入文件。选择"VHDL File",单击"OK"按钮,完成 VHDL 文件的创建,Quartus Ⅱ 13.1 主界面的工作区中自动生成名为"Vhdl1.v"的文件,且该文件处于打开状态,可以在其中输入设计代码。

在文件中输入下列设计代码。

```
--waterlight.vhd 文件
--下面这条语句是库(library)声明
```

```vhdl
library IEEE;
--下面 3 条语句是数据包（package）声明
use IEEE.STD_LOGIC_1164.ALL;
use IEEE.STD_LOGIC_ARITH.ALL;
use IEEE.STD_LOGIC_UNSIGNED.ALL;

entity waterlight is
port   (gclk1    : in std_logic;
        rst      : in std_logic;
        ld       : out std_logic_vector(7 downto 0));
end waterlight;

architecture Behavioral of waterlight is
    constant TIME0s1: integer:= 5000000;
    signal clk0s2: std_logic： ='0';
    signal cn0s2: std_logic_vector(23 downto 0);
    signal cn1s6: std_logic_vector(2 downto 0);
begin
    --生成周期为 0.2s 的时钟信号 clk0s2
    process(rst,gclk1)
    begin
        if rst = '1' then
            cn0s2 <= (others=>'0');
        elsif rising_edge(gclk1) then
            if (cn0s2 < TIME0s1) then
                cn0s2 <= cn0s2 + 1;
            else
                cn0s2 <= (others=>'0');
                clk0s2 <= not clk0s2;
            end if;
        end if;
    end process;

    --第二种设计方案的代码
    --在周期为 0.2 s 的时钟信号驱动下生成周期为 1.6 s 的八进制计数器
    process (rst,clk0s2)
      begin
        if rst = '1' then
            cn1s6 <= "000";
        elsif rising_edge(clk0s2) then
            cn1s6 <= cn1s6 + 1;
        end if;
    end process;

    --根据八进制计数器的状态，依次点亮 LED，实现流水灯效果
    process (cn1s6)
    begin
```

```
        case(cn1s6) is
            when "000" =>   ld <= "00000001";
            when "001" =>   ld <= "00000010";
            when "010" =>   ld <= "00000100";
            when "011" =>   ld <= "00001000";
            when "100" =>   ld <= "00010000";
            when "101" =>   ld <= "00100000";
            when "110" =>   ld <= "01000000";
            when "111" =>   ld <= "10000000";
        end case;
    end process;

end Behavioral;
```

上述文件代码实现的是一个 8 位流水灯功能电路，每个灯点亮 0.2s，依次循环点亮，实现流水效果。本章仅关注 FPGA 的基本开发流程，关于流水灯的设计思路及 VHDL 语法细节将在后续章节中逐步展开讨论。

完成代码输入后，单击 Quartus Ⅱ 13.1 菜单"File→Save"，或者按快捷键"Ctr+S"，在弹出的文件保存界面中，修改文件名为"waterlight"后保存文件。文件默认保存在工程目录下。为便于管理程序设计文件，一般将用户创建的 VHDL 源文件单独保存在一个子文件夹中，如在工程目录中新建"src"文件夹，将所有用户自己创建的源文件都保存在这里。

3.4　流水灯实例的功能仿真

3.4.1　生成测试激励文件

在确认所设计的 VHDL 可以综合成电路后，就可以对程序进行功能仿真了，以验证所设计的程序是否能够实现预期的功能。

根据前文的描述可知，一个 VHDL 文件相当于一个电路功能模块。要对该电路功能模块进行仿真，需要生成测试信号并输入电路功能模块，查看对应输出端口的信号波形是否满足要求。因此，首先需要生成测试激励文件。

右击"Entity"界面中的器件名称，在弹出的菜单中单击"Settings"，打开设置（Settings）界面，单击界面左侧的"EDA Tool Settings→Simulation"，打开仿真（Simulation）设置界面，如图 3-10 所示。

在"Tool name"列表框中选择"ModelSim-Altera"，表示采用 ModelSim 仿真工具进行仿真。在"Format for output netlist"下拉列表框中选择"VHDL"，表示对 VHDL 程序文件进行仿真。在"Output directory"编辑框中可以设置仿真过程文件的存放路径，一般保持默认，存放在工程目录下的"simulation/modelsim"子文件夹中。其他选项保持默认值，单击"OK"按钮，完成设置，返回主界面。

如图 3-11 所示，依次单击菜单"Processing→Start→Start TestBench Template Writer"，系统自动生成与顶层文件模块同名的测试激励模板（TestBench Template）文件。

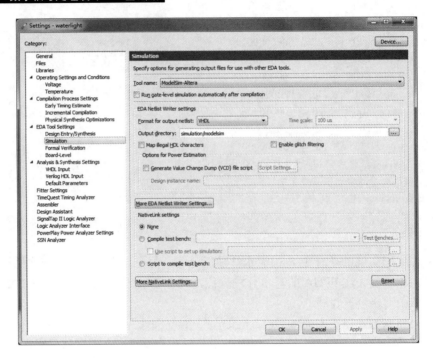

图 3-10 仿真（Simulation）设置界面

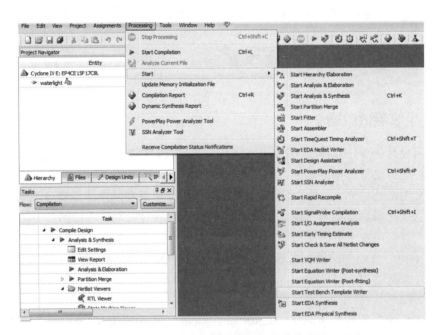

图 3-11 生成测试激励模板文件菜单选项

在 "Project Navigator" 界面中单击 "Files" 标签，切换到文件显示界面，在界面空白处右击，单击弹出的添加/移出文件菜单（Add/Remove Files in Project），打开 "Settings" 界面中的 "Files" 设置界面。单击 "Files" 编辑框右侧的文件浏览按钮，找到工程路径下的 "simulation/modelsim" 文件夹，将文件选择界面右下角的文件类型设置为 "All Files"，可以在当前文件夹下找到与顶层文件名同名的测试激励文件 waterlight.vht。单击文件选择界面中的"Open"按钮，选择需要添加的文件 waterlight.vht。此时，waterlight.vht 文件的路径自动填写在"File Name"编辑框中，如图 3-12 所示，单击编辑框右侧的"Add"按钮，将当前文件添加到当前工程中。此时，可以在"Project Navigator"界面中的"Files"标签下看到添加的文件 waterlight.vht。

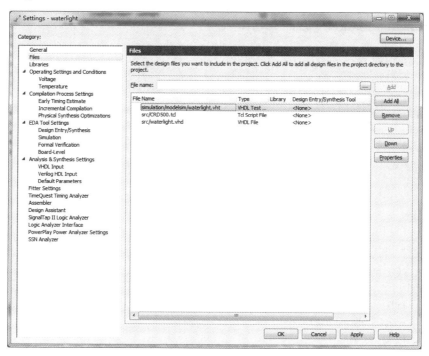

图 3-12　将测试激励模板文件添加到当前工程中

Quartus Ⅱ 13.1 可根据目标文件 waterlight.v 自动生成测试激励模板文件。需要说明的是，测试激励文件的目的是测试目标文件的功能是否正确，因此需要生成目标文件的输入端口信号，也就是需要设计输入端口信号的波形，以观察目标文件是否能够得到正确的输出信号。

在流水灯程序中，输入端口信号为复位信号及 50MHz 的时钟信号 gclk1。在测试激励文件中，设置上电时复位（rst 为 1），100ns 后取消复位（rst 为 0），信号 gclk1 每 10ns 翻转 1 次，即可生成 50MHz 的时钟信号。

下面给出完整的测试激励文件代码。

```
LIBRARY ieee;
USE ieee.std_logic_1164.all;

ENTITY waterlight_vhd_tst IS
END waterlight_vhd_tst;
ARCHITECTURE waterlight_arch OF waterlight_vhd_tst IS
SIGNAL gclk1 : STD_LOGIC:='0';                          --第 7 行
SIGNAL ld : STD_LOGIC_VECTOR(7 DOWNTO 0);
SIGNAL rst : STD_LOGIC:='1';                            --第 9 行
```

```
constant clk_period : time := 20 ns;        --50MHz                    --第 11 行

COMPONENT waterlight
    PORT (
    gclk1 : IN STD_LOGIC;
    ld : BUFFER STD_LOGIC_VECTOR(7 DOWNTO 0);
    rst : IN STD_LOGIC
    );
END COMPONENT;
BEGIN
    i1 : waterlight
    PORT MAP (
    gclk1 => gclk1,
    ld => ld,
    rst => rst
    );

    rst <='0' after 100 ns;        --上电复位 100ns 后开始工作        --第 28 行

--产生系统时钟信号                                                --第 30 行
    clk_process :process
    begin
        gclk1 <= '0';
        wait for clk_period/2;
        gclk1 <= '1';
        wait for clk_period/2;
    end process;                                                --第 37 行

END waterlight_arch;
```

为节约篇幅，上面的代码删除了注释语句。其中，第 7 行和第 9 行在声明信号时设置了信号的初始状态；第 11 行定义了 20ns 的时间常数，用于生成时钟信号；第 28 行产生 100ns 高电平的复位信号；第 30～37 行产生频率为 50MHz 的时钟信号。

至此，就完成了生成测试激励文件的设计。

3.4.2　采用 ModelSim 进行仿真

ModelSim 是第三方公司推出的专用仿真工具，由于其具有强大的功能和良好的用户界面，在 FPGA 设计领域得到了十分广泛的应用。本书所有实例均采用 ModelSim 进行仿真。

ModelSim 与 Quartus Ⅱ 13.1 等 FPGA 开发工具均预留了集成接口，可以在 Quartus Ⅱ 13.1 进行简单设置，将 ModelSim 集成到 Quartus Ⅱ 13.1 中。

在 Quartus Ⅱ 13.1 中调出图 3-10 所示仿真设置界面，选择"More EDA Netlist Writer Settings...→NativeLink settings→Compile test bench"单选按钮，单击右侧的"Test Benchs"按钮，打开测试激励（Test Benches）设置界面。

单击测试激励界面右侧的"New..."按钮，打开"Edit Test Bench Settings"界面，单击界面下方"Test bench and simulation files→File name"编辑框右侧的文件浏览按钮，选择设计好的测试激励文件 waterlight.vht，单击"Add"按钮，完成激励文件的添加。在界面中的"Test bench name"编辑框中输入目标文件的模块名"waterlight"，在"Top level module in test bench"编辑框中输入测试激励文件的模块名"waterlight_vht_tst"，勾选"Use test bench to perform VHDL timing simulation"复选框，在"Design instance name in test bench"编辑框中输入测试文件中例化目标文件的名称"i1"。完成参数设置后的界面如图 3-13 所示，单击"OK"按钮，返回 Quartus Ⅱ 13.1 的主界面。

图 3-13　测试激励文件设置界面

在 Quartus Ⅱ 13.1 主界面中，依次单击"Tools→Run Simulation Tool→RTL Simulation"菜单，启动 ModelSim。

如果在启动 ModelSim 的过程中出现了图 3-14 所示的错误信息提示界面，则说明 Quartus Ⅱ 13.1 中的 ModelSim 调用路径设置有错误。

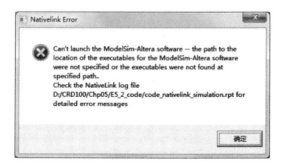

图 3-14　ModelSim 路径设置不正确导致的错误信息提示界面

在 Quartus Ⅱ 13.1 主界面中，依次单击"Tools→Options→EDA Tool Options"菜单，打开 ModelSim 路径设置界面，如图 3-15 所示。

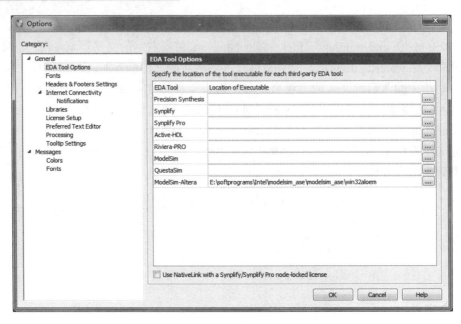

图 3-15　ModelSim 路径设置界面

在安装 Quartus Ⅱ 13.1、ModelSim 等时，若 Quartus Ⅱ 13.1 和 ModelSim 已放置在同一个文件夹下，则安装时自动将 ModelSim 的安装路径添加在如图 3-15 所示界面中的"ModelSim-Altera"编辑框中，但需要注意的是，路径"E:\softprograms\Intel\modelsim_ase\win32aloem"的后面没有添加"\"，这将导致启动 ModelSim 时找不到该路径，因此应在"win32aloem"后面添加"\"以完成正确的路径设置。

重新单击"Tools→Run Simulation Tool→RTL Simulation"菜单，启动 ModelSim 即可正常启动 ModelSim，其主界面如图 3-16 所示。

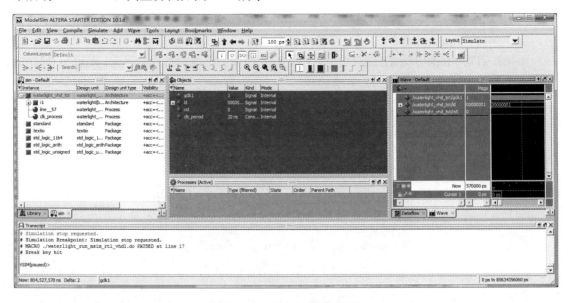

图 3-16　ModelSim 的主界面

ModelSim 的主界面看起来比较复杂，本书主要用到其中 4 个窗口：中部左侧的实例（Instance）窗口、中间的信号对象（Objects）窗口、右侧的波形（Wave）窗口，以及下部的脚本信息（Transcript）窗口。在仿真过程中，使用最多的是波形窗口，单击波形窗口右上方的"Dock/Undock"小图标，可以独立显示波形窗口，以便于查看信号波形。

3.4.3 ModelSim 的仿真应用技巧

对于流水灯实例来讲，仿真需要达到以下几个目的：缩短仿真时间；在运行 ModelSim 前设定仿真时间；查看程序中信号 cn0s2 和信号 cn1s6 的波形。

根据流水灯实例的程序设计方案，程序中的参数 TIME0s2 决定了计数器的周期，也决定了流水灯工作的周期。为了缩短仿真时间，可以将 TIME0s2 的值修改为 10（缩小为原来的 1/500000）。当仿真结束后，再将 TIME0s2 的值修改回原来的值即可。

修改完代码后，重新运行 ModelSim，得到如图 3-17 所示的波形。

图 3-17　修改仿真时间后的波形

从图 3-17 中可以看出，ld 信号每间隔一段时间就会设置其中的 1 bit 为高电平（点亮该位对应的 LED 灯），从而实现流水灯效果。

在进行仿真时，通常需要查看程序中某变量的值，以便对程序进行调试。流水灯实例设计了两个计数器，即 cn02s 和 cn1s6，可以通过 ModelSim 添加这两个计数器的值进行观察。

在 ModelSim 主界面（见图 3-16）中，选择左侧"sim-Default"窗口中的"uut"（uut 是测试激励文件 tst.v 中对 waterlight 模块的例化名称），"Objects"窗口会自动显示 waterlight.v 中所有内部信号的名称。分别右击 cn0s2 和 cn1s6，在弹出的快捷菜单中选择"Add Wave"，将 cn0s2 和 cn1s6 添加到波形窗口中，如图 3-18 所示。

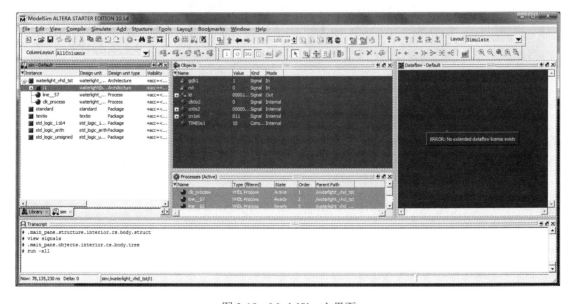

图 3-18　ModelSim 主界面

单击工具栏上的"⊞"(Run-All)按钮,可继续进行仿真;单击"⊠"(Break)按钮,可中断仿真。波形窗口显示 gclk1、rst、ld、cn0s2、cn1s6 等信号的波形,如图 3-19 所示。

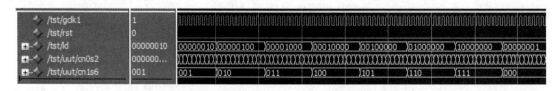

图 3-19 波形窗口显示 gclk1、rst、ld、cn0s2、cn1s6 等信号的波形(二进制数)

图 3-19 中的所有信号均以二进制数格式显示,对于计数来讲,十进制数更便于观察。在波形窗口中分别右击 cn0s2 和 cn1s6,在弹出的快捷菜单中选择"Radix→Unsigned",可将这两个信号设置成无符号十进制数格式,如图 3-20 所示。

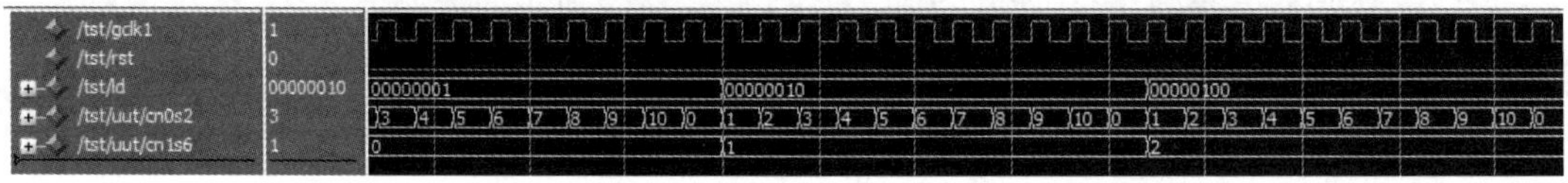

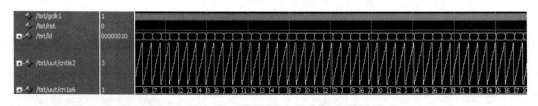

图 3-20 cn0s2、cn1s6 显示为无符号十进制数

在快捷菜单"Radix"中,信号的显示格式有二进制(Binary)、八进制(Octal)、十六进制(Hexadecimal)、无符号十进制(Unsigned)、有符号十进制(Decimal)等。在设计过程中,可以根据需要显示相应格式的数据。

在某些设计中,为便于观察,可能需要以曲线的形式来显示信号。例如,将 cn0s2 以曲线的形式显示(理论上应该是一个锯齿波),可在波形窗口中右击 cn0s2,在弹出的快捷菜单中选择"Format→Analog(automatic)",即得到该信号的曲线波形,如图 3-21 所示。

图 3-21 以曲线的形式显示 cn0s2 波形

从程序的 ModelSim 仿真波形看,流水灯实例实现了预期的效果。将 waterlight.v 文件中的 TIME0s2 参数值修改回原来的值,使计数器 cn0s2 的周期为 0.2 s。重新采用 XST 工具进行程序综合后,可进行后续的引脚和时序约束、翻译、映射、布局布线等设计流程。

3.5 流水灯实例的设计实现与时序仿真

3.5.1 添加约束文件

流水灯程序共有 10 个信号:时钟信号 gclk、复位信号 rst,以及 8 个 LED 灯信号。要使设计的程序能够在 FPGA 开发板上正确运行，就需要将程序的端口信号与 CRD500 电路板上的 FPGA 引脚关联起来。完成信号与引脚关联的过程称为物理引脚约束。

Quartus Ⅱ 13.1 主要提供了两种引脚约束方法：采用 Pin Planner 的图形化方法，以及编辑 tcl 文件的方法。其中，在 Pin Planner 中设置的引脚约束最终会自动转化为 tcl 文件。

在 Quartus Ⅱ 13.1 主界面中单击 "Assignments→Pin Planner" 菜单，即可打开 Pin Planner 的引脚约束界面，如图 3-22 所示。界面的左下侧自动列出了程序中的信号的名称及其输入/输出性质，用户只需在 "Location" 列中按表 3-1 输入对应的 FPGA 引脚号即可。用 Pin Planner 进行引脚约束虽然直观，但采用 tcl 文件约束的方法更为灵活方便，接下来采用编辑 tcl 文件的方法实现引脚约束。

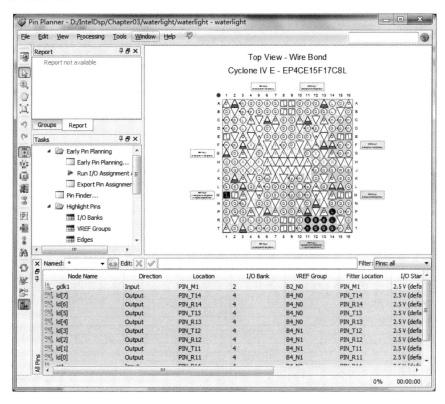

图 3-22　Pin Planner 的引脚约束界面

在 Quartus Ⅱ 13.1 主界面中单击 "File→New" 菜单，打开新建资源界面，选择 Tcl Script File 类型资源，设置文件名为 "CRD500.tcl"。在文件中输入下列引脚约束代码。

```
set_global_assignment -name RESERVE_ALL_UNUSED_PINS "AS INPUT TRI-STATED"
set_global_assignment -name ENABLE_INIT_DONE_OUTPUT OFF
set_location_assignment      PIN_P14      -to rst;
set_location_assignment      PIN_M1       -to gclk1;
set_location_assignment      PIN_R11      -to led[0];
set_location_assignment      PIN_T11      -to led[1];
set_location_assignment      PIN_R12      -to led[2];
set_location_assignment      PIN_T12      -to led[3];
```

set_location_assignment	PIN_R13	-to led[4];
set_location_assignment	PIN_T13	-to led[5];
set_location_assignment	PIN_R14	-to led[6];
set_location_assignment	PIN_T14	-to led[7];

其中，第 1 行代码用于设置 FPGA 中未使用到的引脚上电后保持三态状态（Tri-stated），第 2 行代码用于设置程序配置引脚上电后的状态。这两行代码可以在所有程序的约束文件中保持相同，无须更改。从第 3 行代码中可以看出引脚约束的语法，其中的"rst"表示程序文件中的信号名称，"PIN_P14"表示将 rst 信号与 FPGA 中的 P14 脚关联起来。其他信号的引脚约束方法与此类似。因此，在理解了引脚约束的 tcl 文件编辑方法后，就可以十分方便地对程序中信号的引脚进行物理约束。

编辑完成 tcl 文件后，还需要将其与 FPGA 工程文件关联起来。在 Quartus Ⅱ 13.1 主界面中单击"Tools→Tcl Scripts"菜单，打开 TCL Scripts 界面，选择已编辑完成的 CRD500.tcl 文件，单击"Run"按钮，完成 CRD500.tcl 文件与 FPGA 工程文件 waterlight 的关联，关联成功后会自动打开关联成功界面，如图 3-23 所示。

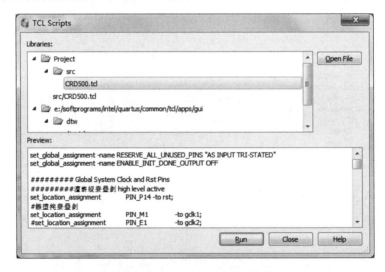

图 3-23 tcl 约束文件与 FPGA 工程文件关联成功界面

至此，就完成了流水灯实例的 Verilog HDL 程序输入工作，接下来要对程序进行综合及实现。

3.5.2 时序仿真

时序仿真也称布局布线后仿真或后仿真。由于时序仿真包括逻辑器件延时模型，因此时序仿真的结果具有很高的可信度。一般来讲，时序仿真正确的设计文件，下载到具体电路板上均可正常工作。时序仿真与功能仿真一样，需要测试激励文件。时序仿真与功能仿真的测试激励文件相同。

单击 Quartus Ⅱ 13.1 工具栏上的"Gate Level Simlation"即可启动时序仿真。启动时序仿真后，在波形窗口中添加 cn02s 和 cn1s6 后，可以看到时序仿真波形图，如图 3-24 所示。

/tst/rst	0							
/tst/gclk1	1							
/tst/uut/cn0s2	271534	135581	135582	135583	135584	135585	135586	135587
/tst/uut/cn1s6	001	001						
/tst/ld	00000010	00000010						

图 3-24　时序仿真波形图

从图 3-24 中可以看出，cn02s 值的变化时刻相对于 gclk1 信号的上升沿有一定的延时。与功能仿真的波形进行比较，可以发现 cn02s 的值与 gclk1 的上升沿是严格对齐的，这是因为在实际电路中，信号通过寄存器输出时，相对于时钟信号本身会有一定的延时，这符合电路的实际工作情况。

3.6　程序下载

3.6.1　sof 文件下载

FPGA 的程序下载有两种方式：sof 文件下载及 jic 文件下载。sof 文件是二进制文件，调试时下载到 FPGA 的 RAM 中，掉电即丢失，再次上电时需要重新采用下载线缆下载程序。sof 文件是通过 JTAG 下载到 RAM 中的。jic 文件是 PROM 文件，需要写入 Flash（CRD100 的 Flash 芯片为 M25P16），FPGA 上电后，会把这里的 jic 文件下载到自己 RAM 中，相当于从 Flash 加载程序到 FPGA 芯片。这样，FPGA 每次上电后，都会自动从 Flash 中读取程序并实现所需功能，不需要采用下载线缆下载程序。

因此，在程序调试过程中一般采用专用的程序下载线缆（USB-Blaster Cable）将 sof 文件下载到 FPGA 芯片中，在程序调试结束后，再将 sof 文件转换成 jic 文件，并烧写到 Flash 芯片中。

下面介绍下载 sof 文件的方法。用程序下载线缆连接开发板及微机，如图 3-25 所示，通过 USB 接口给开发板供电，并打开开发板电源开关。

图 3-25　程序下载线缆连接图

打开设计好的 FPGA 工程，在 Quartus Ⅱ 13.1 主界面中单击"Processing→Start Compilation"菜单，启动程序的综合编译，如图 3-26。若程序代码正确，则编译通过后 Quartus Ⅱ 13.1 主界面左下方的任务（Tasks）窗口中的 FPGA 实现过程条目均变为绿色的，且显示"√"状态，如图 3-27 所示。

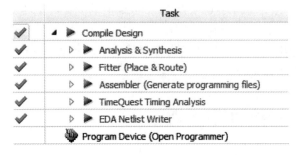

图 3-26　启动程序的综合编译　　　　　　图 3-27　程序编译通过界面

当程序编译通过后，在工程目录的"output_files"子文件夹下自动生成与工程名同名的 sof 文件 waterlight.sof。waterlight.sof 文件可直接下载到 FPGA 运行。

完成 FPGA 设计及程序编译后，在 Quartus Ⅱ 13.1 主界面中单击"Tools→Programmer"菜单，或者直接单击主界面左下方的"Program Device（Open Programmer）"菜单，打开程序下载界面，如图 3-28 所示。

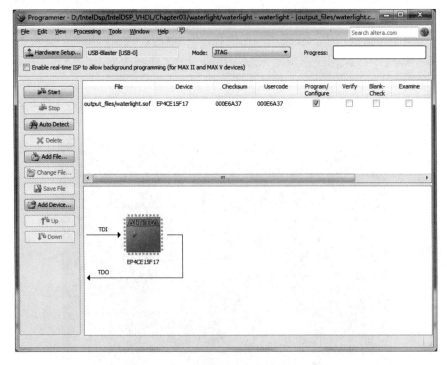

图 3-28　Quartus Ⅱ 13.1 的程序下载界面

单击图 3-28 中左上角的"Hardware Setup"按钮,打开下载线缆初始化界面,选择 USB-Blaster 线缆,如图 3-29 所示。如果线缆初始化不成功,则应检查下载线与开发板的接口是否连接正确、接口定义是否正确、接口是否牢固,确认后重新上电即可。

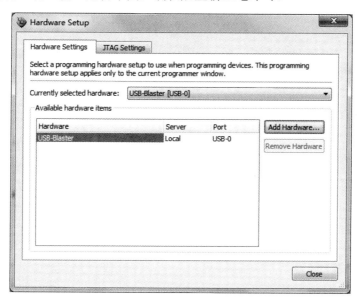

图 3-29　下载线缆初始化界面

下载线初始化成功后,回到程序下载界面,单击"Add File"按钮,并选择需要下载的 waterlight.sof 文件,勾选"Program/Configure",单击"Start"按钮,即开始进行程序下载。下载成功后,界面右上角会显示 100%(Successful)提示信息,同时下载的程序在 CRD500 开发板上运行,8 个 LED 灯依次点亮,呈现流水灯的效果。

如果开发板断电,则重新上电后 FPGA 运行以前下载到 PROM/Flash 中的程序,而不运行当前下载的 sof 文件程序。

3.6.2　jic 文件下载

通过 JTAG 接口将 sof 文件下载到 FPGA 中可立即运行程序,但重新上电后 FPGA 运行的是存储在 PROM 中的 jic 文件。下载 jic 文件之前,首先需要生成 jic 文件。

在 Quartus Ⅱ 13.1 的主界面单击"Files→Convert Programming Files"菜单,打开文件转换设置界面,如图 3-30 所示。

在"Programming file type"下拉列表中选择要生成的文件类型为"JTAG Indirect Configuration File(.jic)";在"Configuration device"下拉列表中选择 CRD500D 开发板上配置的存储芯片"EPCS16"(开发板上的器件实际上为 M25P16,与 EPCS16 兼容);在"File name"编辑框中输入需要生成的 jic 文件名,jic 文件自动存放在工程目录的"output_files"子文件夹中;在"Input files to convert"下方,单击"Flash Loader",单击右侧的"Add device"按钮,打开目标器件设置界面,如图 3-31 所示。在目标器件设置界面中勾选 CRD500 开发板配置的 FPGA 主芯片 EP4CE15,单击"OK"按钮完成器件选择,返回文件转换设置界面;单击选中"SOF Data",单击"Add File"按钮(只有选中"SOF Data"后,右侧才会出现"Add File"

按钮，因此图 3-30 中没有相关显示），选择工程生成的 waterlight.sof 文件；单击"Generate"按钮，在工程目录的"output_files"子文件夹中生成 jic 文件。

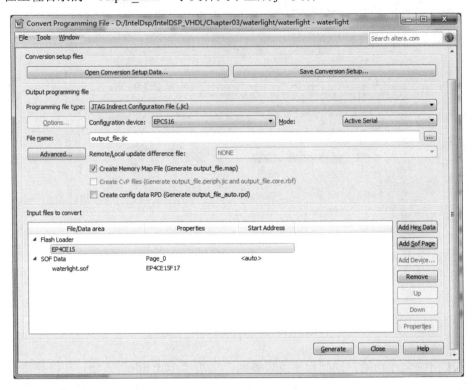

图 3-30　文件转换设置界面

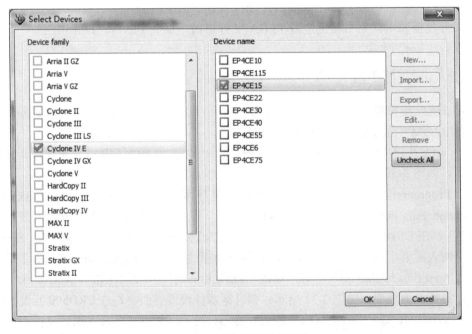

图 3-31　目标器件设置界面

重新打开程序下载界面，删除已加载的 waterlight.sof 文件，单击"Add File"按钮，选择 output_file.jic 文件，勾选"Program/Configure"和"Verify"，如图 3-32 所示。单击"Start"按钮，即可完成 jic 文件的下载。若下载成功，则重新对开发板上电后，jic 文件自动加载到 FPGA 芯片中，并实现流水灯功能。

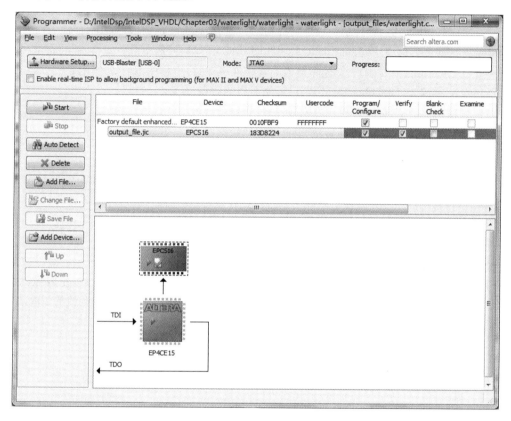

图 3-32　程序下载界面

3.7　小结

本章通过流水灯实例详细介绍了 FPGA 的设计流程。虽然 FPGA 的设计流程比较复杂，但由于 ISE14.7 具有良好的用户界面，因此当用户熟练掌握 Quartus II 13.1 的操作之后，使用起来还是比较容易的。本章学习的要点如下所述。

（1）了解 FPGA 的设计流程，并将与 PCB 设计流程进行对比分析。

（2）虽然 FPGA 的设计流程比较复杂，但在编写完成 VHDL 文件之后，直接单击 Quartus II 13.1 中的"Compile Design"，就可以自动完成设计综合、布局布线等设计流程。

（3）ModelSim 的功能仿真主要是对设计文件的语法功能进行仿真，而时序仿真加入了设计实现后的逻辑器件延时模型，因此时序仿真的结果更接近实际的工作情况。

（4）了解 ModelSim 的常用仿真技巧，可有效提高仿真的效率。

（5）掌握 sof 文件及 jic 文件的下载方法。

3.8 思考与练习

3-1 简述 FPGA 的设计流程。

3-2 ModelSim 的仿真有几种类型？常用的类型是哪两种？它们的功能有什么区别？

3-3 查阅资料，了解除 Quartus II 工具外的其他 FPGA 综合工具。

3-4 RTL 原理图主要由什么器件组成？在 FPGA 设计流程中起什么作用？

3-5 查阅资料，了解 Quartus II 13.1 综合工具的参数意义。

3-6 测试激励文件的主要作用是什么？

3-7 测试激励文件生成的是被测目标模块的输入信号，还是输出信号？

3-8 说明下面约束语句的物理意义。

```
set_global_assignment -name RESERVE_ALL_UNUSED_PINS "AS INPUT TRI-STATED"
set_global_assignment -name ENABLE_INIT_DONE_OUTPUT OFF
set_location_assignment      PIN_P14   -to rst;
set_location_assignment      PIN_M1    -to gclk1;
```

3-9 FPGA 有哪两种程序下载模式？说明它们的区别。

3-10 修改本章的流水灯实例，要求每个 LED 的点亮持续时间为 0.05 s，完成设计综合、功能仿真、时序仿真、sof 文件生成、jic 文件生成、sof 文件下载、jic 文件下载等 FPGA 的设计流程。

第**4**章

常用接口程序的设计

我们设计的 FPGA 产品不是一个"孤岛"，它要与外界连接，这是通过接口实现的。设计师只有掌握了串口、数码管、A/D、D/A 等常用接口，才有机会展示设计的美妙之处。

4.1 秒表电路设计

4.1.1 数码管的基本工作原理

数码管是一种常见的半导体发光器件，具有价格便宜、使用简单等优点，通过在数码管的不同引脚输入不同的电压，可以点亮相应的发光二极管，从而显示不同的数字。数码管可分为七段数码管和八段数码管，二者的基本单元都是发光二极管，区别在于八段数码管比七段数码管多一个用于显示小数点的发光二极管。

数码管通常用于显示时间、日期、温度等所有可用数字表示的场合，在电气领域，特别是在家用电器中的应用极为广泛，如空调、热水器、冰箱等的显示屏。由于数码管的控制引脚较多，为节约 PCB 的面积，通常将多个数码管用于显示 a、b、c、d、e、f、g、dp 的端口连在一起，为各数码管的公共极增加位选通控制电路，选通信号由各自独立的 I/O 线控制，通过轮流扫描各个数码管来实现多个数码管的显示。

图 4-1（a）所示为单个数码管，图 4-1（b）所示为集成的 2 个数码管，图 4-1（c）所示为集成的 4 个数码管，图 4-1（d）所示为数码管段码示意图。

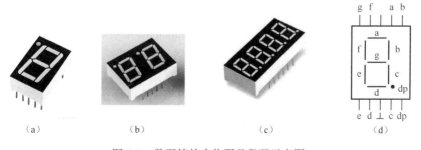

（a）　　　　　　　（b）　　　　　　　（c）　　　　　　　（d）

图 4-1　数码管的实物图及段码示意图

数码管分为共阳极和共阴极两种类型，共阳极数码管的正极（或阳极）为 8 个发光二极管的公共正极（或阳极），其他接点为独立发光二极管的负极（或阴极），使用者只需要把正极接电、不同的负极接地就能控制数码管显示不同的数字。共阴极数码管与共阳极数码管只是连接方式不同，它们的工作原理是一样的。

数码管有直流驱动和动态显示驱动两种方式。直流驱动是指数码管的每个段码都由一个 FPGA 的 I/O 引脚进行驱动，其优点是编程简单、显示亮度高，缺点是占用的 I/O 引脚多。动态显示驱动通过分时轮流的方式来控制各个数码管的选通信号端，使各个数码管轮流受控显示。当 FPGA 输出字形码时，所有的数码管都能接收到相同的字形码，但哪个数码管发光取决于 FPGA 对选通信号端的控制，因此只要将需要显示的数码管的选通信号端打开，该数码管就会发光，没有打开选通信号端的数码管不会发光。

4.1.2 秒表电路实例需求及电路原理分析

CRD500 中配置了 4 个 8 段共阳极数码管，秒表电路需要在数码管上显示秒表计时，且具有复位键及启/停键。4 个 8 段共阳极数码管分别显示秒表的相应数字，从右至左依次显示十分之一秒位、秒的个位、秒的十位、分钟的个位。秒表电路的显示效果如图 4-2 所示，图中显示的时间为 5 分 11.2 秒。

图 4-2　秒表电路的显示效果

CRD500 中的数码管电路原理图如图 4-3 所示，其中，SEG_A、SEG_B、SEG_C、SEG_D、SEG_E、SEG_F、SEG_G、SEG_DP 直接与 FPGA 相应的引脚连接，用于分别控制 8 个段码（发光二极管）；OPT1、OPT2、OPT3、OPT4 与 FPGA 的 I/O 引脚相连，用于分别控制 4 个数码管的选通信号；4 个晶体管用于放大 FPGA 送来的选通信号，以增强驱动能力。CRD500 中的数码管是共阳极型的，当 FPGA 输入信号为低电平时，点亮对应的段码。

根据设计需求，秒表电路的硬件还包含外接的 50 MHz 晶振，以及 2 个高电平有效的按键信号。相关电路原理在第 3 章讨论流水灯实例设计时已进行了阐述，这里不再讨论。

4.1.3 形成设计方案

秒表电路是数字电子技术中的经典电路，如果读者有采用与非门、定时电路等分立元器件组装搭建电路的经历，相信一定会对电路设计、组装及调试的工作量有深刻的印象。本节采用 VHDL 完成整个电路的设计。

VHDL 的程序设计过程相当于芯片的设计过程，与实际的数字电路设计过程相似。在设计程序时，需要考虑模块的通用性、可维护性。所谓通用性，是指将功能相对独立的模块用单独的程序编写，使其功能完整，便于其他模块使用；所谓可维护性，是指代码简洁明了，关键代码注释详略得当，编写规范。

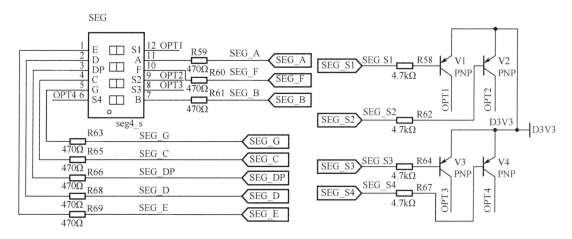

图 4-3　CRD500 中的数码管电路原理图

　　设计程序通常采用由顶向下的思路，即先规划总体模块，合理分配各个模块的功能，然后对各个模块进行详细划分，最终形成各个末端子模块的功能要求。在设计时，按照预先规划的要求，分别编写各个模块的代码，再根据总体方案完成各个模块的合并，最终完成程序设计。

　　根据秒表电路的功能需求，考虑电路原理，可以将程序分为两个模块：秒表计数（watch_counter）模块及数码管显示（seg_disp）模块。两个模块的连接关系如图 4-4 所示，其中，dec2seg、keyshape 分别为两个功能相对独立的子模块，dec2seg 用于完成段码的编码，keyshape 用于实现按键消抖。

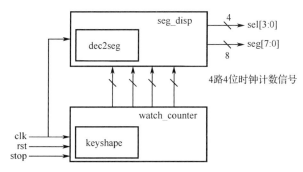

图 4-4　秒表电路两个模块的连接关系

　　秒表计数（watch_counter）模块用于生成 4 路 4 位时钟计数信号，分别表示十分之一秒位（second_div）、秒的个位（second_low）、秒的十位（second_high）、分钟的个位（minute）。数码管显示（seg_disp）模块用于显示 4 路 4 位数据，即将输入的 4 路信号分别以数字符号的形式显示在 4 个数码管上。由于 seg_disp 模块仅用于显示功能，因此可以设计成通用的模块，用户在需要某个数码管显示数字时，只需要输入相应的 4 位信号即可。

4.1.4　顶层文件的 VHDL 程序设计

　　为了方便读者理解整个程序，下面给出顶层文件 watch.vhd 的代码。

```vhdl
library IEEE;
use IEEE.STD_LOGIC_1164.ALL;
use IEEE.STD_LOGIC_ARITH.ALL;
use IEEE.STD_LOGIC_UNSIGNED.ALL;

entity watch is
port   (gclk1    : in std_logic;
         rst      : in std_logic;
         stop     : in std_logic;
         seg      : out std_logic_vector(7 downto 0);
         sel      : out std_logic_vector(3 downto 0));
end watch;

architecture Behavioral of watch is

    --秒表计数器组件声明
    component watch_counter
    port(
         rst : in std_logic;
         clk : in std_logic;
         stop : in std_logic;
         second_div : out std_logic_vector(3 downto 0);
         second_low : out std_logic_vector(3 downto 0);
         second_high : out std_logic_vector(3 downto 0);
         minute : out std_logic_vector(3 downto 0));
    end component;

    --数码管显示组件声明
    component seg_disp
    port(
         clk : in std_logic;
         a : in std_logic_vector(4 downto 0);
         b : in std_logic_vector(4 downto 0);
         c : in std_logic_vector(4 downto 0);
         d : in std_logic_vector(4 downto 0);
         sel : out std_logic_vector(3 downto 0);
         seg : out std_logic_vector(7 downto 0));
    end component;

    --中间信号声明
    signal second_div,second_low,second_high,minute: std_logic_vector(3 downto 0);

begin

    u1: watch_counter port map(
         rst => rst,
```

```
            clk => gclk1,
            stop => stop,
            second_div => second_div,
            second_low => second_low,
            second_high =>second_high,
            minute => minute);


        u2: seg_disp port map(
            clk => gclk1,
            a => ('1'&second_div),
            b => ('0'&second_low),
            c => ('1'&second_high),
            d => ('0'&minute),
            sel => sel,
            seg => seg );

end Behavioral;
```

由 watch.vhd 的代码可知，程序由 seg_disp 和 watch_counter 两个模块组成。seg_disp 为数码管显示模块，clk 是频率为 50 MHz 的时钟信号；a、b、c、d 均是 5 位信号，分别对应 CRD500 上数码管需要显示的 4 位数字，且最高位 a[4]、b[4]、c[4]、d[4]用于控制对应的 dp，低 4 位 a[3]~a[0]、b[3]~b[0]、c[3]~c[0]、d[3]~d[0]用于显示具体的数字；seg 和 sel 分别对应数码管的 8 个段码及 4 位选通信号。watch_counter 为秒表计数模块，输入信号是高电平有效的复位信号 rst、频率为 50 MHz 的时钟信号 clk，以及用于控制秒表启/停的信号 stop；输出信号是秒表的 4 个数字。

4.1.5 数码管显示模块的 VHDL 程序设计

根据前面的设计思路可知，由于数码管显示功能的应用比较广泛，因此可以将该模块设计成通用的显示驱动模块。在调用这个模块时，只需要提供频率为 50 MHz 的时钟信号，以及数码管显示的数字即可。

在设计代码之前，首先需要了解动态扫描的概念。CRD500 共有 4 个数码管，为了节约用户引脚，4 个数码管共用了 8 个段码信号 seg(7 downto 0)，通过选通信号 sel(3 downto 0)的状态来确定具体的数码管。因此，秒表电路在任何时刻都只点亮一个数码管。由于人眼具有视觉暂留现象，当数码管闪烁的频率超过 24 Hz 时，就无法分辨数码管的闪烁状态，从而产生恒亮的效果。

设置每个数码管每次点亮的时间持续 1 ms，则 4 个数码管依次点亮一次共需 4 ms，每个数码管的闪烁频率为 250 Hz，远超人眼的分辨能力。当通过选通信号点亮某个数码管时，输出该数码管要显示的数字，即可达到 4 个数码管分别显示不同数字的目的。

下面是 seg_disp.vhd 的代码。

```
module seg_disp(
library IEEE;
use IEEE.STD_LOGIC_1164.ALL;
```

```vhdl
use IEEE.STD_LOGIC_ARITH.ALL;
use IEEE.STD_LOGIC_UNSIGNED.ALL;

entity seg_disp is
    Port ( clk :    in    std_logic;
             a :     in    std_logic_vector(4 downto 0);
             b :     in    std_logic_vector(4 downto 0);
             c:      in    std_logic_vector(4 downto 0);
             d:      in    std_logic_vector(4 downto 0);
             sel :   out std_logic_vector(3 downto 0);
             seg:    out std_logic_vector(7 downto 0));
end seg_disp;

architecture Behavioral of seg_disp is

    component dec2seg
    port(
            dec : in std_logic_vector(3 downto 0);
            seg : out std_logic_vector(6 downto 0));
    end component;

    signal segt: std_logic_vector(6 downto 0);
    signal cn28: std_logic_vector(27 downto 0);
    signal cn2: std_logic_vector(1 downto 0);
    signal dec: std_logic_vector(3 downto 0);
     signal dp: std_logic;

begin

    u1: dec2seg
    port map(
         dec => dec,
         seg => segt);

    seg <= (dp&segt);

    --50000 进制计数器，即 1ms 计数器
    process(clk)
    begin
        if rising_edge(clk) then
            if (cn28>49998) then
                    cn28<=(others=>'0');
            else
                    cn28<=cn28+1;
                end if;
            end if;
    end process;
```

```
        --4ms 计数器
        process (clk)
        begin
            if rising_edge (clk) then
                if (cn28=0) then
                    cn2 <= cn2 + 1;
                end if;
            end if;
        end process;

    --根据 cn2 的值，数码管动态显示 4 个数据
    process (cn2)
        begin
            case (cn2) is
                when "00" =>
                        sel<="0111";
                        dec<=a(3 downto 0);
                        dp <= a(4);
                when "01" =>
                        sel<="1011";
                        dec<=b(3 downto 0);
                        dp <= b(4);
                when "10" =>
                        sel<="1101";
                        dec<=c(3 downto 0);
                        dp <= c(4);
                when others =>
                        sel<="1110";
                        dec<=d(3 downto 0);
                        dp <= d(4);
            end case;
        end process;

end Behavioral;
```

在上面的程序中，dec2seg 为编码模块，其功能是根据输入的 4 位二进制信号在 7 位段码（不包括 dp）的位置上显示相应的数字，其代码如下。

```
library IEEE;
use IEEE.STD_LOGIC_1164.ALL;
use IEEE.STD_LOGIC_ARITH.ALL;
use IEEE.STD_LOGIC_UNSIGNED.ALL;

entity dec2seg is
    Port ( dec : in std_logic_vector(3 downto 0);
            seg : out std_logic_vector(6 downto 0)); --seg(6-0):dp\g\f\e\d\c\b\a
```

```
end dec2seg;

architecture Behavioral of dec2seg is

begin

    with dec    select        --共阳极数码管
        seg <= "1000000" when "0000",    --0
               "1111001" when "0001",    --1
               "0100100" when "0010",    --2
               "0110000" when "0011",    --3
               "0011001" when "0100",    --4
               "0010010" when "0101",    --5
               "0000010" when "0110",    --6
               "1111000" when "0111",    --7
               "0000000" when "1000",    --8
               "0010000" when "1001",    --9
               "0001000" when "1010",    --a
               "0000011" when "1011",    --b
               "1000110" when "1100",    --c
               "0100001" when "1101",    --d
               "0000110" when "1110",    --e
               "0001110" when others;    --f

end Behavioral;
```

例如，要在数码管上显示数字"3"，则当输入信号 dec 的值为 3 时，只需根据图 4-1（d）中段码的位置，设置其中的 a（seg(0)）、b（seg(1)）、c（seg(2)）、d（seg(3)）、g（seg(6)）为低电平（点亮），其他段码为高电平（不点亮），即"seg <= 8'b0110000"。

由于每个数码管每次点亮的时间为 1 ms，因此接下来设计一个 1 ms 计数器 cn28。根据 cn28 的状态，再设计一个 2 位的计数器 cn2。每次 cn28 为 0 时，cn2 都加 1，则 cn2 为间隔 1 ms 的四进制计数器。因此，cn2 共 4 个状态，且每个状态持续时间都为 1 ms。程序根据 cn2 的状态，依次选通对应的数码管，并输出需要显示的数字信号和小数点段码信号，最终完成数码管显示模块的 VHDL 程序设计。

4.1.6 秒表计数模块的 VHDL 程序设计

秒表计数模块需要根据输入频率为 50 MHz 的时钟信号生成秒表计数信号，分别为十分之一秒位 second_div、秒的个位 second_low、秒的十位 second_high 和分钟的个位 minute。根据时钟的运行规律，秒表计数以十分之一秒为基准计时单位。当 second_div 计满 10 个数时，second_low 加 1；当 second_div 计至 9、second_low 计至 9，下一个 second_div 信号到来时，second_high 加 1；同理，当 second_div 计至 9、second_low 计至 9，以及 second_high 计至 59 时，下一个 second_div 信号到来时，minute 加 1。rst 为高电平有效的复位信号，当 rst 为高电平时计数清零。stop 为启/停信号，每按一次启/停按键，秒表都会在启动计时和停止计时两种状态之间进行切换。

下面是秒表计数模块的 VHDL 代码，在理解秒表的运行规律后，再分析代码就比较容易了。

```
module watch_counter(
library IEEE;
use IEEE.STD_LOGIC_1164.ALL;
use IEEE.STD_LOGIC_ARITH.ALL;
use IEEE.STD_LOGIC_UNSIGNED.ALL;

entity watch_counter is
    Port ( clk          :    in   std_logic;
           rst          :    in   std_logic;
           stop         :    in   std_logic;
           second_div   :    out std_logic_vector(3 downto 0);
           second_low   :    out std_logic_vector(3 downto 0);
           second_high  :    out std_logic_vector(3 downto 0);
           minute       :    out std_logic_vector(3 downto 0));
end watch_counter;

architecture Behavioral of watch_counter is

    component keyshape
    port(
         clk : in std_logic;
         key : in std_logic;
         shape: out std_logic);
    end component;

    signal cn_div: std_logic_vector(40 downto 0);
    signal div: std_logic_vector(3 downto 0):=(others=>'0');
    signal cn_low: std_logic_vector(3 downto 0):=(others=>'0');
    signal cn_high: std_logic_vector(3 downto 0):=(others=>'0');
    signal cn_minute: std_logic_vector(3 downto 0):=(others=>'0');
    signal start: std_logic:='0';
    signal stop_shape: std_logic;

begin

    --按键消抖模块
    u1: keyshape
    port map(
         clk => clk,
         key => stop,
         shape => stop_shape);

    --每按一次启/停键，启/停信号都反转一次
    process (clk)
```

```vhdl
begin
    if rising_edge(clk) then
        if (stop_shape='1') then
            start <= not start;
        end if;
    end if;
end process;

--产生周期为 0.1 秒的计数器
process (clk,rst)
begin
    if rst='1' then
        cn_div <= (others=>'0');
    elsif rising_edge (clk) then
        if (start='0') then
            if (cn_div>=4999999) then
                cn_div<=(others=>'0');
            else
                cn_div<=cn_div+1;
            end if;
        else
            cn_div<=cn_div;
        end if;
    end if;
end process;

--产生秒表中的十分之一秒位信号
process (clk,rst)
begin
    if (rst='1') then
        div <= (others=>'0');
    elsif rising_edge(clk) then
        if (cn_div=4999999) then
            if (div>=9) then
                div<=(others=>'0');
            else
                div<=div+1;
            end if;
        end if;
    end if;
end process;

--产生秒表中的秒的个位信号
process (clk,rst)
begin
    if (rst='1') then
        cn_low <= (others=>'0');
    elsif rising_edge(clk)    then
```

```
            if ((cn_div=4999999) and (div=9)) then
                if (cn_low>=9) then
                    cn_low<=(others=>'0');
                else
                    cn_low<=cn_low+1;
                end if;
            end if;
        end if;
end process;
```

--产生秒表中的秒的十位信号
```
process (clk,rst)
begin
    if (rst='1') then
        cn_high <= (others=>'0');
    elsif rising_edge(clk) then
        if ((cn_div=4999999) and (div=9) and (cn_low=9)) then
            if (cn_high>=5) then
                cn_high<=(others=>'0');
            else
                cn_high<=cn_high+1;
            end if;
        end if;
    end if;
end process;
```

--产生秒表中的分钟位信号
```
process (clk,rst)
 begin
    if (rst='1') then
        cn_minute <= (others=>'0');
    elsif rising_edge(clk)    then
      if ((cn_div=4999999) and (div=9) and (cn_low=9) and (cn_high=5)) then
        if (cn_minute>=9) then
          cn_minute<=(others=>'0');
        else
          cn_minute<=cn_minute+1;
        end if;
      end if;
    end if;
end process;

second_div <= div;
second_low <= cn_low;
second_high <= cn_high;
minute <= cn_minute;

end Behavioral;
```

程序中的 keyshape 模块用于实现按键消抖处理，使每按一次按键，shape 信号就出现一个时钟周期的高电平脉冲。关于该模块的设计后续再专门讨论。

根据实例需求，每按一次按键，秒表都会在启动计时和停止计时两种状态之间进行切换。程序中声明了一个中间信号 start，每检测到一次 shape 信号的高电平状态，start 信号都翻转一次，即在低电平（0）和高电平（1）之间进行切换。

程序接下来生成周期为 0.1 s 的计数器。由于 clk 时钟信号频率为 50 MHz，因此 0.1 s 的时间需要 5000000 个周期，即计数范围为 0～4999999。start 信号用于控制计数器的计数状态，即用于实现启/停秒表计数。

用 cn_div==4999999 作为时钟允许信号，可生成时间间隔为 0.1 s 的计数信号，即 second_div。根据秒表计时规律，div 为十进制计数器。采用类似的方法，程序依次生成了秒的个位信号 second_low、秒的十位信号 second_high，以及分钟的个位信号 minute。

4.1.7 按键消抖模块的 VHDL 程序设计

按键通常是机械弹性开关，由于机械触点具有弹性作用，因此机械触点在闭合时不会立即稳定地接通，在断开时也不会立即断开，因而在断开和闭合瞬间均伴随有一连串的抖动，为了不发生这种现象而采取的处理措施就是按键消抖。

人们是感觉不到按键抖动的，但对 FPGA 来说，不仅完全可以感受到按键抖动，而且按键抖动还是一个很"漫长"的过程，因为 FPGA 处理的速度为微秒级或纳秒级，而按键抖动至少持续几毫秒。

如果在按键抖动期间检测按键的通断状态，则可能导致 FPGA 判断出错，即按键一次按下或断开会被错误地认为是多次操作，从而引起误处理。为了确保 FPGA 对一次按键动作只响应一次，必须考虑消除按键抖动的影响。

按键抖动示意图如图 4-5 所示。抖动时间的长短是由按键的机械特性决定的，一般为 5～20 ms，这是一个很重要的时间参数，在很多场合中都会用到。

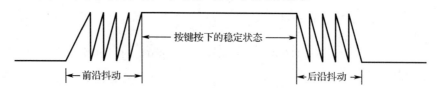

图 4-5　按键抖动示意图

按键稳定闭合时间的长短是由操作人员的按键动作决定的，一般为零点几秒至数秒。按键抖动会导致一次按键被误读为多次，按键消抖的目的，就是要求对于按一次按键，FPGA 能够正确地检测到按键动作，且仅响应一次。

在按键消抖的程序中，必须同时考虑消除闭合和断开两种情况下的抖动。对于按键消抖的处理，必须按最差的情况来考虑。机械式按键的抖动次数、抖动时间、抖动波形都是随机的。不同类型的按键，其最长抖动时间也有差别，抖动时间的长短和按键的机械特性有关，按键输出信号的跳变时间（上升沿和下降沿，也称前沿和后沿）最长是 20 ms 左右。

实现按键消抖的方法有硬件和软件两种。硬件方法通常是在按键电路中接入 RC 滤波电路，当按键数量较多时，这种方法会导致硬件电路设计复杂化，不利于降低系统成本和提高系统的稳定性。因此，在 FPGA 中通常采用软件方法实现按键消抖。

根据按键生成的实际信号特性，可以按照下面的思路来实现按键消抖。

（1）初次检测到按键动作（按键信号的上升沿或前沿）时，前沿计数器开始计数，且持续 20 ms。

（2）当前沿计数器持续计数 20 ms 后，检测松开按键的动作（按键信号的下降沿或后沿），若检测到松开按键的动作，则后沿计数器开始计数，且持续计数 20 ms 后清零。

（3）当前沿计数器及后沿计数器持续计数 20 ms 时，前沿计数器清零，开始下一次按键动作的检测。

根据上述的设计思路，每检测到一次按键动作，前沿计数器和后沿计数器均会有一次从 0 持续计数 20 ms 的过程。根据任意一个计数器的状态，如判断前沿计数器为 1 时，则输出一个时钟周期的高电平脉冲，用于标识一次按键动作。

下面是按键消抖模块的 VHDL 代码。

```vhdl
module keyshape(
library IEEE;
use IEEE.STD_LOGIC_1164.ALL;
use IEEE.STD_LOGIC_ARITH.ALL;
use IEEE.STD_LOGIC_UNSIGNED.ALL;

entity keyshape is
    Port ( clk          :   in    std_logic;
           key          :   in    std_logic;
           shape        :   out std_logic);
end keyshape;

architecture Behavioral of keyshape is

    signal kt: std_logic:='0';
    signal rs: std_logic:='0';
    signal rf: std_logic:='0';
    signal cn_begin: std_logic_vector(27 downto 0):=(others=>'0');
    signal cn_end: std_logic_vector(27 downto 0):=(others=>'0');

begin

    process(clk)
begin
        if rising_edge(clk) then
            kt <= key;
            --上升沿检测信号
            if key='1' and kt='0' then
                rs <= '1';
            else
                rs <= '0';
            end if;
```

```vhdl
                --下降沿检测信号
                if key='0' and kt='1' then
                    rf <= '1';
                else
                    rf <= '0';
                end if;
            end if;
        end process;

        process(clk)
        begin
            if rising_edge(clk) then
                --按键第一次松开 20ms 后清零
                if ((cn_begin=1000000) and (cn_end=1000000)) then
                    cn_begin <=(others=>'0');
                    --当检测到按键动作，且未计满 20ms 时计数
                elsif ((rs='1') and (cn_begin<1000000)) then
                    cn_begin <= cn_begin + 1;
                    --当已开始计数，且未计满 20ms 时计数
                elsif ((cn_begin>0) and (cn_begin<1000000)) then
                    cn_begin <= cn_begin + 1;
                end if;
            end if;
        end process;

    process (clk)
        begin
            if rising_edge(clk) then
                if (cn_end > 1000000) then
                    cn_end <= (others=>'0');
                elsif (rf='1')   and (cn_begin=1000000) then
                    cn_end <= cn_end + 1;
                elsif (cn_end>0) then
                    cn_end <= cn_end + 1;
                end if;
            end if;
        end process;

        --输出按键消抖后的信号
        process (clk)
        begin
            if rising_edge(clk) then
                if   cn_begin=1 then
                    shape <= '1';
                else
                    shape <= '0';
                end if;
```

```
        end if;
      end process;

    end Behavioral;
```

程序中的 rs 和 rf 分别为按键信号的上升沿（前沿）及下降沿（后沿）检测信号，cn_begin 为前沿计数器，cn_end 为后沿计数器。程序的设计思路与上文分析的方法完全一致，读者可以对照理解。

4.2　串口通信设计

4.2.1　RS-232 串口通信的概念

串口是计算机中一种非常通用的设备通信协议，大多数计算机包含 2 个 RS-232 串口。串口同时也是仪器仪表设备的通用接口，可用于获取远程设备采集的数据。为了实现计算机、电话及其他通信设备之间的通信，目前已经对串行通信建立了统一的概念和标准，涉及传输速率、电气特性，以及信号名称和接口标准。

尽管串口通信的传输速率较低，但可以在用一条数据线发送数据的同时用另一条数据线接收数据。串口通信很简单，并且能够实现远距离通信，IEEE 488 定义串口通信的距离可达1200 m。串口通信可通过 3 条传输线完成：地线、发送数据线、接收数据线。完整的串口通信还定义了用于握手的接口，但并非必需的。串口通信最重要的参数是波特率、数据位、停止位和奇偶校验。对于两个进行通信的串口，这些参数必须匹配。

1．波特率

波特率是一个衡量传输速率的参数，它表示每秒传输的符号个数。当每个符号只有两种状态时，则每个符号表示 1 bit 的信息，此时波特率表示每秒传输的位数，如波特率为 300 bps 表示每秒传输 300 位。当我们提到时钟周期时，波特率指波特率参数（例如，如果协议需要4800 bps 波特率，那么时钟信号频率就是 4800 Hz），这意味着串口通信在数据线上的采样频率为 4800 Hz。标准波特率通常有 110 bps、300 bps、600 bps、1200 bps、4800 bps、9600 bps 和 19200 bps。大多数串口通信的接收波特率和发送波特率可以分别设置，而且可以通过编程来设置。

2．数据位

数据位用于衡量串口通信中每次传输的实际数据位数。当计算机发送一个数据包时，实际的数据不一定是 8 位的，标准的数据位有 4 位、5 位、6 位、7 位和 8 位等。如何设置数据位取决于用户传输的数据包。例如，标准的 ASCII 码是 0～127（7 位），扩展的 ASCII 码是 0～255（8 位）。如果数据使用简单的文本（标准 ASCII 码），那么一个数据包使用 7 位数据位。一个数据包通常是 1 字节，包括开始位、停止位、数据位和奇偶校验位。

3．停止位

停止位指数据包的最后位，是数据包的结束标志，典型的为 1 位、1.5 位和 2 位。当传输数据时，每个设备都有自己的时钟，在数据传输过程中两台设备很可能会出现不同步，因此停止位不仅表示传输的结束，还可以用于设备同步。停止位的位数越多，收发时钟同步的容忍度越大，但数据的传输效率也就越低。

4．奇偶校验

串口通信中主要有 4 种检错方式，即奇校验、偶校验、高电平校验、低电平校验。当然，没有校验位时也可以进行正常的串口通信。对于需要奇偶校验的情况，串口通常会设置校验位（数据位后面的一位），用来确保传输的数据有偶数个或奇数个逻辑高位。例如，如果数据是 011，那么对于偶校验，校验位为 0，保证逻辑高的位数是偶数个；对于奇校验，校验位为 1，这样整个数据单元就有奇数个（3 个）逻辑高位。高电平校验和低电平校验不检查传输的数据，只是简单地将校验位置为逻辑高位或逻辑低位，这样就可以使接收设备能够知道"1"的个数，从而有机会判断是否有噪声信号干扰了通信或收发双方出现了不同步现象。

4.2.2　串口通信实例需求及电路原理分析

实例 4-1：串口通信电路设计

在 FPGA 上采用 VHDL 实现串口通信的收发功能，即实现计算机串口与 CRD500 之间的数据传输。要求 FPGA 能同时通过 RS-232 串口发送数据，并接收来自计算机发送的字符数据；数据传输速率为 9600 bps，停止位为 1 位，数据位为 8 位，无校验位；系统时钟信号的频率为 50 MHz；CRD500 同时将接收到的数据通过串口向计算机发送。

为了简化设计，串口通信实例只使用了 3 条信号线（发送数据、接收数据、地线），没有使用握手信号。对于 FPGA 来讲，输入信号包括复位信号 rst（高电平有效）、50 MHz 的时钟信号 clk，以及串口输入的信号 rs232_rec，输出信号为串口发送的信号 rs232_txd。

CRD500 的串口通信电路原理图如图 4-6 所示。

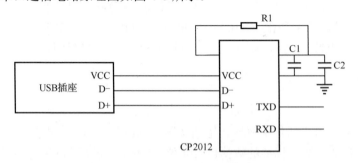

图 4-6　CRD500 的串口通信电路原理图

CRD500 上的串口通信电路采用的是 Silicon Labs 公司的 USB 转串口接口芯片 CP2102，该芯片内部已集成了 USB 接口的收发器，无须外接晶振，仅需极少的外围电路，使用简单，性能稳定。图 4-6 中左侧的 USB 插座可直接通过 USB 线与计算机连接，右侧 CP2102 的 TXD

引脚和 RXD 引脚分别用于连接发送信号 rs232_txd 和接收信号 rs232_rec，可直接与 FPGA 的 I/O 引脚连接。因此，在 CRD500 上设计串口通信程序时，仅需接收 TXD 引脚发送的信号，并通过 RS-232 串口向 RXD 引脚发送信号。

4.2.3　顶层文件的 VHDL 程序设计

为了便于读者理解整个程序，下面给出顶层文件 uart.vhd 的代码。

```vhdl
library IEEE;
use IEEE.STD_LOGIC_1164.ALL;
use IEEE.STD_LOGIC_ARITH.ALL;
use IEEE.STD_LOGIC_UNSIGNED.ALL;


entity uart is
port   (gclk1      : in std_logic;     --系统时钟: 50MHz
          rs232_rec : in std_logic;    --接收信号: 9600bps，1 位起始位/8 位数据位/1 位停止位/无校验位
          rs232_txd : out std_logic);  --发送信号: 9600bps，1 位起始位/8 位数据位/1 位停止位/无校验位
end uart;

architecture Behavioral of uart is


    --时钟模块，产生串口收发时钟
    component clock
    port(
         clk50m : in std_logic;
         clk_txd : out std_logic;
         clk_rxd : out std_logic);
    end component;

    --发送模块，将 data 数据按串口协议发送，检测到 start 为高电平时就发送 1 帧数据
    component send
    port(
         clk_send : in std_logic;
         start : in std_logic;
         data : in std_logic_vector(7 downto 0);
         txd : out std_logic);
    end component;

    --接收模块，接收串口发来的数据，并转换成 8 位 data 信号
    component rec
    port(
         clk_rec : in std_logic;
         rxd : in std_logic;
         data : out std_logic_vector(7 downto 0));
    end component;

    signal clk_send,clk_rec: std_logic;
```

```
    signal data: std_logic_vector(7 downto 0);
    signal start: std_logic:='0';
    signal cn14: std_logic_vector(13 downto 0):=(others=>'0');

begin

    u1: clock port map(
        clk50m => gclk1,
        clk_txd => clk_send,
        clk_rxd => clk_rec);

    u2: send port map(
        clk_send => clk_send,
        start => start,
        data => data,
        txd => rs232_txd);

    u3: rec port map(
        clk_rec => clk_rec,
        rxd => rs232_rec,
        data => data);

    --产生发送控制信号 start，每秒产生一个高电平脉冲
    process (clk_send)
    begin
        if rising_edge(clk_send) then
            if (cn14=9599) then
                cn14<=(others=>'0');
            else
                cn14<=cn14+1;
            end if;
            if (cn14=0) then
                start<='1';
            else
                start<='0';
            end if;
        end if;
    end process;

end Behavioral;
```

由上面的代码可以清楚地看出，系统由 1 个时钟模块（u1：clock）、1 个发送模块（u2：send）和 1 个接收模块（u3：rec）组成。其中，时钟模块用于生成与波特率相对应的接收、发送时钟信号；接收模块用于接收串口发送来的数据；发送模块用于将接收到的数据通过串口发送出去。发送模块的信号 start 为发送触发信号，当出现一个与 clk_send 时钟同期的高电

平脉冲信号时，就向串口发送 1 帧 data 数据。程序结尾处设计了一个生成信号 start 的进程，每秒发送 9600 个时钟信号 clk_send（频率为 9600 Hz），以生成一个高电平的发送触发信号 start。

4.2.4　时钟模块的 VHDL 程序设计

串口通信的波特率有多种，最常用的是 9600 bps。为了简化设计，本实例仅设计波特率为 9600 bps 的情况。串口通信通常采用异步传输方式，由于异步传输对时钟信号的要求不是很高，因此可以通过对系统时钟进行分频来生成所需的时钟信号。下面首先给出时钟模块的 VHDL 程序清单，然后对其进行讨论。

```
library IEEE;
use IEEE.STD_LOGIC_1164.ALL;
use IEEE.STD_LOGIC_ARITH.ALL;
use IEEE.STD_LOGIC_UNSIGNED.ALL;

entity clock is
port    (clk50m    : in std_logic;      --系统时钟：50MHz
         clk_txd    : out std_logic;
         clk_rxd    : out std_logic);
end clock;

architecture Behavioral of clock is

    signal cn12: std_logic_vector(11 downto 0);
    signal cn11: std_logic_vector(11 downto 0);
signal clk_tt: std_logic:='0';
signal clk_rt: std_logic:='0';

begin

    --产生 9600Hz 的发送时钟信号
    --50000000/96000=5208 每 2604 个数翻转一次，产生 9600Hz 的时钟
    process(clk50m)
    begin
        if rising_edge(clk50m) then
            if (cn12=2603) then
                cn12<=(others=>'0');
                clk_tt<= not clk_tt;
            else
                cn12<=cn12+1;
            end if;
        end if;
    end process;

    --产生 19200Hz 的接收时钟信号
```

```
--50000000/19200=2604 每 1302 个数翻转一次，产生 19200Hz 的时钟
process (clk50m)
begin
    if rising_edge(clk50m) then
        if (cn11=1301) then
            cn11<=(others=>'0');
            clk_rt<= not clk_rt;
        else
            cn11<=cn11+1;
        end if;
    end if;
end process;

clk_txd <= clk_tt;
clk_rxd <= clk_rt;

end Behavioral;
```

从上面程序可知，发送时钟信号的频率与波特率相同，而接收时钟信号的频率则为波特率的 2 倍。对于发送时钟的计数器而言，由于计数器计数范围为 0～2603，共 2604 个数，每计满一个周期，clk_tt 就翻转一次，一个周期内共翻转 2 次，每 2 个周期的计数为 5208，相当于对频率为 50 MHz 的信号进行 5208 倍分频，生成频率为 9600 Hz 的发送时钟信号。产生接收时钟信号的方式与生成发送时钟信号的方式类似，修改计数器的计数周期即可。

发送时钟信号的频率与波特率相同，这很容易理解，即在发送数据时，按波特率及规定的格式向串口发送数据。接收时钟信号的频率之所以设置成波特率的 2 倍，是为了避免因接收时钟信号频率与数据输入速率之间的偏差导致接收错误而增加的抗干扰措施，具体的实现方法将在 4.2.5 节中介绍。

4.2.5 接收模块的 VHDL 程序设计

由于本实例不涉及握手信号及校验信号，因此接收模块的 VHDL 程序设计也比较简单。基本思路是用接收时钟对输入数据信号 rs232_rec（接收模块文件中的信号名称为 rxd）进行检测，当检测到下降沿时（根据 RS-232 串口通信协议，空闲位为 1，起始位为 0），表示接收到有效数据，此时开始连续接收 8 位的数据，并存放在接收寄存器中，接收完成后通过 data 端口输出。

由前面的讨论可知，异步传输对时钟信号频率的要求不是很高，其原因是每个字符均有用于同步检测的起始位和停止位。换句话说，只要在每个字符（本实例为 8 位）的传输过程中，不会因为接收、发送时钟的不同步而引起数据传输错误即可。下面分析在采用和波特率相同的时钟信号频率接收数据时，可能出现数据检测错误的情况。

图 4-7 所示为接收串口数据的时序示意图。如果采用与波特率相同的时钟信号频率接收串口的数据，则在每个时钟周期内（假设在时钟信号的上升沿采样数据）只采样一次数据。由于接收端不知道发送数据的相位和频率（虽然接收端和发送端约定好了波特率，但两者晶振的性能差异会使两者的频率无法完全一致），因此接收端产生的时钟信号与数据的相位及频

率存在偏移。当接收端的首次采样时刻（clk_send 的上升沿）与数据跳变沿靠近时，所有采样点的时刻均会与数据跳变沿十分接近，时钟的相位抖动及频率偏移就很容易产生数据检测错误。

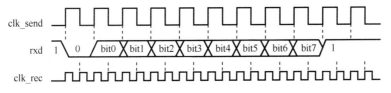

图 4-7　接收串口数据的时序示意图

如果采用频率为波特率 2 倍（或更高频率）的时钟信号对数据进行检测，则应当先利用时钟信号 clk_rec 检测数据的起始位（rxd 的初次下降沿），然后间隔一个 clk_rec 时钟周期对接收数据进行采样。由于 clk_rec 的频率是波特率的 2 倍，因此可以设定数据的采样时刻为检测到 rxd 跳变沿后的一个 clk_rec 时钟周期处，即每个 rxd 数据码元的中间位置，这样更有利于保证检测时刻数据的稳定性。这样，只有接收、发送时钟信号频率偏移大于 1/4 个码元周期时才可能出现数据检测错误，从而大大减小了数据检测错误的概率，提高了接收数据的可靠性。

经过上面的分析，相信读者比较容易理解下面给出的接收模块代码了。

```
library IEEE;
use IEEE.STD_LOGIC_1164.ALL;
use IEEE.STD_LOGIC_ARITH.ALL;
use IEEE.STD_LOGIC_UNSIGNED.ALL;


entity rec is
port    (clk_rec    : in std_logic;
          rxd        : in std_logic;
          data       : out std_logic_vector(7 downto 0));
end rec;

architecture Behavioral of rec is

    signal cn5: std_logic_vector(4 downto 0):="00000";
    signal dattem: std_logic_vector(7 downto 0):=(others=>'0');
signal rxd_d: std_logic:='0';
signal rxd_fall: std_logic:='0';


begin

    --检测串口接收信号 rxd 的下降沿，表示开始接收 1 帧数据
    process (clk_rec)
    begin
        if rising_edge(clk_rec) then
            rxd_d<=rxd;
            if (rxd='0' and rxd_d='1') then
```

```
                    rxd_fall <='1';
            else
                    rxd_fall <='0';
            end if;
        end if;
    end process;


    --由于 clk_rec 为波特率的 2 倍，因此在检测到 rxd 下降沿之后，连续计 20 个数
    process (clk_rec)
    begin
        if rising_edge(clk_rec) then
            if (rxd_fall='1' and cn5=0) then
                cn5<=cn5+1;
            elsif ((cn5>0) and (cn5<19)) then
                cn5<=cn5+1;
            elsif (cn5>18) then
                cn5<=(others=>'0');
            end if;
         end if;
    end process;


    --根据计数器 cn5 的值，依次将串口数据存入 dattem 寄存器
    process (clk_rec)
    begin
        if rising_edge(clk_rec) then
                case (cn5) is
                when "00010" => dattem(0)<=rxd;
                when "00100" => dattem(1)<=rxd;
                when "00110" => dattem(2)<=rxd;
                when "01000" => dattem(3)<=rxd;
                when "01010" => dattem(4)<=rxd;
                when "01100" => dattem(5)<=rxd;
                when "01110" => dattem(6)<=rxd;
                when "10000" => dattem(7)<=rxd;
                --接收完成后，输出完整的 8 位数据
                when "10010" => data<=dattem;
                when others => null;
                end case;
            end if;
        end process;

end Behavioral;
```

程序首先设计了一个下降沿检测电路，以产生一个高电平脉冲的下降沿检测信号 rxd_fall。根据 RS-232 串口通信协议，高电平为停止位，低电平为起始位，因此检测到 rxd 的下降沿，即可判断串口传输 1 帧数据的起始时刻。

程序接下来根据 rxd_fall 信号设计了一个计数器 cn5，从 0 持续计数至 19，即计 20 个数。由于 clk_rec 信号的频率为波特率的 2 倍，1 帧数据的长度为 8 位，加上起始位及停止位，共 10 位，因此计数至 20 时，刚好是传输完 1 帧数据的时间。

程序最后根据计数器 cn5 的状态，每隔一个计数值采样 1 位数据并存储在 datatem 中，最终将接收到的 1 帧完整数据由 data 端口输出，完成数据的接收。

4.2.6　发送模块的 VHDL 程序设计

发送模块只需要将起始位及停止位分别加至数据的两端（最高位和最低位），然后按发送时钟的节拍逐位发送即可。为便于与其他模块有效连接，发送模块设计了一个发送触发信号 start，当检测到 start 为高电平时，发送 1 帧数据。

下面给出发送模块（send.vhd 文件）的 VHDL 程序代码。

```vhdl
library IEEE;
use IEEE.STD_LOGIC_1164.ALL;
use IEEE.STD_LOGIC_ARITH.ALL;
use IEEE.STD_LOGIC_UNSIGNED.ALL;

entity send is
port   ( clk_send    : in std_logic;
           start       : in std_logic;
           data        : in std_logic_vector(7 downto 0);
           txd         : out std_logic);
end send;

architecture Behavioral of send is

    signal cn: std_logic_vector(3 downto 0):="0000";

begin

--检测到 start 为高电平时，连续计 10 个数
    process (clk_send)
begin
        if rising_edge(clk_send) then
            if (cn>8) then
                cn <="0000";
            elsif (start='1') then
                cn <= cn + 1;
            elsif (cn>0) then
                cn <= cn + 1;
            end if;
        end if;
    end process;

    --根据计数器 cn 的值，依次发送起始位、数据、停止位
```

```
        process (cn)
        begin
            case (cn) is
            when "0001" =>    txd<='0';
            when "0010" =>    txd<=data(0);
            when "0011" =>    txd<=data(1);
            when "0100" =>    txd<=data(2);
            when "0101" =>    txd<=data(3);
            when "0110" =>    txd<=data(4);
            when "0111" =>    txd<=data(5);
            when "1000" =>    txd<=data(6);
            when "1001" =>    txd<=data(7);
            when others =>    txd<='1';
            end case;
        end process;

end Behavioral;
```

程序首先设计了一个计数器 cn，当检测到 start 为高电平时开始计数，从 0 计数至 9。由于 clk_send 信号的频率与波特率相同，因此在每个计数周期发送 1 位数据即可。根据 RS-232 串口通信协议，需先发送起始位 0，再从数据的最低位开始依次完成 8 位数据的发送，最后发送停止位 1，共完成 10 位数据的发送。

4.3 A/D 接口和 D/A 接口的程序设计

4.3.1 A/D 转换的工作原理

将模拟信号转换成数字信号的器件称为模数转换器，简称 A/D 转换器或 ADC（Analog to Digital Converter）。A/D 转换的作用是将时间连续、幅值也连续的模拟信号转换为时间离散、幅值也离散的数字信号，因此，A/D 转换一般要经过采样、保持、量化和编码 4 个过程。在实际的电路中，这些过程有的是合并进行的。例如，采样和保持、量化和编码往往是在转换过程中同时实现的。

由于数字信号本身不具有实际意义，仅表示一个相对大小，因此任何一个 A/D 转换器都需要一个参考标准，比较常见的参考标准是可转换信号的最大值，而输出的数字量则表示输入信号相对于参考标准的大小。

分辨率是 A/D 转换器最重要的指标之一，是指对于允许范围内的模拟信号，对应输出离散数字信号值的个数。这些信号值通常用二进制数表示，分辨率经常用位（bit）作为单位，且这些离散值的个数是 2 的幂。例如，一个具有 8 位分辨率的 A/D 转换器可以将模拟信号编码成 256 个不同的离散值，从 0 到 255（无符号整数）或从-128 到 127（有符号整数），至于使用哪种形式，则取决于具体的应用。

根据上面的分析，假设输入信号的电压范围为-5～5 V，A/D 转换器的分辨率为 8 位，且编码为 0～255，则 0 对应于-5 V，255 对应于+5 V。若设置编码的数字为 Q，则对应的电压 U 按下式计算：

$$U = \left(\frac{10Q}{255} - 5 \right) \text{V} \tag{4-1}$$

使输出离散信号产生一个单位变化所需的最小输入电压称为最低有效位（Least Significant Bit，LSB）电压。这样，A/D 转换器的分辨率就等于 LSB 电压。

采样频率是 A/D 转换器的另一个重要指标。模拟信号在时域上是连续的，因此要将它转换为在时间上离散的一系列数字信号，就要求定义一个参数来表示采样模拟信号的速率，这个速率称为 A/D 转换器的采样频率。根据采样定理，以 f_s 的采样频率对信号进行采样，理论上可以对频率小于 $f_s/2$ 的信号进行采样，且可以通过滤波处理完成从数字信号到模拟信号的无失真重建。

对于 A/D 转换器来讲，分辨率和采样频率是两个最重要的参数，分辨率越高、采样频率越高，A/D 转换器的性能就越好。

4.3.2 D/A 转换的工作原理

将数字信号转换成模拟信号的器件称为数模转换器，简称 D/A 转换器或 DAC（Digital to Analog Converter）。D/A 转换器按数字量输入方式的不同，可分为并行输入 D/A 转换器和串行输入 D/A 转换器；按模拟量输出方式的不同，可分为电流输出 D/A 转换器和电压输出 D/A 转换器。

不同类型的 D/A 转换器的内部电路并没有太大的差异，一般可按输出的是电流还是电压、能否进行乘法运算等进行分类。大多数 D/A 转换器由电阻阵列和多个电流开关或电压开关构成。一般来讲，由于电流开关的切换误差小，因此大多数 D/A 转换器采用电流开关型电路。D/A 转换器的电流开关型电路直接输出电流，称为电流输出 D/A 转换器。

虽然电压输出 D/A 转换器是直接从电阻阵列输出电压的，但一般采用内置输出放大器以低阻抗的形式输出。由于电压输出 D/A 转换器没有输出放大器的延时，故常作为高速 D/A 转换器。

电流输出 D/A 转换器很少直接输出电流，大多外接电流/电压转换电路。电流/电压转换有两种方法：一种是只在输出引脚上接负载电阻，从而进行电流/电压转换；另一种是外接运算放大器。采用负载电阻进行电流/电压转换，虽然可以在输出引脚上产生电压，但必须在规定的输出电压范围内使用，而且由于输出阻抗较高，所以一般需要外接运算放大器。

D/A 转换器输入的数字量是由二进制代码按数位组合表示的，任何一个 n 位二进制数均可表示为

$$d(0) \times 2^0 + d(1) \times 2^1 + d(2) \times 2^2 + \cdots + d(n-1) \times 2^{n-1} \tag{4-2}$$

式中，$d(i)=0$ 或 1，$i=0$、1、$\cdots$、$n-1$；2^0、2^1、2^2、$\cdots$、2^{n-1} 分别为对应位的权值。在 D/A 转换的过程中，要将数字信号转换成模拟信号，必须先把每位代码按其权值转换成相应的模拟值，然后将各模拟值相加，其总和就是与数字信号对应的模拟信号，这就是 D/A 转换的基本原理。

与 A/D 转换器类似，D/A 转换器也有两个最重要的性能参数：分辨率和转换时间。分辨率反映了 D/A 转换器对模拟信号的分辨能力，定义为基准电压与 2^n 的比值，其中，n 为 D/A

转换器的位数，它是与输入二进制数最低有效位 LSB 相当的输出模拟电压。在实际使用中，一般用输入数字信号的位数来表示分辨率大小。D/A 转换建立时间（Setting Time）是指将一个数字信号转换为稳定模拟信号所需的时间，也称转换时间。通常，电流输出型 D/A 转换器的转换时间较短，电压输出型 D/A 转换器的转换时间较长。为便于理解，我们也可以将转换时间的倒数称为转换速率。根据采样定理，转换速率为 f_s 的 D/A 转换器，理论上最高能够产生频率不大于 $f_s/2$ 的信号。

4.3.3　A/D 接口和 D/A 接口的实例需求及电路原理分析

CRD500 配置了 1 路 8 位 A/D 转换器，以及 2 路独立 8 位 D/A 转换器。实例要求转换频率为 25 MHz，频率约为 195 kHz 的锯齿波由 DA2 通道输出，在 CRD500 上通过外接跳线环进入 AD 通道，经过 AD 通道后再由 DA1 通道输出，完成 AD 通道和 DA 通道的测试。

CRD500 的 AD 通道和 DA 通道的原理如图 4-8 所示。

如图 4-8 所示，AD9708 为 8 位的、最高转换速率为 125 MHz 的 D/A 转换器。D/A 转换器的输出信号先通过一个带宽大于 40 MHz 的 LC 低通滤波器滤除噪声信号，使输出信号更为平滑，再经带宽为 145 MHz 的宽带运算放大器 AD8056 对信号进行放大，经 DA1 通道输出-1～1 V 的信号。AD9280 为 8 位的、最高采样频率为 32 MHz 的 A/D 转换器，A/D 转换器输入信号电压范围为 0～2 V，因此在输入 A/D 转换器前采用 AD8065 对信号进行处理，使输入 AD9280 的信号满足输入电压的要求。

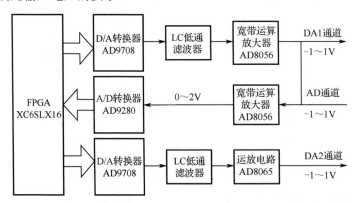

图 4-8　CRD500 的 AD 通道和 DA 通道的工作原理

4.3.4　A/D 接口和 D/A 接口的 VHDL 程序设计

由于 A/D 转换器的工作频率最高为 32 MHz，考虑到 CRD500 上配置的晶振频率为 50 MHz，因此 2 个 D/A 转换器及 1 个 A/D 转换器的工作频率均设置为 25 MHz。考虑到 A/D 转换器及 D/A 转换器的分辨率均为 8 位，可以采用 8 位的 256 进制计数器作为 A/D 转换器及 D/A 转换器的测试信号。由于 A/D 转换器及 D/A 转换器的工作频率均为 25 MHz，因此 256 进制的计数器产生的锯齿波信号的频率为 50 MHz/256=195.3125 kHz。

由于 A/D 接口和 D/A 接口的数字信号均为无符号数，而在 FPGA 上进行数字信号处理（如滤波器处理）时，通常需要处理有符号数，因此在程序中要进行有符号数和无符号数的转换。A/D 接口和 D/A 接口实例的 VHDL 程序代码如下。

```vhdl
module AD_DA(
library IEEE;
use IEEE.STD_LOGIC_1164.ALL;
use IEEE.STD_LOGIC_ARITH.ALL;
use IEEE.STD_LOGIC_UNSIGNED.ALL;

entity AD_DA is
port   (gclk1          : in std_logic;     --系统时钟：50MHz
         rst           : in std_logic;     --复位信号：高电平有效
        --1 路 AD 通道
        ad_clk        : out std_logic;   --A/D 转换器的转换频率：25 MHz
        ad_din         : in   std_logic_vector(7 downto 0); --A/D 转换器的输入，无符号数
        --2 路 DA 通道
        da1_clk       : out std_logic;                    --DA1 通道输出的时钟信号频率为 25 MHz
        da1_out       : out std_logic_vector(7 downto 0); --DA1 通道输出，无符号数
        da2_clk       : out std_logic;                    --DA2 通道输出的时钟信号频率为 25 MHz
        da2_out       : out std_logic_vector(7 downto 0)); --DA2 通道输出，无符号数

end AD_DA;

architecture Behavioral of AD_DA is

    signal cn: std_logic_vector(7 downto 0);
    signal data: std_logic_vector(7 downto 0);
signal clk25m: std_logic:='0';

begin

    process (gclk1)
 begin
        if rising_edge(gclk1) then
            clk25m <=   not clk25m;
        end if;
    end process;

    process (gclk1 ,rst)
      begin
        if(rst='1') then
            cn <= (others=>'0');
            elsif rising_edge(gclk1) then
                cn <= cn + 1;
            end if;
      end process;

    ad_clk <= clk25m;
    da1_clk <= clk25m;
```

```
        da2_out <= cn;
        da2_clk <= clk25m;


    --将 A/D 转换后的无符号数转换成有符号数，可供程序的其他模块使用
    process (clk25m)
begin
        if rising_edge(clk25m) then
            data <= ad_din - 128;
        end if;
end process;


    --将有符号数转换成无符号数后输入 D/A 转换器
    process (clk25m)
begin
        if rising_edge(clk25m) then
            if(data(7)='1') then
                da1_out <= data-128;
            else
                da1_out <= data + 128;
            end if;
        end if;
end process;


end Behavioral;
```

4.4 常用接口程序的板载测试

4.4.1 秒表电路的板载测试

经过上面的分析，根据 CRD500 的电路原理图，可以得到秒表电路 FPGA 程序的对外接口信号和 FPGA 引脚的对应关系，如表 4-1 所示。

表 4-1 秒表电路 FPGA 程序的对外接口信号和 FPGA 引脚的对应关系

接 口 信 号	FPGA 引脚	传 输 方 向	功 能 说 明
rst	P14	→FPGA	高电平有效的复位信号
stop	T10	→FPGA	高电平有效的启/停信号
gclk1	M1	→FPGA	50 MHz 的时钟信号
sel[0]	R7	FPGA→	低电平有效的选通信号
sel[1]	P8	FPGA→	低电平有效的选通信号
sel[2]	N9	FPGA→	低电平有效的选通信号
sel[3]	R10	FPGA→	低电平有效的选通信号

接 口 信 号	FPGA 引脚	传 输 方 向	功 能 说 明
seg[0]	T4	FPGA→	低电平有效的段码 a
seg[1]	R1	FPGA→	低电平有效的段码 b
seg[2]	T7	FPGA→	低电平有效的段码 c
seg[3]	T3	FPGA→	低电平有效的段码 d
seg[4]	T2	FPGA→	低电平有效的段码 e
seg[5]	T5	FPGA→	低电平有效的段码 f
seg[6]	P9	FPGA→	低电平有效的段码 g
seg[7]	T6	FPGA→	低电平有效的段码 dp

在秒表电路程序中添加引脚约束文件，并按表 4-1 设置对应信号及引脚的约束位置。在 Quartus Ⅱ 13.1 中，运行编辑已好的脚本文件 CRD500.tcl，重新编译工程文件，形成 sof 文件，将 sof 文件下载到 CRD500 中，CRD500 上电即可运行秒表电路程序。此时，可以观察到 CRD500 上的 4 个数码管按设计的要求开始计时。在任意时刻按下复位按键，秒表都会清零；松开复位按键，重新开始计时；按下启/停按键，秒表停止计时；再按一次启/停按键，秒表继续计时。

4.4.2　串口通信的板载测试

根据 CRD500 的电路原理图，可以得到 RS-232 串口通信电路 FPGA 程序的对外接口信号和 FPGA 引脚的对应关系，如表 4-2 所示。

表 4-2　RS-232 串口通信电路 FPGA 程序的对外接口信号和 FPGA 引脚的对应关系

接 口 信 号	FPGA 引脚	传 输 方 向	功 能 说 明
gclk1	M1	→FPGA	50 MHz 的时钟信号
rs232_rec	A11	→FPGA	计算机发送至 FPGA 串口的信号
rs232_txd	A10	FPGA→	FPGA 发送至计算机串口的信号

在串口通信程序中添加引脚约束文件，并按照表 4-2 设置对应信号及引脚的约束位置，生成 bit 文件，将 bit 文件下载到 CRD500 中，此时可以观察到 CRD500 上靠近 USB 接口的发送指示灯以 1 Hz 的频率闪烁，表示 CRD500 在持续向外发送数据。

完成串口通信接口调试后，还需在计算机上安装串口芯片 CP2012 的驱动程序，以及友善串口调试助手。打开友善串口调试助手，在"串口设置"栏的"串口"下拉列表中选择驱动程序设置的串口编号（如 COM3），选择"波特率"为 9600、"数据位"为 8、"校验位"为 None、"停止位"为 1、"流控"为 None，选择"Hex"，勾选复选框"自动换行""显示时间"，单击"发送"按钮，此时友善串口调试助手会每隔 1 s 显示一次"00"，表示计算机接收到了 CRD500 发送的"00"字符，如图 4-9 所示。

如图 4-10 所示，在友善串口调试助手下方的文本框中输入字符"AB"，单击"发送"按钮，计算机会将"AB"发送到 CRD500。由于将 CRD500 接收到的数据回送到了计算机，因此可以在友善串口调试助手中看到发送的"AB"。

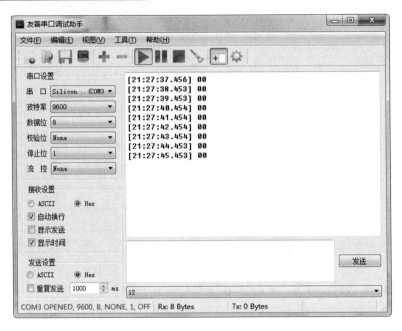

图 4-9　友善串口调试助手每隔 1 s 显示 1 次 "00"

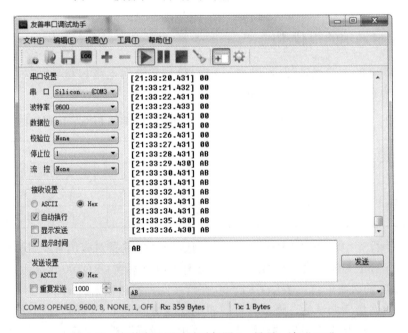

图 4-10　友善串口调试助手每隔 1 s 显示一次 "AB"

4.4.3　使用 Signal Tap 对 A/D 接口和 D/A 接口进行板载测试

根据 CRD500 的电路原理图，可以得到 A/D 接口和 D/A 接口 FPGA 程序的对外接口信号和 FPGA 引脚的对应关系，如表 4-3 所示。

表 4-3 A/D 接口和 D/A 接口 FPGA 程序的对外接口信号和 FPGA 引脚的对应关系

接 口 信 号	FPGA 引脚	传 输 方 向	功 能 说 明
rst	P14	→FPGA	高电平有效的复位信号
gclk1	M1	→FPGA	50 MHz 的时钟信号
ad_clk	K5	FPGA→	AD 通道采样时钟
ad_din[0]	C14	FPGA→	AD 通道采样信号
ad_din[1]	D16	→FPGA	AD 通道采样信号
ad_din[2]	D15	→FPGA	AD 通道采样信号
ad_din[3]	F14	→FPGA	AD 通道采样信号
ad_din[4]	F16	→FPGA	AD 通道采样信号
ad_din[5]	F15	→FPGA	AD 通道采样信号
ad_din[6]	G16	→FPGA	AD 通道采样信号
ad_din[7]	G15	→FPGA	AD 通道采样信号
da1_clk	T15	FPGA→	DA1 通道转换时钟
da1_out[0]	R16	FPGA→	DA1 通道转换数据
da1_out[1]	P15	FPGA→	DA1 通道转换数据
da1_out[2]	P16	FPGA→	DA1 通道转换数据
da1_out[3]	N14	FPGA→	DA1 通道转换数据
da1_out[4]	N16	FPGA→	DA1 通道转换数据
da1_out[5]	N15	FPGA→	DA1 通道转换数据
da1_out[6]	L15	FPGA→	DA1 通道转换数据
da1_out[7]	L16	FPGA→	DA1 通道转换数据
da2_clk	D12	FPGA→	DA2 通道转换时钟
da2_out[0]	C16	FPGA→	DA2 通道转换数据
da2_out[1]	B16	FPGA→	DA2 通道转换数据
da2_out[2]	C15	FPGA→	DA2 通道转换数据
da2_out[3]	A15	FPGA→	DA2 通道转换数据
da2_out[4]	B14	FPGA→	DA2 通道转换数据
da2_out[5]	A14	FPGA→	DA2 通道转换数据
da2_out[6]	B13	FPGA→	DA2 通道转换数据
da2_out[7]	A13	FPGA→	DA2 通道转换数据

在 A/D 接口和 D/A 接口程序中添加引脚约束文件，并按照表 4-3 设置对应信号及引脚的约束位置，生成 sof 文件，将 sof 文件下载到 CRD500 中，通过示波器观察 DA1 通道及 DA2 通道的信号波形，可发现这些信号均为 195.3125 kHz 的锯齿波信号。

除可以采用示波器直接观察信号波形外，还可以通过在线逻辑分析仪测试工具 SignalTap 来观察信号波形。SignalTap 可以很方便地对 FPGA 引脚及程序内部信号的实时波形进行观察。SignalTap 的主要功能是通过 JTAG 接口，在线、实时地读出 FPGA 内部信号，其基本原理是利用 FPGA 中未使用的 BRAM，首先将想要观察的信号实时存储到这些 BRAM 中，然后根据用户设定的触发条件生成特定的地址译码，将选择的信号数据送到 JTAG 接口，最后在计算机中根据这些数据动态地绘制实时波形。

使用 SignalTap 分析 FPGA 内部信号有如下优点。

（1）成本低廉，只需要 Quartus Ⅱ 13.1 软件已集成了 SignalTap 工具和一条 JTAG 线即可完成信号的分析。

（2）灵活性大，可观察信号的数量和存储深度仅由 FPGA 的空闲 BRAM 数量决定，空闲 BRAM 越多，可观察信号的数量和存储深度就越大。

（3）使用方便，SignalTap 可以自动读取原设计生成的网表，可区分时钟信号和普通信号，对观察信号的设定也十分方便，存储深度可变，可设计多种触发条件的组合。ChipScope 可自动将 IP 核的网表插入原设计生成的网表，且测试 IP 核中仅使用少量的 LUT 资源和寄存器资源，对设计的影响很小。

（4）使用 SignalTap 可以十分方便地观察 FPGA 内部的所有信号，如寄存器、网线等的信号，甚至可以观察综合器产生的重命名的连接信号，使 FPGA 不再是"黑箱"，可以很方便地对 FPGA 的内部逻辑进行调试。

根据 A/D 接口和 D/A 接口程序的功能，下面采用 SignalTap 观察程序下载到 CRD500 中后的 ad_din、data、da2_out 信号，采用 50 MHz 的 clk 作为数据采样时钟信号。

首先，单击 Quartus Ⅱ 13.1 的"Tools→SignalTap Ⅱ Logic Analyzer"菜单，打开逻辑分析仪。

在 JTAG Chain Configuration 配置界面中，选择 JTAG 下载线"USB-Blaster[USB-0]"，如果计算机已与开发板连接，且开发板已加电，则 JTAG 会自动检测到开发板上的 FPGA 芯片 EP4CE15。单击"SOF Manager"右侧的文件浏览按钮，选择工程生成的 sof 文件，如图 4-11 所示。

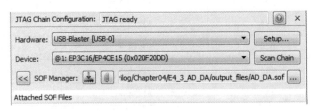

图 4-11　JTAG Chain Configuration 配置界面

在图 4-12 所示的 Signal Configuration 界面中，可以设置触发时钟及分析数据的长度。单击"Clock"右侧的文件浏览按钮，打开时钟信号设置界面，如图 4-13 所示，在"Named"编辑框中输入要查找的时钟信号"gclk1"，单击"List"按钮，下方的"Nodes Found"列表框中会显示找到的时钟信号，单击">>"按钮将信号添加到右侧的"Selected Nodes"列表框中。在 Signal Configuration 界面中设置分析数据长度"Sample depth"为 1K，即 1024 个数据。

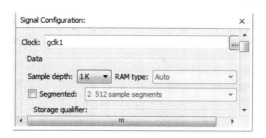

图 4-12　Signal Configuration 界面

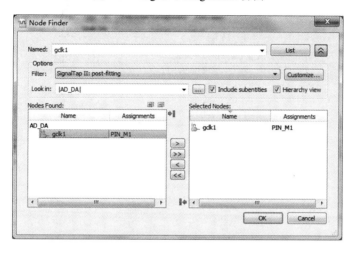

图 4-13　时钟信号设置界面

在 SignalTap 主界面中双击"auto_signaltap_0"列表的空白处，打开信号设置界面，采用设置时钟信号的方法，依次添加需要观察的信号 ad_din、da1_out、da2_out，添加完成后的界面如图 4-14 所示。

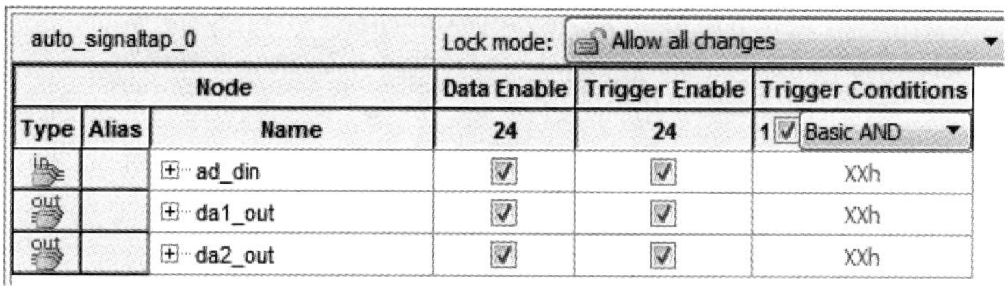

auto_signaltap_0			Lock mode:	Allow all changes		
Node			**Data Enable**	**Trigger Enable**	**Trigger Conditions**	
Type	Alias	**Name**	24	24	1 ☑ Basic AND	
in		⊞⋯ad_din	☑	☑	XXh	
out		⊞⋯da1_out	☑	☑	XXh	
out		⊞⋯da2_out	☑	☑	XXh	

图 4-14　添加观察信号后的界面

此时的 SignalTap 主界面如图 4-15 所示。选择"Instance"列表中的"auto_sig…"，单击 Run Analysis 工具按钮，会打开重新编译界面，如图 4-16 所示。

根据 SignalTap 工作原理，采用 SignalTap 分析信号实际上是将需要观察的信号数据存储在 FPGA 未使用的 BLCOK RAM 中，因此需要在目标工程中增加采样数据信号的电路。设置 SignalTap，相当于设置了需要插入的分析电路，因此需要重新对 FPGA 工程进行编译，生成带测试电路的 sof 文件。在图 4-16 所示的界面中单击"Yes"按钮，重新编译 FPGA 工程，编译完成后将 sof 文件下载到 CRD500 开发板中。

再次单击 Run Analysis 工具按钮，在 SignalTap 界面中可以观察到抓取的信号波形，如图 4-17 所示。

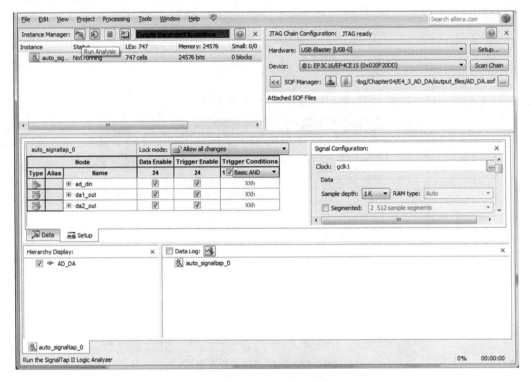

图 4-15　SignalTap 主界面

图 4-16　重新编译界面

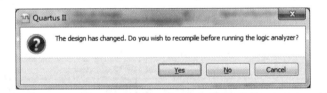

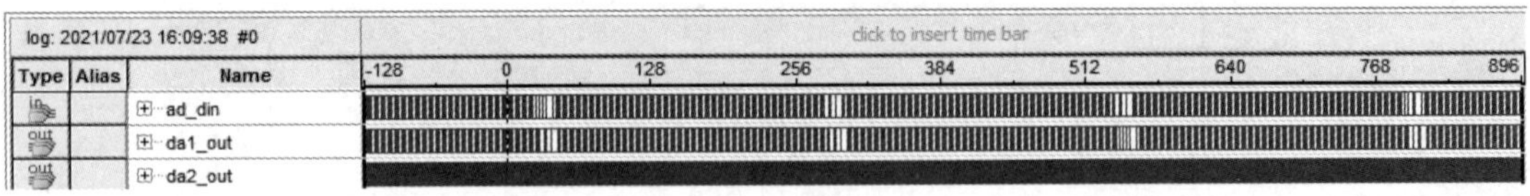

图 4-17　SignalTap 抓取的信号波形

在信号波形界面中单击可以放大波形，右击可以缩小波形，便于观察分析。

如果需要观察信号的模拟电压波信号，则可设置信号的显示格式。右击要设置的信号名称，在弹出的快捷菜单中单击 "Bus Display Format→Unsigned Line Chart"，将需要观察的 3 路信号 ad_din、da1_out、da2_out 均设置为 "Unsigned Line Chart"，此时显示的信号波形如图 4-18 所示。

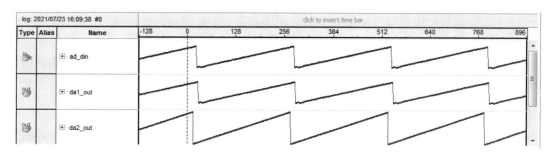

图 4-18　AD 通道和 DA 通道的信号波形

4.5　小结

虽然 FPGA 可以实现复杂的数字信号处理算法，但数字信号处理的结果需要通过各种接口来显示。按键、数码管、串口、A/D 接口和 D/A 接口是常用的接口，数码管可以用来显示简单的数字和英文字母，串口可以完成与计算机的低速率双向数据通信，A/D 接口和 D/A 接口是模拟信号与数字信号之间的桥梁。本章学习的要点如下所述。

（1）掌握数码管的接口设计方法，理解动态扫描的概念和电路工作原理。

（2）理解按键消抖的工作原理。

（3）串口通信的协议非常简单，也是应用最为广泛的低速率数据通信方式。理解异步通信的原理，以及实现稳定可靠地接收串口数据的电路设计方法。

（4）A/D 接口和 D/A 接口是数字信号与模拟信号相互转换的接口。A/D 接口和 D/A 接口有多种形式，本章仅介绍了常用的并行接口设计方法。在实际工程应用中，读者只有先阅读芯片手册及相关硬件原理图，了解接口的使用方法，才能设计出相应的接口程序。

（5）理解二进制有符号数与无符号数相互转换的电路设计原理。

（6）FPGA 的程序调试大致可分为 3 个阶段：ModelSim 仿真、SignalTap 调试、将程序下载到电路板（本书使用 CRD500）中验证。ModelSim 仿真方法是本书后续章节讲解实例时的常用方法；SignalTap 调试主要用于 FPGA 程序和电路板的联合调试，对测试电路板与 FPGA 程序之间的接口具有重要作用。

4.6　思考与练习

4-1　数码管主要有哪几种类型？

4-2　设计一个 VHDL 程序，实现共阴极数码管的显示转换功能，要求输入为十六进制的 4 位信号 cn(3 downto 0)，输出为 8 段数码管的段码信号 seg(7 downto 0)。

4-3　说明按键消抖的设计思路，设计一个 VHDL 程序，统计按键按下的次数，实现按键消抖功能，要求每按一次按键，输出的 10 位计数器计数加 1。

4-4　设计一个 VHDL 程序，在每次按键按下时，测试前沿抖动的次数和后沿抖动的次数，并将测量的次数通过数码管显示。

4-5　完善本章的串口通信 VHDL 程序，实现通过按键设置串口波特率的功能。可选的波特率为 9600 bps、19200 bps、38400 bps、57600 bps、115200 bps 等。

4-6　利用本章的秒表电路程序及串口通信程序，设计一个 VHDL 程序，实现秒表计时的传输功能。当用户按下停止计时按键时，可通过串口通信将当前的秒表计时发送到计算机，并通过串口调试助手查看发送的内容。

4-7　利用 Signal Tap 对本章的串口通信程序进行调试，查看串口接收、发送信号的波形。

4-8　设计一个 VHDL 程序，将 AD 通道采样的数据通过串口每秒向计算机发送一次，并利用串口调试助手查看发送的内容。

4-9　使用信号源产生频率在 1～10 kHz 范围内的正弦波信号，通过 AD 通道送入 FPGA。设计一个 VHDL 程序，测试 AD 通道采样的正弦波信号的频率，并将测试的数据通过串口发送到计算机，利用串口调试助手查看发送的内容。

4-10　在本章的实例电路基础上，设计一个完整的 CRD500 接口测试程序，要求实现 5 个按键开关、8 个 LED、4 个数码管、1 路串口、2 路 D/A 接口及 1 路 A/D 接口的测试功能。

下　篇

第5章

FPGA 中的数字运算

数字运算主要有加、减、乘、除。FPGA 中只能对二进制数进行运算，而在生活中我们更习惯于对十进制数进行运算。数字运算的本质和规律是相同的，只有完全掌握 FPGA 中的有符号数、小数、数据位扩展等设计方法，才有可能实现复杂的数字信号处理算法。其实，我们已经掌握了数字运算的本质，只需要将这些规律运用到 FPGA 设计中即可。

5.1 数的表示

著名的德国图灵根郭塔王宫图书馆（Schlossbiliothke zu Gotha）保存着一份弥足珍贵的手稿，其标题为"1 与 0，一切数字的神奇渊源，这是造物主的秘密美妙的典范，因为一切无非都来自上帝。"这是莱布尼兹（Gottfried Wilhelm Leibniz，1646—1716 年）（见图 5-1）的手迹。但是，关于这个神奇美妙的数字系统，莱布尼兹只有几页异常精练的描述。用现代人熟悉的表达方式，我们可以对二进制做如下解释：

$2^0 = 1$
$2^1 = 2$
$2^2 = 4$
$2^3 = 8$
…

图 5-1 莱布尼兹（1646—1716 年）

依次类推，把等号右边的数字相加，就可以得到任意自然数，或者说任意自然数均可以采用这种方式表示。我们只需要说明采用了 2 的几次方，而舍掉了 2 的几次方即可。二进制的表述序列都从右边开始，第一位是 2^0，第二位是 2^1，第三位是 2^2，依次类推。一切采用 2 的幂的位置，用 1 来标志；一切舍掉 2 的幂的位置，用 0 来标志。例如，对于序列 11100101，根据上述表示方法，可以很容易推算出序列所表示的数值：

1	1	1	0	0	1	0	1
2^7	2^6	2^5	0	0	2^2	0	2^0

128 ＋ 64 ＋ 32 ＋ 0 ＋ 0 ＋ 4 ＋ 0 ＋ 1 ＝229

在这个例子中，十进制数 229 表示为二进制数 11100101。任何一个二进制数最左边的一位都是 1。通过这个方法，任意自然数都可用 0 和 1 这两个数字来表示。0 与 1 这两个数字很容易被电子化：有电流就是 1，没有电流就是 0。这就是计算机技术的根本。

1679 年，莱布尼兹发表了论文《二进制算术》，对二进制进行了充分的讨论，并建立了二进制的表示方法及运算。随着计算机的广泛应用，二进制进一步大显身手。计算机是用电子元器件的不同状态来表示不同的数码的，如果使用十进制就需要电子元器件能准确地呈现 10 种状态，这在技术上是很难实现的，而二进制数只有 2 个数码，只需 2 种状态就能实现。这正如一个开关只有开和关两种状态，如果用开表示 0、关表示 1，那么一个开关的两种状态就可以表示一个二进制数。由此我们不难想象，5 个开关就可以表示 5 个二进制数，这样运算起来就非常方便。

5.1.1　定点数的定义和表示

1．定点数的定义

几乎所有的计算机，以及包括 FPGA 在内的数字信号处理器件，数字和信号变量都是用二进制数来表示的。数字使用符号 0 和 1 来表示，称为比特（Binary Digit，bit）。其中，二进制数的小数点将数字的整数部分和小数部分分开。为了与十进制数的小数点符号相区别，使用符号 Δ 来表示二进制数的小数点。例如，十进制数 11.625 用二进制表示为 1011Δ101，二进制数小数点左边的四位 1011 代表整数部分，小数点右边的三位 101 代表数字的小数部分。对于任意二进制数来讲，均可由 B 个整数位和 b 个小数位组成，即

$$a_{B-1}a_{B-2}\cdots a_1 a_0 \Delta a_{-1}a_{-2}\cdots a_{-b} \tag{5-1}$$

其对应的十进制数 D（假设该二进制数为正数）表示为

$$D = \sum_{i=-b}^{B-1} a_i 2^i \tag{5-2}$$

式中，a_i 的值为 1 或 0。最左端的位 a_{B-1} 称为最高位（Most Significant Bit，MSB），最右端的位 a_{-b} 称为最低位（Least Significant Bit，LSB）。

表示一个数的一组数字称为字，而一个字包含的位数称为字长。字长的典型值是 2 的幂，如 8、16、32 等。字的大小通常用字节（Byte）来表示，1 个字节有 8 位。

2．定点数的表示

定点数是指小数点在数中的位置固定不变的二进制数。如果用 N 位表示正小数 η，则小数 η 的范围为

$$0 \leqslant \eta \leqslant (2^N-1)/2^N \tag{5-3}$$

在给定 N 的情况下，小数 η 的范围是固定的。

在数字处理中，定点数通常限制在−1～1 之间，把小数点规定在符号位和数据位之间，而把整数位作为符号位，分别用 0、1 来表示正、负，数的本身只有小数部分，即尾数。这是由于经过定点数乘法运算后，所得结果的小数点位置是不确定的，除非两个乘数都是小数或整数。对于加法运算来说，小数点的位置是固定的。这样，数 x 的定点数可表示为

$$x = a_{B-1}\Delta a_{B-2}\cdots a_1 a_0 \tag{5-4}$$

式中，a_{B-1} 为符号位；B 为数据的位宽，表示寄存器的长度。在定点数的整个运算过程中，所有运算结果的绝对值都不能超过 1，否则会出现溢出。但在实际问题中，运算的中间变量或结果的绝对值有可能超过 1，为使运算正确，通常对运算过程中的各数乘以一个比例因子，以避免溢出现象的发生。

5.1.2　定点数的三种形式

定点数有原码、反码和补码三种表示方法，这三种表示方法在 FPGA 设计中的使用十分普遍，下面分别进行介绍。

1. 原码表示法

原码表示法是指符号位加绝对值的表示法。如前所述，FPGA 中的定点数通常取绝对值小于 1，也就是说小数点通常位于符号位与尾数之间。符号位通常用 0 表示正号，用 1 表示负号。例如，二进制数$(x)_2 = 0\Delta110$ 表示十进制数$+0.75$，$(x)_2 = 1\Delta110$ 表示十进制数-0.75。如果已知原码各位的值，则它对应的十进制数可表示为

$$D = (-1)^{a_{B-1}}\sum_{i=-b}^{B-2} a_i 2^i \tag{5-5}$$

反过来，绝对值小于 1 的十进制数如何转换成 B 位的二进制数原码呢？利用 MATLAB 提供的十进制数转二进制数函数 dec2bin() 可以很容易获取转换结果。函数 dec2bin() 只能将正整数转换成二进制数，转换后的二进制数的小数点位于最后，也就是说，转换后的二进制数也为正整数。因此，对绝对值小于 1 的十进制数用函数 dec2bin() 转换之前需做一些简单的变换，即需要先将十进制小数乘以一个比例因子 2^{B-1}，并进行四舍五入取整。dec2bin() 函数的格式为

```
dec2bin(round(abs(D)*2^(B-1))+(2^(B-1))*(D<0),B);
```

需要说明的是，十进制数转二进制数存在量化误差，误差大小由二进制数的位数决定。

2. 反码表示法

正数的反码与原码相同。原码除符号位外的所有位取反，即可得到负数的反码。例如，十进制数-0.75 的二进制原码为$(x)_2 = 1\Delta110$，其反码为 $1\Delta001$。

3. 补码表示法

正数的补码、反码及原码完全相同。负数的补码与反码之间有一个简单的换算关系：补码等于反码在最低位加 1。例如，十进制数-0.75 的二进制原码为 $1\Delta110$，反码为 $1\Delta001$，补码为 $1\Delta010$。值得一提的是，如果将二进制数的符号位定在最右边，即二进制数表示整数，则负数的补码与其绝对值之间有一个简单的运算关系：将补码当成正整数，补码的整数值加上原码绝对值的整数值为 2^B。还是上面的例子，十进制数-0.75 的二进制数原码为 $1\Delta110$，反码为 $1\Delta001$，补码为 $1\Delta010$。补码 $1\Delta010$ 的符号位定在最右边，即当成正整数 1010Δ，对应的十进制数为 10；原码 $1\Delta110$ 的符号位定在最右边，取绝对值的整数 0110Δ，对应的十进数为 6，则 $10+6=16=2^4$。在二进制数的运算过程中，补码最重要的特性是减法可以用加法来实现。同

样，将十进制数转换成补码形式的二进制数也可以利用函数 dec2bin()完成，格式为

dec2bin(round(D*2^(B-1))+2^B*(D<0),B);

原码的优点是乘、除运算方便，无论正数还是负数，乘、除运算都一样，并以符号位决定结果的正、负号；若作加法则需要判断两个数的符号是否相同；若作减法，还需要判断两个数绝对值的大小，用大数减小数。补码的优点是加法运算方便，无论正数还是负数均可直接加，且符号位参与运算，如果符号位发生进位，则把进位的 1 去掉，余下的数即为运算结果。

4．原码与补码的运算对比

由于正数的原码和补码完全相同，因此对于加法运算来讲，原码和补码的运算方式也完全相同。补码的运算优势主要体现在减法上，我们以一个具体的例子来分析采用补码进行减法运算的优势。在进行分析之前要明确的是，在电路中进行比较、加法、减法等运算时，都需要占用相应的硬件资源，且需要耗费一定的时间，因此完成相同的运算，运算步骤越少，运算效率越高。

例如，对 4 位数 A 和 B 进行减法运算，如果采用原码进行运算，则首先需要比较 A 和 B 的大小（一次比较运算），然后用大数减去小数（一次减法运算），最后根据对符号位的判断和减法的结果得到最终结果（对数据符号位的判断和减法结果进行合并处理），一共需要 3 个步骤。另外，在程序中通常需要同时进行加法和减法运算，由于加法和减法运算的规则不同，因此电路中需要同时具备能进行加法和减法运算的硬件结构单元。如果采用补码进行运算，则只需要将所有的输入数据转换成补码，后续的加法和减法运算规则相同，不仅可以减少运算步骤，而且电路中仅需要能够进行加法运算的硬件结构单元即可，因此运算的效率更高。

假设 4 位数 A 的值为 6，B 的值为-5，则其二进制补码分别为 $A_补$（0110）、$B_补$（1011），按照二进制规则完成加运算，得到 10001，舍去最高位 1，取低 4 位，得到 0001，即十进制数 1，结果正确，运算过程如图 5-2（a）所示。假设 A 的值为-6，B 的值为 5，则其二进制补码分别为 $A_补$（1010）、$B_补$（0101），按照二进制规则完成加运算，得到 1111，即十进制数-1，结果正确，运算过程如图 5-2（b）所示。

```
  0110   (6)          1 0 1 0  (-6)
+ 1011   (-5)       + 0 1 0 1  (5)
[1]0001  (1)         1 1 1 1  (-1)
   (a)                  (b)
```

图 5-2　采用二进制补码进行加法运算的过程

从上面的例子可以看出，当采用补码时，无论加法运算还是减法运算，均可通过加法运算来实现，电路的设计是十分方便的。

5.1.3　浮点数表示

1．浮点数的定义及标准

浮点数是有理数中某特定子集的数的数字表示，在计算机中用来近似表示实数。具体而言，一个实数由一个整数或定点数（尾数）乘以某个基数的整数次幂得到，这种表示方法类似基数为 10 的科学记数法。

一个浮点数 A 可以用两个数 M 和 e 来表示，即 $A=M×b^e$。在任意这样的数字表示中，需要确定两个参数：基数 b（数的基）和精度 B（使用多少位来存储要表示的数）。M（尾数）

是 B 位二进制数，如果 M 的第一位是非 0 整数，则 M 称为规格化的数。一些数据格式使用一个单独的符号位 S 表示正或负，这样 M 必须是正的。e 在浮点数中表示基的指数，采用这种表示方法，可以在某个固定长度的存储空间内表示定点数无法表示的更大范围的数。此外，浮点数表示法通常还包括一些特别的数值，如+∞和–∞（正无穷大和负无穷大），以及 NaN（Not a Number）等。无穷大用于数太大而无法表示的场合，NaN 则表示非法操作或一些无法定义的结果。

大部分计算机采用二进制（$b=2$）的表示方法。位（bit）是衡量浮点数所需存储空间的单位，通常 32 位和 64 位数分别称为单精度数和双精度数。一些计算机支持更大的浮点数，例如，Intel 公司的浮点数运算单元 Intel 8087 协处理器（或集成了该协处理器的其他产品）可支持 80 位的浮点数，这种长度的浮点数通常用于存储浮点数运算的中间结果。还有一些系统支持 128 位的浮点数（通常用软件实现）。

在 IEEE 754 标准出现之前，业界并没有统一的浮点数标准，很多计算机制造商设计了自己的浮点数规则和运算细节。那时，运算的速度和简易性比数字的精确性更受重视，这给代码的可移植性造成了不小的困难。直到 1985 年，Intel 公司计划为它的 8086 微处理器引进一种浮点数协处理器时，聘请了加利福尼亚大学伯克利分校最优秀的数值分析家之一，William Kahan 教授，来为 8087 FPU 设计浮点数格式。William Kahan 又找来两个专家协助他，于是就有了 KCS 组合（Kahn Coonan and Stone），并共同完成了 Intel 浮点数格式的设计。

Intel 的浮点数格式完成得如此出色，以至于 IEEE 决定采用一个非常接近 KCS 的方案作为 IEEE 的标准浮点数格式。IEEE 于 1985 年制定了二进制浮点数运算标准（Binary Floating-Point Arithmetic）IEEE 754，该标准限定幂的底为 2，同年被美国引用为 ANSI 标准。目前，几乎所有计算机都支持该标准，大大改善了科学应用程序的可移植性。考虑到 IBM 370 系统的影响，IEEE 于 1987 年推出了与底数无关的二进制浮点数运算标准 IEEE 854，同年该标准被美国引用为 ANSI 标准。1989 年，IEC 批准 IEEE 754/854 为国际标准 IEC 559:1989，后来经修订，标准号改为 IEC 60559。

2. 单精度浮点数格式

IEEE 754 标准定义了浮点数的格式，包括部分特殊数的表示（无穷大和 NaN），同时给出了对这些数进行浮点数操作的规定；制定了 4 种取整模式和 5 种例外（Exception），包括何时会产生例外，以及具体的处理方法。

IEEE 754 规定了 4 种浮点数的表示格式：单精度（32 位浮点数）、双精度（64 位浮点数）、单精度扩展（≥43 位，不常用）、双精度扩展（≥79 位，通常采用 80 位实现）。事实上，很多计算机编程语言都遵从了这个标准（包括可选部分）。例如，C 语言在 IEEE 754 发布之前就已存在，现在它能完美支持 IEEE 754 标准的单精度浮点数和双精度浮点数的运算，虽然它早已有另外的浮点数实现方式。

单精度浮点数的格式如图 5-3 所示。

图 5-3　单精度浮点数的格式

符号位 S（Sign）占 1 位，0 代表正号，1 代表负号；指数 E（Exponent）占 8 位，取值范围为 0～255（无符号整数），实际数值 $e=E-127$，有时 E 也称移码，或不恰当地称为阶码（阶码实际应为 e）；尾数 M（Mantissa）占 23 位，也称有效数字位（Significant）或系数位（Coefficient），甚至称为小数。在一般情况下，$m=(1.M)_2$，实际的作用范围为 1≤尾数<2。为了对溢出进行处理，以及扩展对接近 0 的极小数值的处理能力，IEEE 754 对 M 做了一些额外规定。

（1）0 值：以指数 E、尾数 M 全零来表示 0 值。当符号位 S 变化时，实际存在正 0 和负 0 两个内部表示，其值都等于 0。

（2）$E=255$、$M=0$ 时，表示无穷大（Infinity 或 ∞），根据符号位 S 的不同，又有+∞、−∞。

（3）NaN：$E=255$、M 不为 0 时，表示 NaN（Not a Number，非数）。

浮点数所表示的具体值可用下式表示：

$$V = (-1)^S \times 2^{E-127} \times (1.M) \tag{5-6}$$

式中，尾数 1.M 中的 1 为隐藏位。

需要特别注意的是，虽然浮点数的表示范围及精度与定点数相比有了很大的改善，但浮点数毕竟也是以有限的位（如 32 位）来表示无限的实数集合，因此在大多数情况下是一个近似值。表 5-1 是单精度浮点数与实数的对应关系表。

表 5-1 单精度浮点数与实数的对应关系表

符号位 S	指数 E	尾数 M	实数 V
1	127（01111111）	1.5（10000000000000000000000）	−1.5
1	129（10000001）	1.75（11000000000000000000000）	−7
0	125（01111101）	1.75（11000000000000000000000）	0.4375
0	123（01111011）	1.875（11100000000000000000000）	0.1171875
0	127（01111111）	2.0（11111111111111111111111）	2
0	127（01111111）	1.0（00000000000000000000000）	1
0	0（00000000）	1.0（00000000000000000000000）	0

5.1.4 自定义浮点数的格式

与定点数相比，浮点数虽然可以表示更大范围、更高精度的实数，然而在 FPGA 中进行浮点数运算时却需要占用成倍的硬件资源。例如，在加法运算中，两个定点数直接相加即可，而浮点数的加法需要以下更繁杂的运算步骤。

（1）对阶操作：比较指数大小，对指数小的操作数的尾数进行移位，完成尾数的对阶操作。

（2）尾数相加：将对阶后的尾数进行加操作。

（3）规格化：规格化有效位并根据移位的方向和位数修改最终的阶码。

上述运算不仅会成倍地消耗 FPGA 内部的硬件资源，而且会大幅度降低系统的运算速度。对于浮点数的乘法来说，一般需要以下的运算步骤。

（1）指数相加：完成两个操作数的指数加法运算。

（2）尾数调整：将尾数 f 调整为 $1.f$ 的补码格式。

（3）尾数相乘：完成两个操作数的尾数相乘运算。

（4）规格化：根据尾数运算结果调整指数位，并对尾数进行舍入截位操作，规格化输出结果。

浮点数乘法器的运算速度主要由 FPGA 内部集成的乘法器决定。如果将 24 位的尾数修改为 18 位的尾数，则可在尽量保证运算精度的前提下最大限度地提高浮点乘法数运算的速度，同时可大量减少所需的乘法器资源（大部分 FPGA 内部的乘法器 IP 核均为 18 位×18 位的。2 个 24 位数的乘法操作需要占用 4 个 18 位×18 位的乘法器 IP 核，2 个 18 位数的乘法操作只需占用 1 个 18 位×18 位的乘法器 IP 核）。IEEE 标准中尾数设置的隐藏位主要考虑节约寄存器资源，而 FPGA 内部具有丰富的寄存器资源，如直接将尾数表示成 18 位的补码，则可去除尾数调整的运算，减少一级流水线操作。

根据 FPGA 内部的结构特点，可以定义一种新的浮点数格式，如图 5-4 所示，e 为 8 位有符号数（$-128 \leqslant e \leqslant 127$）；$f$ 为 18 位有符号小数（$-1 \leqslant f < 1$）。自定义浮点数所表示的具体值 V 可用下面的通式表示：

$$V = f \times 2^e \tag{5-7}$$

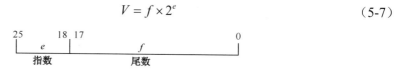

图 5-4　一种适合 FPGA 实现的浮点数格式

为便于数据规格化输出及运算，规定数值 1 的表示方法为指数为 0，尾数为 01_1111_1111_1111_1111；数值 0 的表示方法是指数为-128，尾数为 0。这种自定义浮点数格式与单精度浮点数格式的区别在于：自定义浮点数格式将原来的符号位与尾数合并成 18 位的补码格式定点小数，表示精度有所下降，可大大节约乘法器资源（由 4 个 18 位×18 位乘法器 IP 核减少到 1 个），从而有效减少运算步骤并提高运算速度（由二级 18×18 乘法运算减少到一级运算）。表 5-2 是几个自定义浮点数与实数的对应关系表。

表 5-2　几个自定义浮点数与实数的对应关系表

指数 e	尾数 f	实数 V
0(00000000)	0.5(010000000000000000)	0.5
2(00000010)	0.875(011100000000000000)	3.5
−1(11111111)	0.875(011100000000000000)	0.4375
−2(11111110)	1.0(011111111111111111)	0.25
1(00000001)	−0.5(110000000000000000)	−0.5
−2(11111110)	−1.0(100000000000000000)	−0.25
−128(10000000)	0(000000000000000000)	0

5.2 FPGA 中的四则运算

5.2.1 两个操作数的加法运算

如 5.1 节所述，FPGA 中的二进制数可以分为定点数和浮点数两种格式，虽然浮点数的加法和减法运算相对于定点数而言，运算步骤和实现难度都要复杂得多，但浮点数的加法和减法运算仍然是通过将浮点数分解为定点数运算及移位等步骤来实现的。因此，本节只对定点数运算进行分析。

在进行 FPGA 设计时，常用的硬件描述语言是 VHDL 和 VHDL，本书使用的是 VHDL，因此本节只介绍 VHDL 对定点数的运算及处理方法。

VHDL 中最常用的数据类型是 signal。当需要进行数据运算时，VHDL 如何判断二进制数的小数位、有符号数表示形式等信息呢？在 VHDL 中，所有二进制数均当成整数来处理，也就是说，小数点均在最低位的右边。其实，在 VHDL 中，定点数的小数点位可由程序设计者隐性标定。例如，对于两个二进制数 00101 和 00110，当进行加法运算时，VHDL 的编译器按二进制规则逐位相加，结果为 01011。如果设计者将这两个二进制数看成无符号整数，则表示 5+6=11；如果将这两个二进制数的小数点放在最高位与次高位之间，即 0Δ0101、0Δ0110，则表示 0.3125+0.375=0.6875。

需要注意的是，与十进制数运算规则相同，在进行二进制数的加法和减法运算时，参与运算的两个二进制数的小数点位置必须对齐，且结果的小数点位置也必须相同。仍然以上面的两个二进制数（00101 和 00110）为例进行说明，在进行加法运算时，如果这两个二进制数的小数点位置不同，分别为 0Δ0101、00Δ110，则其代表的十进制数分别为 0.3125 和 0.75。如果这两个二进制数不经过处理直接相加，则 VHDL 的编译器会按二进制数运算的规则逐位相加，其结果为 01011。如果小数点位置与第一个二进制数相同，则表示 0.6875；如果小数点位置与第二个二进制数相同，则表示 1.375，显然结果不正确。为了保证运算的正确性，需要在第二个二进制数的末位后补 0，即 00Δ1100，使得两个二进制数的小数部分的位宽相同，这时再直接相加两个二进制数，可得到 01Δ1001，对应的十进制数为 1.0625，结果正确。

如果设计者将参与运算的二进制数看成无符号整数，则不需要进行小数位扩展，因为 VHDL 的编译器会自动将参加运算的二进制数的最低位对齐后进行运算。

VHDL 如何表示负数呢？例如，二进制数 1111，在程序中是表示 15，还是-1？在前面介绍 VHDL 语言时提到过，程序的起始部分是 library 及 package 声明。在新建 VHDL 资源文件时，如果程序中声明了 "use IEEE.STD_LOGIC_UNSIGNED.ALL;"，即声明了使用 STD_LOGIC_UNSIGNED 程序包。其中，UNSIGNED 这个关键词表示程序中使用无符号数据运算程序包，也就是说，文件中将所有二进制数都当作无符号数处理；如果需要在程序中将二进制数据当作有符号数运算，则只需将 UNSIGNED 改为 SIGNED 即可。这里说的无符号数是指所有二进制数均是正整数，对于 B 位二进制数

$$x = a_{B-1}a_{B-2}...a_1a_0 \tag{5-8}$$

将其转换成十进制数，可得

$$D = \sum_{i=0}^{B-1} a_i 2^i \qquad\qquad (5\text{-}9)$$

有符号数则是指所有二进制数均是补码形式的整数，对于前述 B 位的二进制数，将其转换成十进制数，可得

$$D = \sum_{i=0}^{B-1} a_i 2^i - 2^B \times a_{B-1} \qquad\qquad (5\text{-}10)$$

有读者可能要问，如果在设计文件中要同时使用有符号数和无符号数进行运算，那么该怎么办呢？可以在程序包声明时设置为 UNSIGNED，然后在需要进行有符号数运算时，用关键字 SIGNED 指明操作数为有符号数。为了更好地说明 VHDL 对二进制数的判断方法，我们来看一个具体的实例。

实例 5-1：在 VHDL 中同时使用有符号数和无符号数进行运算

在 QuartusII 13.1 中编写 VHDL 程序文件，在该文件中同时使用有符号数和无符号数参与运算，并进行仿真。

该程序文件十分简单，这里直接给出文件代码。

```
library IEEE;
use IEEE.STD_LOGIC_1164.ALL;
use IEEE.STD_LOGIC_ARITH.ALL;
use IEEE.STD_LOGIC_UNSIGNED.ALL;

entity SymbExam is
port    (d1              : in std_logic_vector(3 downto 0);
         d2              : in std_logic_vector(3 downto 0);
         signed_out      : out std_logic_vector(3 downto 0);
         unsigned_out    : out std_logic_vector(3 downto 0));
end SymbExam;

architecture Behavioral of SymbExam is
begin

        signed_out <= signed(d1) + signed(d2);
        unsigned_out <= d1 + d2;


end Behavioral;
```

图 5-5 所示为该程序的 RTL（寄存器传输级）原理图，从图中可以看出 signed_out、unsigned_out 分别以有符号数和无符号数的形式进行相加后的结构，两种加法运算的结果实际上是一个信号，且加法器并没有标明是否为有符号数运算。

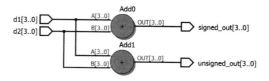

图 5-5　有符号数和无符号数加法的 RTL 原理图

图 5-6 所示为该程序的仿真波形图，从图中可以看出，signed_out 及 unsigned_out 的输出结果完全相同，这是什么原因呢？相同的输入数据，分别进行无符号数运算和有符号数运算的结果居然没有任何区别！既然如此，何必在程序中区分有符号数和无符号数呢？原因其实十分简单，对于加法和减法运算，无论有符号数还是无符号数参与运算，其结果均完全相同，因为二进制的运算规则是完全相同的。如果将二进制数转换成十进制数，就可以看出两者的差别了。有符号数和无符号数加法运算结果举例如表 5-3 所示。

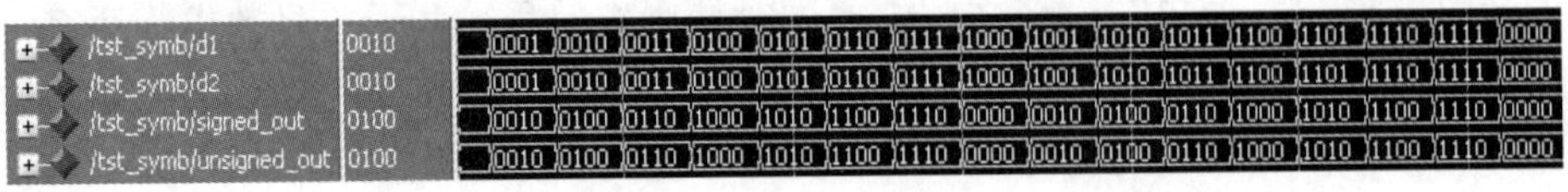

图 5-6　有符号数和无符号数加法的仿真波形图

表 5-3　有符号数和无符号数加法运算结果举例

输入 d_1、d_2	无符号十进制数	有符号十进制数	二进制运算结果数	无符号十进制数	有符号十进制数
0000、0000	0、0	0、0	0000	0	0
0001、0001	1、1	1、1	0010	2	2
0010、0010	2、2	2、2	0100	4	4
0011、0011	3、3	3、3	0110	6	6
0100、0100	4、4	4、4	1000	8	-8（溢出）
0101、0101	5、5	5、5	1010	10	-6（溢出）
0110、0110	6、6	6、6	1100	12	-4（溢出）
0111、0111	7、7	7、7	1110	14	-2（溢出）
1000、1000	8、8	-8、-8	0000	0（溢出）	-8（溢出）
1001、1001	9、9	-7、-7	0010	2（溢出）	-14（溢出）
1010、1010	10、10	-6、-6	0100	4（溢出）	-12（溢出）
1011、1011	11、11	-5、-5	0110	6（溢出）	-10（溢出）
1100、1100	12、12	-4、-4	1000	8（溢出）	-8
1101、1101	13、13	-3、-3	1010	10（溢出）	-6
1110、1110	14、14	-2、-2	1100	12（溢出）	-4
1111、1111	15、15	-1、-1	1110	14（溢出）	-2

分析表 5-3，结合二进制数的运算规则可以得出以下结论。

（1）B 位二进制数，当成无符号整数时，表示的范围为 $0 \sim 2^B-1$；当成有符号整数时，表示的范围为 $-2^{B-1} \sim 2^{B-1}-1$。

（2）如果二进制数的表示范围没有溢出，将运算数据均看成无符号数或有符号数，则运算结果正确。

（3）两个 B 位二进制数进行加法或减法运算，若要运算结果不溢出，则需要 $B+1$ 位存放运算结果。

（4）两个二进制数进行加法或减法运算，只要输入数据相同，不论有符号数还是无符号数，其运算结果的二进制数完全相同。

虽然在二进制数的加法和减法运算中，不论有符号数还是无符号数，两个二进制数的运算结果的二进制形式完全相同，但在 VHDL 中，仍然有必要根据设计需要采用关键字 SIGNED 对信号进行声明。例如，在进行比较运算时，对于无符号数，1000 大于 0100；对于有符号数，1000 小于 0100。

5.2.2　多个操作数的加法运算

在实际的工程设计中，经常会遇到多于两个操作数的加法运算（由于补码的加法和减法运算相同，因此仅讨论加法运算）。

基于二进制数位宽的限制，每个固定位宽的二进制数所能表示的范围是有限的，要完成多个操作数的加法运算，存放运算结果的数据位宽必须能够表示运算的结果。例如，两个 10 位有符号数 A 和 B 进行加法运算，则运算结果的最小值为 -2^{10}，运算结果的最大值为 $2^{10}-1$，因此需要用 11 位数（表示范围为 $-2^{10} \sim 2^{10}-1$）来表示。依次类推，如果有 3～4 个 10 位有符号数进行加法运算，则需要用 12 位数表示运算结果；如果有 5～8 个 10 位有符号数进行加法运算，需要用 13 位数表示运算结果。

在 FPGA 设计中还经常遇到一类情况，例如，有 3 个 4 位数参与加法运算，前两个数的加法结果需要用 5 位数存储，但通过设计能保证最终的运算结果范围为 $-8 \sim 7$，即只需用 4 位数表示，在设计电路时，是否需要采用 5 位数存储中间运算结果呢？在进行 FPGA 设计时，增加位宽意味增加寄存器资源，而工程师总是希望尽量用最少的逻辑资源完成设计的。

为了弄清楚这个问题，我们通过具体的例子来验证一下。假设 3 个 4 位数进行加法运算，即 $A=7$、$B=3$、$C=-4$，$A+B+C=6$。根据二进制数的运算规则，首先计算 $D=A+B=10$，如果中间结果也用 4 位数表示，则结果为 -6（去掉最高位），即 $D=-6$，再计算 $D+C=E=-10$，由于结果用 4 位数表示，去掉最高位的符号位，值为 6，即 $E=6$，结果正确。上述运算过程如图 5-7 所示。

```
  0111 (7)          1010 (-6)
+ 0011 (3)        + 1100 (-4)
─────────         ────────────
  1010 (-6)       1 0110 (6)
    (a)                (b)
```

图 5-7　3 个 4 位数进行加法运算

从运算结果看，如果采用补码进行运算，即使中间运算结果需要用 5 位数表示，只要最终结果仅需用 4 位数表示，则在实际电路设计时，中间运算结果仅用 4 位数表示最终也能得到正确的结果。

虽然上面的例子只是一个特例，但得出的结论可以推广到一般情况，即当多个数进行加法运算时，如果最终的运算结果需要用 N 位数表示，则整个运算过程，包括中间运算结果均可用 N 位数表示，无须考虑中间变量运算溢出的问题。

5.2.3　采用移位相加法实现乘法运算

加法和减法运算在数字电路中的实现相对较为简单，在采用综合工具进行设计综合时，RTL 电路图中的加法和减法运算会被直接综合成加法器或减法器。乘法运算在其他软件编程语言中的实现也十分简单，而用门电路、加法器、触发器等基本逻辑单元实现乘法运算却不是一件容易的事。在使用 Xilinx 公司的 FPGA/CPLD 进行设计时，如果选用的目标器件（如 FPGA）内部集成了专用的乘法器 IP 核，则 VHDL 中的乘法运算在综合成电路时将直接综合成乘法器，否则综合成由 LUT 等基本元件组成的乘法电路。与加法和减法运算相比，乘法器需要占用成倍的硬件资源。当然，在实际 FPGA 工程设计中，需要用到乘法运算时，可以尽量使用 FPGA 中的乘法器 IP（Intellectual Property，知识产权）核，这种方法不仅不需要占用硬件资源，还可以达到很高的运算速度。

FPGA 中的乘法器 IP 核是十分有限的，而乘法运算本身又比较复杂，在采用基本逻辑单元按照乘法运算规则实现乘法运算时占用的硬件资源较多。在 FPGA 设计中，乘法运算可分为信号与信号的乘法运算，以及常数与信号的乘法运算。信号与信号的乘法运算通常只能使用乘法器 IP 核来实现，常数与信号的乘法运算可以通过移位、加法、减法运算来实现。例如，信号 A 与常数的乘法运算为

$$A \times 16 = A \text{ 左移 4 位}$$
$$A \times 20 = A \times 16 + A \times 4 = A \text{ 左移 4 位} + A \text{ 左移 2 位}$$
$$A \times 27 = A \times 32 - A \times 4 - A = A \text{ 左移 5 位} - A \text{ 左移 2 位} - A$$

需要注意的是，由于乘法运算结果的位宽比乘数的位宽大，因此在通过移位、加法和减法运算实现乘法运算前，需要扩展数据位宽，以避免出现数据溢出现象。

5.2.4 采用移位相加法实现除法运算

在 ISE14.7 的 VHDL 编译环境中，除法、指数、求模、求余等运算均无法在 VHDL 中直接进行。实际上，通过基本逻辑单元构建这几种运算也是十分复杂的工作。如果要用 VHDL 实现这些运算，一种方法是使用 ISE14.7 提供的 IP 核或使用商业 IP 核；另一种方法是将这几种运算分解成加法、减法、移位等运算来实现。

Xilinx 的 FPGA 一般提供除法器 IP 核。对于信号与信号的除法运算，最好采用 ISE14.7 提供的除法器 IP 核；对于除数是常量的除法运算，则可以采用分解为加法、减法、移位运算来实现。下面是一些信号 A 与常数进行除法运算例子。

$$A \div 2 \approx A \text{ 右移 1 位}$$
$$A \div 3 \approx A \times (0.25 + 0.0625 + 0.0156) \approx A \text{ 右移 2 位} + A \text{ 右移 4 位} + A \text{ 右移 6 位}$$
$$A \div 4 \approx A \text{ 右移 2 位}$$
$$A \div 5 \approx A \times (0.125 + 0.0625 + 0.0156) \approx A \text{ 右移 3 位} + A \text{ 右移 4 位} + A \text{ 右移 6 位}$$

需要说明的是，常数乘法运算通过左移运算可以得到准确的结果，而除数是常数的除法运算却不可避免地存在误差。采用分解方法的除法运算只能得到近似正确的结果，且分解运算的项数越多，精度越高。这是由 FPGA 的有限字长效应引起的。

5.3 有效数据位的计算

5.3.1 有效数据位的概念

众所周知，在 FPGA 中，每个数据都需要相应的寄存器来存储，参与运算的数据的位越多，所占用的硬件资源也越多。为了确保运算结果的正确性，或者尽量获取更高的运算精度，通常不得不增加相应的数据位。因此，为了确保硬件资源的有效利用，在工程设计中，准确掌握运算中有效数据位的长度，尽量减少无效数据位参与运算，可避免浪费宝贵的硬件资源。

所谓有效数据位，是指表示有用信息的数据位。例如，有符号二进制整数 001，只需要用 2 位数 01 即可正确表示，最高位的符号位其实没有表示任何信息。

5.3.2　加法运算中的有效数据位

前文讨论多个数的加法运算时，已涉及有效数据位的问题，这对 FPGA 设计具有十分重要的意义，接下来讨论有效数据位与数据溢出之间的关系。

先考虑 2 个二进制数的加法运算。对于补码来说，加法和减法运算的规则相同，因此只讨论加法运算。假设位宽较大的数的位数为 N，则加法运算结果需要用 $N+1$ 位才能保证运算结果不溢出。也就是说，2 个 N 位二进制数（另一个数的位宽也可以小于 N）进行加法运算，运算结果的有效数据位的长度为 $N+1$。如果运算结果只能采用 N 位数表示，那么如何对结果进行截位呢？截位后如何保证运算结果的正确性呢？下面我们以具体的例子来进行分析。

例如，2 个 4 位二进制数 d_1、d_2 进行加法运算，d_1、d_2 的有效数据位截位与加法运算结果的关系如表 5-4 所示。

表 5-4　d_1、d_2 的有效数据位截位与加法运算结果的关系

d_1、d_2（二进制）	对应有符号十进制数	取全部有效位的运算结果	取低 4 位的运算结果	取高 4 位的运算结果
0000、0000	0、0	00000（0）	0	0
0001、0001	1、1	00010（2）	2	1
0010、0010	2、2	00100（4）	4	2
0011、0011	3、3	00110（6）	6	3
0100、0100	4、4	01000（8）	−8（溢出）	4
0101、0101	5、5	01010（10）	−6（溢出）	5
0110、0110	6、6	01100（12）	−4（溢出）	6
0111、0111	7、7	01110（14）	−2（溢出）	7
1000、1000	−8、−8	10000（−16）	−8（溢出）	−8
1001、1001	−7、−7	10010（−14）	−14（溢出）	−7
1010、1010	−6、−6	10100（−12）	−12（溢出）	−6
1011、1011	−5、−5	10110（−10）	−10（溢出）	−5
1100、1100	−4、−4	11100（−8）	−8	−4
1101、1101	−3、−3	11010（−6）	−6	−3
1110、1110	−2、−2	11100（−4）	−4	−2
1111、1111	−1、−1	11110（−2）	−2	−1

分析表 5-4 中的运算结果可知，当 2 个 N 位二进制数进行加法运算时，需要 $N+1$ 位数才能获得完全准确的结果。如果采用 N 位数表示结果，则取低 N 位会产生溢出，得出错误结果；取高 N 位不会产生溢出，但运算结果不正确。

前面的分析实际上将数据均当成整数，也就是说小数点位置均位于最低位的右边。在数字信号处理中，定点数通常把数限制在−1～1，即把小数点规定在最高位和次高位之间。对于表 5-4 中的 d_1、d_2，考虑小数运算时，运算结果的小数点位置该如何确定呢？对比表 5-4 中的

数据，可以很容易地看出，如果采用 $N+1$ 位数表示运算结果，则小数点位于次高位的右边，不再是最高位的右边；如果采用 N 位数表示运算结果，则小数点位于最高位的右边。也就是说，运算前后小数点右边的数据位数（小数位数）是恒定不变的。实际上，在 VHDL 中，如果 2 个 N 位数进行加法运算，为了得到 $N+1$ 位准确结果，必须先对参加运算的数进行 1 位符号位的扩展。

5.3.3　乘法运算中的有效数据位

与加法运算一样，乘法运算中的乘数均采用补码表示（有符号数），这也是 FPGA 中最常用的数据表示方式。对于 2 个 4 位二进制数 d_1、d_2，其有效数据位截位与乘法运算结果的关系如表 5-5 所示。

表 5-5　d_1、d_2 的有效数据位截位与乘法运算结果的关系

d_1、d_2（二进制数）	对应有符号十进制数	取全部有效位的运算结果	小数点在次高位右边时的运算结果
0000、0000	0、0	00000000(0)	00000000
0001、0001	1、1	00000001(1)	00000001
0010、0010	2、2	00000100(4)	00000100
0011、0011	3、3	00001001(9)	00001001
0100、0100	4、4	00010000(16)	00010000
0101、0101	5、5	00011001(25)	00011001
0110、0110	6、6	00100100(36)	00100100
0111、0111	7、7	00110001(49)	00110001
1000、1000	−8、−8	01000000(64)	01000000（此时溢出）
1001、1001	−7、−7	00110001(49)	00110001
1010、1010	−6、−6	00100100(36)	00100100
1011、1011	−5、−5	00011001(25)	00011001
1100、1100	−4、−4	00010000(16)	00010000
1101、1101	−3、−3	00001001(9)	00001001
1110、1110	−2、−2	00000100(4)	00000100
1111、1111	−1、−1	00000001(1)	00000001

从表 5-5 可以得出以下运算规律。

（1）当字长（位宽）分别为 M、N 的数进行乘法运算时，需要用 $M+N$ 位数才能得到准确的结果。

（2）对于乘法运算，不需要通过扩展位数来对齐乘数的小数点位置。

（3）当乘数为小数时，乘法结果的小数位数等于两个乘数的小数位数之和。

（4）当需要对乘法运算结果进行截位时，为了保证得到正确的结果，只能保留高位数据而舍去低位数据，这样相当于降低了运算结果的精度。

（5）只有当两个乘数均为所能表示的最小负数（最高位为 1，其余位均为 0）时，才可能出现最高位与次高位不同的情况。也就是说，只有在这种情况下，才需要 $M+N$ 位数来存放准

确的最终结果；在其他情况下，实际上均有两位相同的符号位，只需要 $M+N-1$ 位数即可存放准确的运算结果。

在 ISE14.7 中，乘法器 IP 核在选择输出数据位数时，如果选择全精度运算，则会自动生成 $M+N$ 位运算结果。在实际工程设计中，如果预先知道某位乘数不可能出现最小负值，或者通过一些控制手段出现最小负值的情况，则完全可以只用 $M+N-1$ 位数来存放运算结果，从而节约 1 位寄存器资源。如果乘法运算只是系统的中间环节，则后续的每个运算步骤均可节约 1 位寄存器资源。

5.3.4　乘加运算中的有效数据位

前面讨论运算结果的有效数据位时，是参加运算的数均是变量的情况。在数字信号处理中，通常会遇到乘加运算，一个典型的例子是有限脉冲响应（Finite Impulse Response，FIR）滤波器的设计。当滤波器系数是常量时，最终运算结果的有效数据位需要根据常量的大小来重新计算。

比如，需要设计一个 FIR 滤波器

$$H(z) = \sum_{n=0}^{N-1} h(n)z^{-n} = h(0) + h(1)z^{-1} + \cdots + h(N-1)z^{-(N-1)} \tag{5-11}$$

假设滤波器系数为 $h(n)$ = [13，−38，74，99，99，74，−38，13]，输入数据为 N 位二进制数，则滤波器输出至少需要采用多少位来准确表示呢？要保证运算结果不溢出，我们需要计算滤波器输出的最大值，并以此推算输出的有效数据位。方法其实十分简单，只需要计算所有滤波器系数绝对值之和，再计算表示该绝对值之和所需的最小无符号二进制数的位宽 n，则滤波器输出的有效数据位为 $N+n$。对于这个例子，可知滤波器绝对值之和为 448，因此至少需要用 9 位二进制数表示，即 $n = 9$。

5.4　有限字长效应

5.4.1　有限字长效应的产生因素

数字信号处理的实质是数值运算，这些运算可以在计算机上通过软件实现，也可以用专门的硬件实现。无论采用哪种实现方式，数字信号处理系统的一些系数、信号序列中的各数值，以及运算结果等，都要以二进制数的形式存储在有限字长的存储单元中。如果处理的是模拟信号，如常用的采样信号处理系统输入的模拟信号，经过 A/D 转换后变成有限字长的数字信号，有限字长的数就是有限精度的数。因此，具体实现中往往难以保证原设计精度而产生误差，甚至导致错误的结果。在数字信号处理系统中，以下三种因素会引起误差。

（1）A/D 转换器在把输入的模拟信号转换成一组离散电平时产生量化效应。

（2）在用有限位的二进制数表示数字信号处理系统的系数时产生量化效应。

（3）在数字运算过程中，为了限制位数进行的尾数处理，以及为了防止溢出而压缩信号电平，产生有限字长效应。

引起这些误差的根本原因在于寄存器（存储单元）的字长是有限的。误差的特性与系统的类型、结构形式、数字的表示法、运算方式及字长有关。在计算机中，字长较长，量化步长很小，量化误差不大，因此用计算机实现数字信号处理系统时，一般无须考虑有限字长效应；但采用专用硬件（如 FPGA）实现数字信号处理时，其字长较短，就必须考虑有限字长效应。

5.4.2　A/D 转换器的有限字长效应

从功能上讲，A/D 转换器可简单地分为采样和量化两部分，采样将模拟信号变成离散信号，量化将采样值用有限字长表示。采样频率的选取将直接影响 A/D 转换器的性能，根据奈奎斯特定理，采样频率至少需要大于或等于信号最高频率的 2 倍，才能从采样后的离散信号中无失真地恢复原始的模拟信号，且采样频率越高，A/D 转换器的性能越好。量化效应可以等效为输入信号为有限字长的数字信号。A/D 转换器的等效模型如图 5-8 所示。

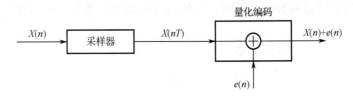

图 5-8　A/D 转换器的等效模型

根据图 5-8 所示的模型，量化后的取值可以表示成精确采样值和量化误差的和，即

$$\hat{x}(n) = Q[x(n)] = x(n) + e(n) \tag{5-12}$$

该模型基于以下几个假设。

（1）$e(n)$ 是一个平稳随机采样序列。

（2）$e(n)$ 具有等概分布特性。

（3）$e(n)$ 是一个白噪声信号过程。

（4）$e(n)$ 和 $x(n)$ 是不相关的。

由于 $e(n)$ 具有等概分布特性，因此舍入的概率分布如图 5-9（a）所示，补码截位的概率分布如图 5-9（b）所示，原码截位的概率分布如图 5-9（c）所示。

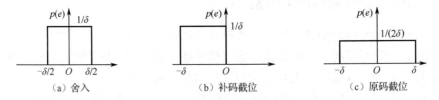

图 5-9　舍入、补码截位和原码截位的概率分布

误差信号的均值和方差如下所述。

（1）舍入时：均值为 0，方差为 $\delta^2/2$。

（2）补码截位时：均值为 $-\delta/2$，方差为 $\delta^2/12$。

（3）原码截位时：均值为 0，方差为 $\delta^2/3$。

这样，量化过程可以等效为在无限精度的数上叠加一个噪声信号，其中，舍入操作得到的信噪比，即量化信噪比的表达式为

$$\text{SNR}_{A/D} = 10\lg\left(\frac{\delta_x^2}{\delta_e^2}\right) = 10\lg(12 \times 2^{2L}\delta_x^2) = 6.02B + 10.79 + 10\lg\delta_x^2 \qquad (5\text{-}13)$$

从式（5-13）可以看出，舍入后的字长每增加 1 位，SNR 约增加 6 dB。那么，在数字信号处理系统中是否字长选取得越长越好呢？其实，在选取 A/D 转换器的字长时主要考虑两个因素：输入信号本身的信噪比，以及系统实现的复杂度。输入信号本身具有一定的信噪比，当字长增加到 A/D 转换器的量化噪声比输入信号的噪声电平更低时，就没有意义了。随着 A/D 转换器字长的增加，实现数字信号处理系统的复杂程度也会急剧增加，当采用 FPGA 等可编程硬件实现数字信号处理系统时，这一问题尤为突出。

5.4.3 数字滤波器系数的有限字长效应

数字滤波器是数字信号处理研究的基本内容之一，本书后续章节会专门针对数字滤波器的 FPGA 设计进行详细的讨论。这里先介绍有限字长效应对数字滤波器设计的影响。在数字滤波器的设计中，有限字长效应的影响主要表现在两个方面：数字滤波器的系数量化效应，以及数字滤波器运算中的有限字长效应。参考文献[1]对有限字长效应在数字滤波器设计中的影响进行了详细的理论分析。对于工程设计与实现来讲，虽然无须了解严谨的理论推导过程，但起码应该了解有限字长效应对系统设计的定性影响，以及相应的指导性结论，并在实际工程设计中最终通过仿真来确定最佳的运算字长。

在设计常用的 FIR（Finite Impulse Response，有限脉冲响应）或 IIR（Infinite Impulse Response，无限脉冲响应）滤波器时，按理论或由 MATLAB 设计的数字滤波器的系数是无限精度的。但在实际工程实现时，数字滤波器的所有系数都必须用有限位数的二进制数来表示，并存放在存储单元中，即对理想的系数进行量化。我们知道，数字滤波器的系数直接决定了系统函数的零点位置、极点位置和频率响应，因此，由于实际数字滤波器系数存在误差，必将使数字滤波器的零点位置和极点位置发生偏移，频率响应发生变化，从而影响数字滤波器的性能，甚至严重到使单位圆内的极点位置偏移到单位圆外，造成数字滤波器的不稳定。系数量化对数字滤波器性能的影响和字长有关，也与数字滤波器结构有关。分析各种结构的数字滤波器系数量化的影响比较复杂，有兴趣的读者可参考文献[1]中的相关内容。下面给出一个实际的例子，通过 MATLAB 来仿真系数量化对数字滤波器性能的影响。

实例 5-2：采用 MATLAB 仿真二阶数字滤波器的频率响应

本实例采用 MATLAB 仿真二阶数字滤波器的频率响应，以及量化位数变化对极点产生的影响，画出 8 位量化与原系统的频率响应图，列表对比随量化位数变化而引起的系统极点位置变化。二阶数字滤波器的系统函数为

$$H(z) = \frac{0.05}{1 + 1.7z^{-1} + 0.745z^{-2}} \qquad (5\text{-}14)$$

本实例的 MATLAB 程序文件为 E5_2_QuantCoeff.m，代码如下。

```
%E5_2_QuantCoeff.m 程序清单
b=0.05;
a=[1,1.7,0.745];
```

```
%对数字滤波器系数进行归一化处理
m=max(max(b),max(a));
b1=b/m;
a1=a/m;

%对数字滤波器系数进行量化处理
Q=8;
b8=floor(b1*(2^(Q-1)-1));
a8=floor(a1*(2^(Q-1)-1));

N=2048;
xn=0:N-1;
xn=xn/N*2;                                          %频率归一化处理
dn=[1,zeros(1,N-1)];                                %产生单位采样序列

%计算原系统的频率响应
hn=filter(b,a,dn);                                  %计算原系统的单位脉冲响应
fn=10*log10(abs(fft(hn,N)));                        %计算原系统的频率响应
fn=fn-max(fn);                                      %对原系统的幅度进行归一化处理

%计算 8 位系数量化后的系统的频率响应
hn8=filter(b8,a8,dn);                               %计算量化后系统的单位脉冲响应
fn8=10*log10(abs(fft(hn8,N)));                      %计算量化后系统的频率响应
fn8=fn8-max(fn8);                                   %对量化后系统的幅度进行归一化处理

%绘制原系统的频率响应图
plot(xn(1:N/2),fn(1:N/2),'-',xn(1:N/2),fn8(1:N/2),'--');
xlabel('归一化频率（fs/2）');
ylabel('归一化幅度（dB）');
legend('原始系数','8 bit 量化后的系数');
grid on;

%计算系统系数量化前后的极点
s0=roots(a)
s8=roots(a8)
```

　　系数量化前后的系统频率响应图如图 5-10 所示，从图中可明显看出系数量化后系统的频率响应与原系统的频率响应的差别。系数量化前后的系统极点如表 5-6 所示，从表中可看出，随着量化位数的减小，极点值偏离原系统的极点值越来越大，对于该系统来说，当量化位数小于 7 时，系统的极点已在单位圆外，不再是一个稳定系统。

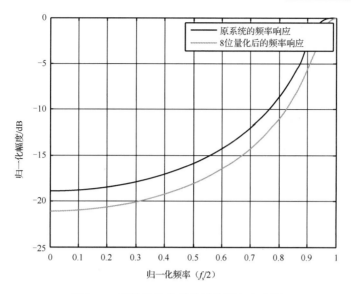

图 5-10 系数量化前后的系统频率响应图

表 5-6 系数量化前后的系统极点

量 化 位 数	极 点 值	量 化 位 数	极 点 值
原系统	$-0.8500\pm0.1500\mathrm{i}$	8	$-0.8581\pm0.0830\mathrm{i}$
12	$-0.8501\pm0.1496\mathrm{i}$	7	$-0.8514\pm0.0702\mathrm{i}$
11	$-0.8511\pm0.1452\mathrm{i}$	6	-1.0000 ± 0.7222
10	$-0.8517\pm0.1342\mathrm{i}$	5	-1.2965 ± 0.5785
9	$-0.8500\pm0.1323\mathrm{i}$	4	-1.0000 ± 0.7500

5.4.4 滤波器运算中的有限字长效应

对于二进制数的运算来说，虽然定点数的加法运算不会改变字长，但存在数据溢出的可能，因此需要考虑数据的动态范围；定点数的乘法运算存在有限字长效应，因为 2 个 B 位定点数相乘时，要保留所有的有效位就需要使用 $2B$ 位数，截位或舍入必定会引起有限字长效应；在浮点数运算中，乘法或加法运算均有可能引起尾数位的增加，因此也存在有限字长效应。一些读者可能会问，为什么不能通过增加字长来保证运算过程中不产生截位或舍入操作呢？这样虽然需要增加一些寄存器，但毕竟可以避免因截位或舍入而带来的运算精度下降，甚至运算错误啊！对于没有反馈结构的系统来说，这样理解未尝不可。对于数字滤波器或较复杂的系统来讲，通常存在反馈结构，每次闭环运算都会增加一部分字长，循环运算下去势必需要越来越多的寄存器，字长是单调增加的，也就是说，随着运算的持续，所需的寄存器是无限增加的。这样来实现一个系统，显然是不现实的。

考虑一个一阶数字滤波器，其系统函数为

$$H(z)=\frac{1}{1+0.5z^{-1}} \tag{5-15}$$

在无限精度运算的情况下，其差分方程为

$$y(n) = -0.5y(n-1) + x(n) \qquad (5\text{-}16)$$

在定点数运算中，每次乘法和加法运算后都必须对尾数进行舍入或截位处理，即量化处理，而量化过程是一个非线性过程，处理后相应的非线性差分方程变为

$$w(n) = Q[-0.5w(n-1) + x(n)] \qquad (5\text{-}17)$$

实例 5-3：采用 MATLAB 仿真一阶数字滤波器的输出响应

采用 MATLAB 仿真式(5-17)所表示的一阶数字滤波器的输出响应，输入信号为 $7\delta(n)/8$，$\delta(n)$ 为冲激信号。仿真原系统、2 位量化、4 位量化、6 位量化的输出响应，并画图进行对比说明。

本实例的 MATLAB 程序代码如下：

```
% E5_3_QuantArith.m 程序清单
x=[7/8 zeros(1,15)];
y=zeros(1,length(x));          %存放原系统运算结果
B=2;                           %量化位数
Qy=zeros(1,length(x));         %存放量化运算结果
Qy2=zeros(1,length(x));        %存放量化运算结果
Qy4=zeros(1,length(x));        %存放量化运算结果
Qy6=zeros(1,length(x));        %存放量化运算结果

%系统系数
A=0.5;
b=[1];
a=[1,A];

%未经过量化处理的运算
for i=1:length(x);
    if i==1
        y(i)=x(i);
    else
        y(i)=-A*y(i-1)+x(i);
    end
end

%经过 2 位量化处理的运算
for i=1:length(x);
    if i==1
        Qy(i)=x(i);
        Qy(i)=round(Qy(i)*(2^(B-1)))/2^(B-1);
    else
        Qy(i)=-A*Qy(i-1)+x(i);
        Qy(i)=round(Qy(i)*(2^(B-1)))/2^(B-1);
    end
end
Qy2=Qy;

B=4;
%经过 4 位量化处理的运算
```

```
for i=1:length(x);
    if i==1
        Qy(i)=x(i);
        Qy(i)=round(Qy(i)*(2^(B-1)))/2^(B-1);
    else
        Qy(i)=-A*Qy(i-1)+x(i);
        Qy(i)=round(Qy(i)*(2^(B-1)))/2^(B-1);
    end
end
Qy4=Qy;

B=6;
%经过 6 位量化处理的运算
for i=1:length(x);
    if i==1
        Qy(i)=x(i);
        Qy(i)=round(Qy(i)*(2^(B-1)))/2^(B-1);
    else
        Qy(i)=-A*Qy(i-1)+x(i);
        Qy(i)=round(Qy(i)*(2^(B-1)))/2^(B-1);
    end
end
Qy6=Qy;

%绘图显示不同量化位数的滤波结果
xa=0:1:length(x)-1;
plot(xa,y,'-',xa,Qy2,'--',xa,Qy4,'O',xa,Qy6,'+');
legend('原系统运算结果','2 bit 量化运算结果','4 bit 量化运算结果','6 bit 量化运算结果')
xlabel('运算次数');ylabel('滤波结果');
```

一阶数字滤波器量化运算的仿真结果如图 5-11 所示，可以看出，当采用无限精度进行运算时，输出响应逐渐趋近 0；经过量化处理后，输出响应在几次运算后在固定值处振荡，量化位数越小，振荡幅度就越大。

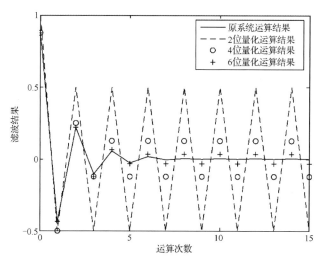

图 5-11　一阶数字滤波器量化运算的仿真结果

5.5　小结

本章的学习要点如下所述。

（1）二进制数有三种表示方式：原码、反码和补码。FPGA 中的数据有两种类型：无符号数和有符号数，其中无符号数指所有的数均为正数，有符号数用补码表示。

（2）由于二进制数的补码加法和减法运算规则相同，因此在 FPGA 中采用补码进行运算可以有效提高二进制数的运算效率。

（3）定点数的表示范围有限，在运算中需要采用较大范围内的数据时，可以采用浮点数格式进行运算。

（4）理解多个二进制数进行加法运算时，全精度运算所需的有效数据位。

（5）理解多个二进制数进行乘法运算时，全精度运算所需的有效数据位。

（6）理解多个二进制数进行乘法和加法运算时，全精度运算所需的有效数据位。

（7）理解数字信号处理系统在运算过程中的有限字长效应。

5.6　思考与练习

5-1　定点数有哪三种表示方法？

5-2　分别写出十进制数 100、−15、200、17、32 的原码、反码和补码（二进制数的位宽为 9）。

5-3　根据二进制数加法运算规则，写出 2 个 8 位二进制数补码 A（100）和 B（−200）进行加法运算的过程。

5-4　浮点数主要由哪几部分组成？单精度浮点数能够表示无限精度的实数吗？

5-5　请将实数 102.5 分别转换成单精度浮点数，以及 5.1.4 节中定义的浮点数。

5-6　已知 6 个二进制数补码进行加法运算，3 个操作数是 10 位的，另 3 个操作数是 11 位的。如果要确保运算结果不溢出，则运算结果最少需要多少位？

5-7　采用移位相加的法实现 $A×18$、$A×126$、$A×1026$。

5-8　采用移位相加的方法近似实现 $A/16$、$A/4$、$A/9$，要求运算误差小于 10%。

5-9　已知 FIR 滤波器的系统函数为

$$H(z) = \sum_{n=0}^{N-1} h(n)z^{-n} = h(0) + h(1)z^{-1} + \cdots + h(N-1)z^{-(N-1)}$$

数字滤波器的系数 $h(n)$ = [160，−308，64，90，−64，308，−160]，如果输入是 10 位二进制数，则最少需要采用多少位来准确表示数字滤波器的输出结果？

5-10　修改实例 5-2 的 MATLAB 程序，在一幅图中同时绘制原系统、10 位量化、6 位量化、4 位量化情况下的系统频率响应图，并分析对比量化位数对频率响应的影响。

第**6**章
典型 IP 核的应用

IP（Intellectual Property）核就是知识产权核，是一个个功能完备、性能优良、使用简单的功能模块。我们需要理解常用 IP 核的用法，在进行 FPGA 设计时可以直接使用 IP 核。

6.1 IP 核在 FPGA 中的应用

6.1.1 IP 核的一般概念

IP 核是知识产权核或知识产权模块的意思。美国著名的 Dataquest 咨询公司将半导体产业的 IP 核定义为"用于 ASIC 或 FPGA 中预先设计好的电路功能模块"。

由于 IP 核是经过验证的、性能及效率均比较理想的电路功能模块，因此在 FPGA 设计中具有十分重要的作用，尤其是一些较为复杂又十分常用的电路功能模块，如果使用相应的 IP 核，就会极大地提高 FPGA 设计的效率和性能。

在 FPGA 设计领域，一般把 IP 核分为软 IP 核（软核）、固 IP 核（固核）和硬 IP 核（硬核）三种。下面先来看看绝大多数著作或网站对这三种 IP 核的描述。

IP 核有行为（Behavior）级、结构（Structure）级和物理（Physical）级三种不同程度的设计，分别对应描述功能行为的软 IP 核（Soft IP Core）、描述结构的固 IP 核（Firm IP Core），以及基于物理描述并经过工艺验证的硬 IP 核（Hard IP Core），相当于集成电路（器件或部件）的毛坯、半成品和成品的设计。

软 IP 核是用 VHDL 或 VHDL 等硬件描述语言（HDL）描述的功能模块，并不涉及用什么具体电路元件实现这些功能。软 IP 核通常是以 HDL 文件的形式出现的，在开发过程中与普通的 HDL 文件十分相似，只是所需的开发软硬件环境比较昂贵。软 IP 核设计周期短、投入少，由于不涉及物理实现，为后续设计留有很大的发挥空间，增强了 IP 核的灵活性和适应性。软 IP 核的主要缺点是在一定程度上使后续的扩展功能无法适应整体设计，从而需要修正，在性能上也不可能获得全面的优化。由于软 IP 核是以代码的形式提供的，尽管代码可以采用加密方法，但软 IP 核的保护问题不容忽视。

硬 IP 核提供的是最终阶段的产品形式——掩模。硬 IP 核以经过完全布局布线的网表形式提供，既具有可扩展性，也可以针对特定工艺或购买商进行功耗和尺寸上的优化。尽管硬 IP 核缺乏灵活性，可移植性差，但由于无须提供寄存器传输级（RTL）文件，因此易于实现硬 IP 核保护。

固 IP 核则是软 IP 核和硬 IP 核的折中。大多数应用于 FPGA 的 IP 核均为软 IP 核，软 IP 核有助于用户调节参数并增强可复用性。软 IP 核通常以加密的形式提供，这样实际的 RTL 文件对用户是不可见的，但布局布线灵活。在加密的软 IP 核中，如果对软 IP 核进行了参数化，那么用户就可通过头文件或图形用户接口（GUI）方便地对参数进行操作。对于那些对时序要求严格的 IP 核（如 PCI 接口 IP 核），可预布线特定信号或分配特定的布线资源，以满足时序要求，这些 IP 核可归类为固 IP 核。由于固 IP 核是预先设计的代码模块，因此有可能影响包含该固 IP 核整体设计产品的功能及性能。由于固 IP 核的建立、保持时间和握手信号都可能是固定的，因此在设计其他电路时必须考虑与该固 IP 核之间的信号接口协议。

6.1.2　FPGA 设计中的 IP 核类型

对于 FPGA 应用设计来讲，用户只要了解所使用 IP 核的硬件结构及基本组成方式即可。据此，可以把 FPGA 中的 IP 核分为两个基本类型：基于 LUT 等逻辑资源封装的软 IP 核和基于固定硬件结构封装的硬 IP 核。

具体来讲，所谓软 IP 核，是指基本实现结构为 FPGA 中的 LUT、触发器等资源，用户在调用这些 IP 核时，其实是调用了一段 HDL（VHDL 或 VHDL）代码，以及已进行综合优化后的功能模块。这类 IP 核所占用的逻辑资源与用户自己编写 HDL 代码所占用的逻辑资源没有任何区别。

所谓硬 IP 核，是指基本实现结构为特定硬件结构的资源，这些特定硬件结构与 LUT、触发器等逻辑资源完全不同，是专用于特定功能的资源。在 FPGA 设计中，即使用户没用使用硬 IP 核，这些资源也不能用于其他场合。换句话讲，我们可以简单地将硬 IP 核看成嵌入 FPGA 中的专用芯片，如乘法器、存储器等。由于硬 IP 核具有专用的硬件结构，虽然功能单一，但通常具有更好的运算性能。硬 IP 核的功能单一，可满足 FPGA 设计时序的要求，以及与其他模块的接口要求，通常需要在硬 IP 核的基础上增加少量的 LUT 及触发器资源。用户在使用硬 IP 核时，应当根据设计需求，通过硬 IP 核的设置界面对其接口及时序进行设置。

在 FPGA 设计中，要实现一些特定的功能（如乘法器或存储器）时，既可以选择采用普通的 LUT 等逻辑资源来实现，也可以采用专用的硬 IP 核来实现。ISE14.7 的 IP 核生成工具通常会提供不同实现结构的选项，用户可以根据需要来选择。

用户该如何选择呢？如果选项过多，就会增加设计的难度。随着对 FPGA 结构理解的加深，当我们对设计需求的把握更加准确，或者具有更好的设计能力时，就会发现选项多了，会极大地增强设计的灵活性，更利于设计出完善的产品。例如，在 FPGA 设计中，有两个不同的功能模块都要用到多个乘法器，而 FPGA 中的乘法器是有限的，当所需的乘法器数量超出 FPGA 的乘法器数量时，将无法完成设计。此时，可以根据设计对运算速度及时序要求，将一部分乘法器用 LUT 等逻辑资源实现，一部分运算速度较高的功能采用乘法器实现，从而解决问题。

IP 核的来源主要有三种：Quartus II 13.1 已经集成的免费 IP 核、Intel 公司提供（需要付费）的 IP 核，以及第三方公司提供的 IP 核。在 FPGA 设计中，最常用的 IP 核是由 Quartus

Ⅱ13.1 软件直接提供的 IP 核。由于 FPGA 规模及结构的不同，不同 FPGA 所支持的 IP 核种类也不完全相同，每种 IP 核的数据手册都会给出所适用的 FPGA 型号。在进行 FPGA 设计时，应当先查看 Quartus Ⅱ 13.1 提供哪些 IP 核，以便尽量减少设计的工作量。

这里以 Intel 公司的低成本 Cyclone Ⅳ系列的 EP4CE15F17C8L 为例，查看该 FPGA 提供的 IP 核。

在工程中单击"Tools→MegaWizard Plug-In Manager"菜单，打开 IP 核创建方式界面，可选择"Create a new custom megafunction variation"（创建新的 IP 核）、"Edit an existing custom megafunction variation"（编辑已存在的 IP 核）及"Copy an existing custom megafunction variation"（复制已存在的 IP 核）单选按钮，如图 6-1 所示。

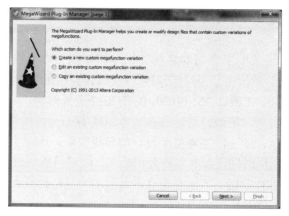

图 6-1　IP 核创建方式界面

这里选择"Create a new custom megafunction variation"单选按钮，单击"Next"按钮进入 IP 核选择界面，如图 6-2 所示。界面左侧列出了当前目标 FPGA 器件提供的 IP 核；在界面右侧的"Which type of output file do you want to create？"下（IP 核输出文件类型）可选择 IP 核接口代码的语言类型，包括"AHDL""VHDL"和"Verilog HDL"。

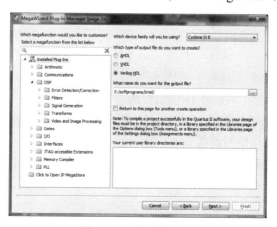

图 6-2　IP 核选择界面

由图 6-1 和图 6-2 所示界面可以发现，ISE14.7 提供的免费 IP 种类非常多，如数字信号处理 IP 核（Digital Signal Processing）、数学运算 IP 核（Math Functions）、存储器 IP 核（Memories

& Storage Elements）、视频和图像处理 IP 核（Video & Image Processing）等。接下来对本书使用的一些基本 IP 核的功能及用法进行介绍。

6.2 时钟管理 IP 核

6.2.1 全局时钟资源

在介绍时钟管理 IP 核之前，有必要先了解 FPGA 全局时钟资源的概念。全局时钟资源是指 FPGA 内部为实现系统时钟到达 FPGA 内部各 CLB、IOB，以及 BSRAM（Block Select RAM，选择性 BRAM）等基本逻辑单元的延时和抖动最小化采用全铜层工艺设计和实现的专用缓冲与驱动结构。

全局时钟资源的布线采用了专门的结构，比一般布线资源具有更高的性能，主要用于 FPGA 中的时钟信号布局布线。也正因为全局时钟资源具有特定结构和优异性能，FPGA 内的全局时钟资源十分有限，如 EP4CE15F17C8L 仅有 20 个全局时钟。

全局时钟资源是一种布线资源，且这种布线资源在 FPGA 内的物理位置是固定的，如果设计不使用这些资源的话，就不能提高整个设计的布线效率，因此全局时钟资源在 FPGA 设计中的使用十分普遍。全局时钟资源有多种使用形式，用户可以通过 Quartus Ⅱ 13.1 的语言模板查看全局时钟资源的各种原语。下面介绍几种典型的全局时钟资源示意图及使用方法。

1. IBUFG 和 IBUFGS

IBUFG 是与时钟输入引脚连接的首级全局缓冲，IBUFGS 是 IBUFG 的差分输入形式，如图 6-3 所示。

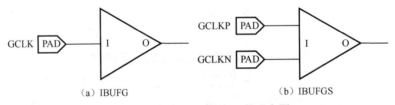

（a）IBUFG   （b）IBUFGS

图 6-3   IBUFG 和 IBUFGS 的示意图

值得特别注意的是，IBUFG 和 IBUFGS 的输入引脚必须直接与 FPGA 引脚相连，每个 IBUFG 和 IBUFGS 的输入引脚位置在 FPGA 中都是固定的。换句话说，只要是从芯片全局时钟引脚输入的信号，无论该信号是否为时钟信号，就必须由 IBUFG 或 IBUFGS 引脚输出，这是由 FPGA 内部的硬件结构决定的。还需注意的是，仅采用 IBUFG 或 IBUFGS 的时钟输出时，并不占用全局时钟布线资源，只有当 IBUFG 或 IBUFGS 与 BUFG 组合起来使用时才会占用全局时钟资源。

2. BUFG、BUFGCE 和 BUFGMUX

BUFG 是全局时钟缓冲器，BUFGCE 是 BUFG 带时钟使能端的形式，BUFGMUX 是具有选择输入端的 BUFG 形式，如图 6-4 所示。

BUFG 有两种使用方式：与 IBUFG 组合成 BUFGCE，以及 BUFG 的输入引脚连接内部逻辑信号、输出引脚连接全局时钟资源。因此，只要使用了 BUFG，就表示使用了 FPGA 的全局时钟资源。

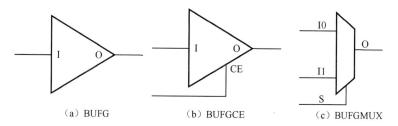

（a）BUFG　　　　　　　　（b）BUFGCE　　　　　　　（c）BUFGMUX

图 6-4　BUFG、BUFGCE 和 BUFGMUX 的示意图

6.2.2　利用 IP 核生成多路时钟信号

1．时钟锁相环 IP 核设计

实例 6-1：时钟锁相环 IP 核设计

已知 FPGA 的时钟引脚输入频率为 50 MHz 的时钟信号，要求利用时钟管理 IP 核生成 4 路时钟信号：第 1 路时钟信号的频率为 100 MHz，第 2 路时钟信号的频率为 50 MHz，第 3 路时钟信号的频率为 12.5 MHz，第 4 路时钟信号的频率为 75 MHz。

在 Quartus Ⅱ 13.1 中新建一个工程，打开新建 IP 核资源界面，设置资源文件名为"clock"，单击"I/O→ALTPLL"菜单，选择"VHDL"单选按钮，设置文件输出类型为 VHDL，单击"Next"按钮，打开时钟锁相环 IP 核设置界面，如图 6-5 所示。

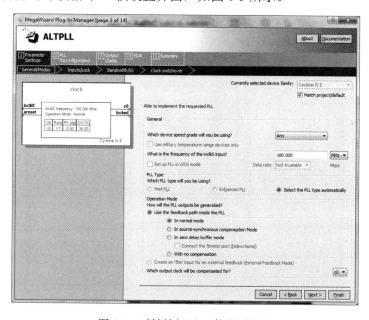

图 6-5　时钟锁相环 IP 核设置界面

在图 6-5 中，在 "What is the frequency of the inclk0 input?" 右侧的编辑框中设置时钟频率为 50 MHz，其他选项保持默认值，单击 "Next" 按钮，打开复位信号设置界面，如图 6-6 所示。

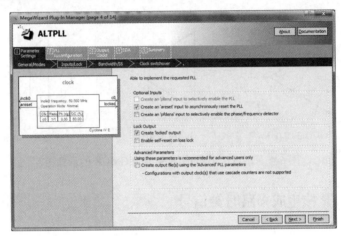

图 6-6　复位信号设置界面

勾选 "Create an 'areset' input to asynchronously reset the PLL" 复选框，以产生高电平有效的异步复位信号 areset；勾选 "Create 'locked' output"，以产生时钟环锁定指示信号 locked，高电平表示时钟 PLL 环锁定，输出的时钟信号处于稳定状态。如果不勾选这两个复选框，则不会在生成的 IP 核文件中产生对应的接口信号。

依次单击 "Next" 按钮，打开输出时钟频率设置界面，如图 6-7 所示。IP 核提供 2 种设置时钟频率的方式：直接输出时钟频率，以及设置 PLL 环倍频及分频比参数。选择 "Enter output clock frequency" 单选按钮，即采用直接输出时钟频率。在 "Requested Settings" 下方的编辑框中输入 100 MHz，设置输出频率为 100 MHz。

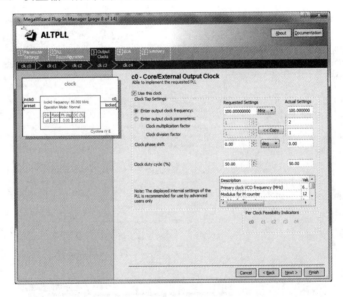

图 6-7　输出时钟频率设置界面

依次单击"Next"按钮，分别设置其他 3 路时钟频率为 50MHz、12.5MHz、75MHz，单击"Finish"按钮，完成时钟 PLL 参数设置。

返回 Quartus Ⅱ 13.1 主界面，在"Project Navigator"中单击"Files"，可以查看 IP 核的 VHDL 文件 clock.vhd，双击文件可查看 IP 核的接口。

从以下文件的接口声明部分可以看出，IP 核有 1 路时钟输入信号 areset，1 路高电平有效的异步复位信号 inclk0，4 路输出的时钟信号 c0、c1、c2、c3，以及 1 路时钟环路锁定信号 locked。

```
ENTITY clock IS
    PORT
    (
            areset      : IN STD_LOGIC   := '0';
            inclk0      : IN STD_LOGIC   := '0';
            c0          : OUT STD_LOGIC ;
            c1          : OUT STD_LOGIC ;
            c2          : OUT STD_LOGIC ;
            c3          : OUT STD_LOGIC ;
            locked      : OUT STD_LOGIC
    );
END clock;
```

2. 例化时钟 IP 核

仍然使用实例 6-1，新建 VHDL 文件 clock_top.vhd，在文件中例化 clock 核，代码如下。

```
library IEEE;
use IEEE.STD_LOGIC_1164.ALL;
use IEEE.STD_LOGIC_ARITH.ALL;
use IEEE.STD_LOGIC_UNSIGNED.ALL;

entity clock_top is
port (areset      : IN STD_LOGIC;
    inclk0      : IN STD_LOGIC;
    c0          : OUT STD_LOGIC ;
    c1          : OUT STD_LOGIC ;
    c2          : OUT STD_LOGIC ;
    c3          : OUT STD_LOGIC ;
    locked      : OUT STD_LOGIC );
end clock_top;

architecture Behavioral of clock_top is

    component clock
    port(
        areset      : IN STD_LOGIC;
        inclk0      : IN STD_LOGIC;
        c0          : OUT STD_LOGIC ;
        c1          : OUT STD_LOGIC ;
```

```
        c2          : OUT STD_LOGIC ;
        c3          : OUT STD_LOGIC ;
        locked      : OUT STD_LOGIC );
    end component;

begin

    u1: clock port map(
        areset => areset,
        inclk0 => inclk0,
        c0 => c0,
        c1 => c1,
        c2 => c2,
        c3 => c3,
        locked => locked
        );

end Behavioral;
```

3. 时钟管理 IP 核的功能仿真

仍然使用实例 6-1，在完成时钟 IP 核及顶层文件设计后，可以文件进行仿真测试。生成的测试激励文件为 clock_top.vht。测试激励文件只需要产生复位信号 areset 及时钟输入信号 inclk0，部分代码如下。

```
clk_process :process
begin
    inclk0 <= '0';
    wait for clk_period/2;
    inclk0 <= '1';
    wait for clk_period/2;
end process;

areset <= '0' after 100 ns;
```

运行 ModelSim 进行仿真，时钟 IP 核的功能仿真波形如图 6-8 所示。

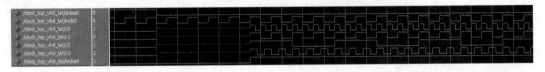

图 6-8　时钟管理 IP 核的功能仿真波形

从图 6-8 中可以看出，上电后 areset 为 1，为复位状态，此时 4 路输出信号均为低电平，locked 为低电平，表示时钟没有锁定。当 areset 为低电平后，前几个时钟周期内，4 路输出信号为不确定状态，locked 为低电平，之后输出稳定的 4 路时钟信号，且 lcoked 变为高电平，表示时钟 PLL 环已完成锁定，可以输出稳定、准确的时钟信号。

从上述仿真波形可以看出，locked 能够及时准确地反映输出时钟信号的稳定状态。因此，在 FPGA 设计中，通常采用 locked 作为后续电路的全局复位信号。当 locked 为 0 时复位，当 locked 为 1 时不复位，在电路取消复位时可确保输出的时钟信号稳定有效。

6.3　乘法器 IP 核

6.3.1　实数乘法器 IP 核

乘法运算是数字信号处理中的基本运算之一。对于 DSP、CPU、ARM 等器件来讲，采用 C 语言等高级语言实现乘法运算十分简单，仅需要使用乘法运算符，且可实现几乎没有任何误差的单精度浮点数或双精度浮点数的乘法运算。工程师在利用这类器件实现乘法运算时，无须考虑运算量、资源或精度。对 FPGA 工程师来讲，一次乘法运算就意味着一个乘法器资源，而 FPGA 中的乘法器资源是有限的。另外，考虑到有限字长效应的影响，FPGA 工程师必须准确掌握乘法运算的实现结构及性能特点，以便在 FPGA 设计中灵活运用乘法器资源。

对于相同位宽的二进制数，进行乘法运算所需的资源远多于进行加法或减法运算所需的资源。另外，乘法运算的步骤较多，导致其运算速度较慢。为了解决上述问题，FPGA 一般都集成了实数乘法器 IP 核。Quartus Ⅱ 13.1 提供了实数乘法器及复数乘法器两种 IP 核，本节以具体的设计实例来讨论实数乘法器 IP 核的基本使用方法。

1. 实数乘法器 IP 核的参数设置

实例 6-2：通过实数乘法器 IP 核实现实数乘法运算

通过实数乘法器 IP 核实现乘法运算，采用 ModelSim 仿真实数乘法运算的输入/输出信号波形，掌握实数乘法器 IP 核的延时。

在 Quartus Ⅱ 13.1 中新建名为"mult"的工程，新建 IP 类型的资源，设置资源文件名为"real_mult"。在 IP 类型中单击"Arithmetic→LPM_MULT"菜单，打开实数乘法器 IP 核设置界面，如图 6-9 所示。

图 6-9 左侧显示的是 IP 核的对外接口信号，信号的种类、位宽等信息由用户设置。在新建实数乘法器 IP 核时，IP 核的两个输入端口信号位宽均为 8 位。选择"Multiply 'data' input by 'datab' input"单选按钮表示输入为两个乘数，选择"Multiply 'data' input by itself(squaring operation)"单选按钮表示计算输入信号的平方。根据二进制数运算规则，乘法运算结果的位宽为两个乘数的位宽之和，因此，2 个 8 位数相乘，运算结果为 16 位数。

单击"Next"按钮，打开数据类型设置界面，如图 6-10 所示。

IP 核的类型可以设置为常系数乘法器。当一个操作数为常数时，乘法运算可以采用移位相加的方法实现，IP 核会自动采用高效的结构。在 FPGA 中进行乘法运算时，既可以采用普通逻辑资源实现，也可以采用实数乘法器 IP 核实现。采用逻辑资源实现乘法器时，FPGA 可实现的乘法器个数由逻辑资源的规模决定。FPGA 中集成的实数乘法器 IP 核数量在生产 FPGA

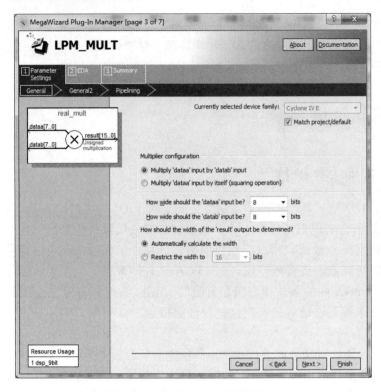

图 6-9　实数乘法器 IP 核设置界面

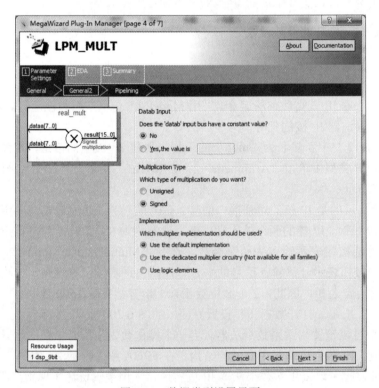

图 6-10　数据类型设置界面

时已确定，如 EP4CE15F17 集成了 56 个实数乘法器 IP 核。不同系列 FPGA 的实数乘法器 IP 核输入信号的最大位宽不完全相同，Cyclone Ⅳ 系列 FPGA 的实数乘法器 IP 核输入信号的位宽为 18 位。即使用户设计中使用了输入位宽为 10 位的实数乘法器 IP 核，则该实数乘法器 IP 核的多余位宽资源也无法使用；如果用户要实现输入位宽为 19 位的实数乘法器 IP 核，则需要 4 个（注意不是 2 个）输入位宽为 18 位的实数乘法器 IP 核。

在图 6-10 中，"Does the 'datab' input bus have a constant value?"选择"No"单选按钮，"Which type of multiplication do you want?"选择"Signed"单选按钮，"Which multiplier implementation should be use?"选择"Use the default implementation"单选按钮。

单击"Next"按钮，在下一个界面中设置乘法器的流水线级数及优化策略（Optimization）。流水线级数是指在输入/输出端增加的触发器级数，每增加一级流水线，输出信号都会延时一个时钟周期。增加流水线级数可以提高运算速度，一般设置为 2 级即可达到最高运算速度。乘法器的优化策略是指在采用实数乘法器 IP 核实现乘法运算时，是以提高运算速度（通常意味着需要更多的逻辑资源），还是以节约逻辑资源（通常意味着降低运算速度）为目标完成电路的设计。本实例保持默认设置（default）。

2. 实数乘法器 IP 核的功能仿真

仍然使用实例 6-2，设置好实数乘法器 IP 核后，新建 VHDL 文件 cmult.vhd，在文件中完成乘法器 IP 核的例化。新建测试激励文件 mult.vht，完善输入信号波形的部分代码如下。

```
clk_process :process
begin
    clock <= '0';
    wait for clk_period/2;
    clock <= '1';
    wait for clk_period/2;
end process;


process(clock)
begin
        if rising_edge(clock) then
            dataa <= dataa + 10;
            datab <= datab + 20;
end if;
end process;
```

在测试激励文件中，首先产生 50MHz 的时钟信号 clock，然后在 clock 的控制下，设置输入信号 dataa 在每个时钟周期增加 10，信号 datab 在每个时钟周期增加 20。

运行 ModelSim，可得到实数乘法器 IP 核的仿真波形，如图 6-11 所示。

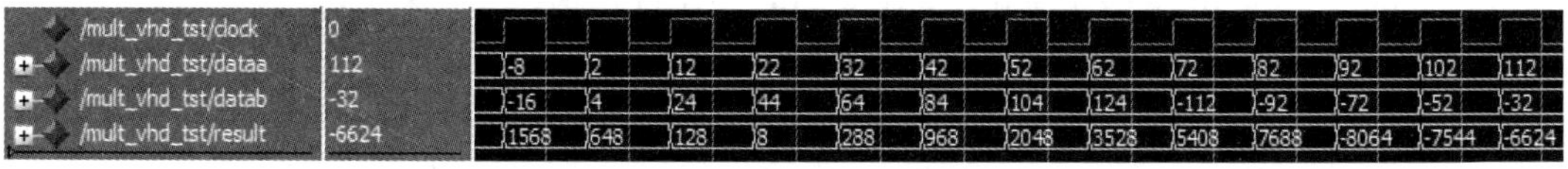

/mult_vhd_tst/clock	0													
/mult_vhd_tst/dataa	112	-8	2	12	22	32	42	52	62	72	82	92	102	112
/mult_vhd_tst/datab	-32	-16	4	24	44	64	84	104	124	-112	-92	-72	-52	-32
/mult_vhd_tst/result	-6624	1568	648	128	8	288	968	2048	3528	5408	7688	-8064	-7544	-6624

图 6-11　实数乘法器 IP 核的仿真波形

从图 6-11 中可以看出，实数乘法器 IP 核进行乘法运算，且输出信号比输入信号延时 2 个时钟周期。例如，当输入信号为 12 和 24 时，2 个时钟周期后，输出信号的值变为 288，这是由于实数乘法器 IP 核设置了 2 级流水线运算的结果。

6.3.2　复数乘法器 IP 核

1. 复数乘法器运算规则

众所周知，两个复数的乘法运算，其实是 4 个定点数乘法运算的结果，即

$$A=A_R+A_I i$$
$$B=B_R+B_I i$$
$$P=A \times B=P_R+P_I i$$

这里，A_R、A_I 分别为 A 的实部和虚部；B_R、B_I 分别为 B 的实部和虚部；P_R、P_I 分别为 P 的实部和虚部，且

$$P_R=A_R \times B_R - A_I \times B_I$$
$$P_I=A_R \times B_I + B_R \times A_I$$

由上述可知，两个复数相乘，需要 4 个乘法器及 2 个加法器。

根据 FPGA 的结构特点，与加法运算相比，乘法运算需要更多的资源，且运算速度更慢。因此，如果能减少乘法运算量，则可有效减少系统占用的资源并提高运算速度。对于复数乘法来讲，可以对运算方法进行简单的变换，先进行 2 次加法运算及 3 次乘法运算得到

$$C_1 = A_R \times B_I$$
$$C_2 = A_I \times B_R$$
$$C_3 = (A_R + A_I) \times (B_R - B_I)$$

再进行 3 次加法或减法运算，即可得到最终的复数乘法结果，即

$$P_R = C_3 + C_1 - C_2 = A_R \times B_R - A_I \times B_I$$
$$P_I = C_1 + C_2 = A_R \times B_I + B_R \times A_I$$

通过简单的变换，一次复数乘法运算共需 3 次实数乘法运算和 5 次加法或减法运算。

2. 复数乘法器 IP 核参数的设置

实例 6-3：通过复数乘法器 IP 核实现复数乘法运算

通过复数乘法器 IP 核完成复数乘法运算，可设置不同的乘法器实现结构，查看运算所需占用的逻辑资源情况，采用 ModelSim 仿真复数乘法运算的输入/输出信号波形，掌握复数乘法器 IP 核的延时。

在 Quartus II 13.1 中新建名为"ComplexMult"的工程，新建 IP 类型的资源，设置资源文件名为"cmult"。在 IP 类型中单击"Arithmetic→ALTFP_MULT"菜单，打开复数乘法器 IP 核设置界面，如图 6-12 所示。

在图 6-12 中，左侧显示的是 IP 核接口信号状态，左下角显示的是 IP 核所占用的逻辑资源。可在该界面中设置输入信号的位宽（范围为 1～256），以及设置输入数据的类型为有符号数（signed）或无符号数（unsigned）。

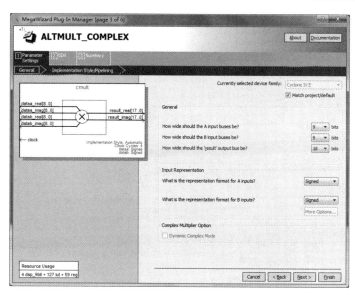

图 6-12　复数乘法器 IP 核设置界面

本实例按图 6-12 所示设置，从图中可以看到，9 位复数乘法器需要用到 4 个乘法器 IP 核资源。单击 "Next" 按钮打开，乘法器结构设置界面，如图 6-13 所示。可以在该界面中设置使用最少的乘法器资源，即选择 "Canonical（Minimize the mumber of simple multipliers）" 单选按钮；或使用最少的逻辑资源，即选择 "Conventional（Minimize the use of logic cells）" 单选按钮。

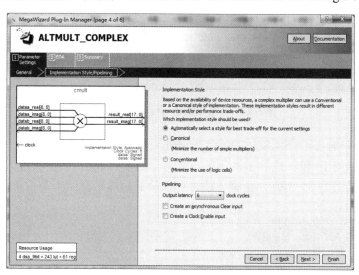

图 6-13　乘法器结构设置界面

基于复数乘法运算的步骤较多，可通过设置多个流水线级数来提高复数乘法器 IP 核的运算速度，按图 6-13 所示，设置 6 级流水线。单击 "Finish" 按钮即可完成复数乘法器 IP 核的参数设置。

3. 复数乘法器 IP 核的功能仿真

仍然使用实例 6-2，设置好复数乘法器 IP 核后，新建 VHDL 文件 cmult.vhd，在文件中完成乘法器 IP 核的例化。新建测试激励文件 ComplexMult.vht，完善输入信号波形的部分代码如下。

```
clk_process :process
begin
        clock <= '0';
        wait for clk_period/2;
        clock <= '1';
        wait for clk_period/2;
end process;


    process(clock)
    begin
        if rising_edge(clock) then
            dataa_imag <= dataa_imag + 1;
            dataa_real <= dataa_real + 2;
            datab_imag <= datab_imag + 3;
            datab_real <= datab_real + 4;
        end if;
    end process;
```

在测试激励文件中，首先产生 50MHz 的时钟信号 clock，然后在 clock 的控制下，设置输入信号在每个时钟周期进行递增。

运行 ModelSim，可得到复数乘法器 IP 核的仿真波形，如图 6-14 所示。

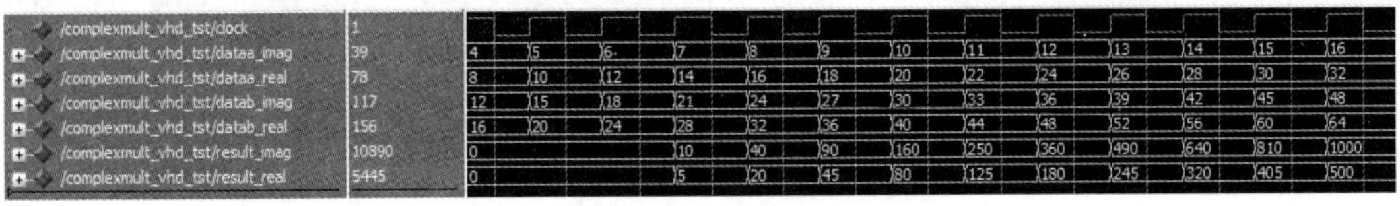

图 6-14　复数乘法器 IP 核的仿真波形

从图 6-14 可以看出，在上电后的前几个时钟周期中，数据没有进行运算，输出均为 0，可以认为复数乘法器 IP 核在进行初始化工作；第一组输入数据为 8+4i、16+12i，6 个时钟周期后得到的运算结果为 80+160i，正确。读者可以验算后续运算结果是否正确。

6.4　除法器 IP 核

6.4.1　FPGA 中的除法运算

如前文所述，对于 DSP、CPU、ARM 等器件来讲，和乘法运算一样，采用 C 语言等高级语言实现除法运算十分简单，仅需使用除法运算符，且可实现几乎没有任何误差的单精度浮点数或双精度浮点数的除法运算。工程师在利用这类器件实现除法运算时，几乎不需要考虑任何运算量、资源或精度。

根据二进制数的运算规则可知，除法运算不仅比加法、减法、比较等运算复杂得多，而且比乘法运算复杂。在 FPGA 中进行乘法运算时，可以采用 FPGA 中集成的乘法器 IP 核来完成，具有运算速度快、性能好等特点。乘法运算中的数据位宽很容易确定，容易得到准确的运算结果。对于两个变量的除法运算，存在除不尽的情况，由于 FPGA 的数据位宽是有限的，因此存在误差不同的问题。基于二进制数除法运算的复杂性，在 FPGA 中应当尽量避免进行除法运算。如果除数是某个常数，则应当尽量采用移位相加的方法实现近似的除法运算，具体可参考第 5 章的相关内容。

根据二进制数除法运算的特点，FPGA 中的除法运算结果可采用两种方式来表示：商和余数，以及商和小数。

虽然本书后续所有实例中均没有两个变量的除法运算，但考虑到除法运算是数据的基本运算之一，接下来以一个具体实例讨论 FPGA 中除法运算 IP 核的设计方法，目的是给读者更多的参考。

6.4.2　测试除法器 IP 核

1. 除法器 IP 核的参数设置

实例 6-4：通过除法器 IP 核实现除法运算

通过除法器 IP 核完成除法运算，采用 ModelSim 仿真除法运算的输入/输出信号波形。

在 ISE14.7 中新建名为"Divider"的工程，新建 IP 类型的资源，设置资源文件名为"div"。在 IP 类型中单击"Arithmetic→LPM_DIVIDE"菜单，打开除法器 IP 核设置界面，如图 6-15 所示。

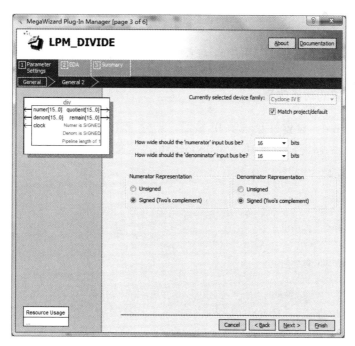

图 6-15　除法器 IP 核设置界面

在图 6-15 所示界面中，可设置输入数据的位宽及数据是否为有符号数。本实例设置输入数据为位宽 16 位的有符号数。

单击"Next"按钮，打开流状线级数设置界面，如图 6-16 所示，设置流水线级数为 6；除法器算法结构优化策略为默认方式，即选择"Default Optimization"单选按钮；余数（Remainder）部分始终为正数（Positive），即选择"Yes"。单击"Finish"按钮，完成除法器 IP 核的参数设置。

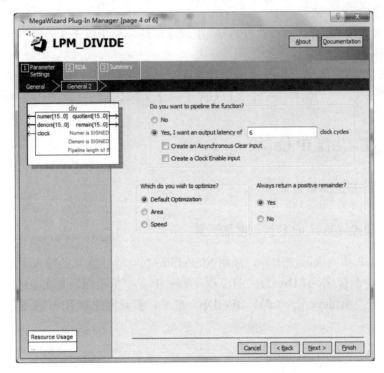

图 6-16　流水线级数设置界面

2. 除法器 IP 核的功能仿真

仍然使用实例 6-4，设置好除法器 IP 核后，新建 VHDL 文件 divider.vhd，在文件中完成除法器 IP 核的例化。新建测试激励文件 divider.vht，完善输入信号波形的部分代码如下。

```vhdl
clk_process :process
begin
        clock <= '0';
        wait for clk_period/2;
        clock <= '1';
        wait for clk_period/2;
    end process;


    process(clock)
    begin
        if rising_edge(clock) then
            denom <= denom + 200;    //生成除数
```

```
            numer <= numer + 2;        //生成被除数
        end if;
    end process;
```

在测试激励文件中，首先产生 50MHz 的时钟信号 clock，然后在 clock 的控制下，设置输入信号在每个时钟周期进行递增。其中，denom 为除数，number 为被除数。

运行 ModelSim，可得到除法器 IP 核仿真波形，如图 6-17 所示。

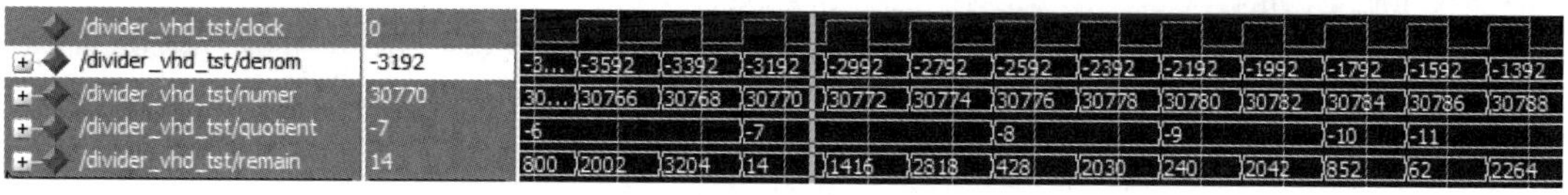

图 6-17　除法器 IP 核仿真波形

根据除法器参数设置可知，除法器 IP 核的运算延时为 6 个时钟周期。因此，图 6-17 中的除数 denom 为-3192、被除数 number 为 30770 时，在 6 个时钟周期后得到的商 quotient 为 -9，余数 remain 为 2042。读者可以验算其他运算结果的正确性。

6.5　存储器 IP 核

6.5.1　ROM 核

存储器是电子产品设计中常用的基本部件之一，用于存储数据。根据 FPGA 的工作原理，组成 FPGA 的基本部件为查找表（LUT），而 LUT 本身就是存储器。存储器在 FPGA 设计中的使用十分普遍，Quartus II 13.1 提供了两种结构类型的存储器 IP 核：基于 LUT 逻辑资源的存储器，以及基于专用硬件存储器结构的 IP 核。从功能上讲，存储器 IP 核可以分为只读存储器（Read Only Memory，ROM）核和随机读取存储器（Random Access Memory，RAM）核两种。

实例 6-5：通过 ROM 核产生正弦波信号

通过 ROM 核产生弦波信号，使用 ModelSim 仿真输出信号波形，掌握 ROM 核的工作原理及使用方法。系统时钟信号频率为 50 MHz，输出信号为 8 位有符号数，正弦波信号的频率为 195.3125 kHz。

1. 使用 MATLAB 生成 ROM 核存储的数据

在设置 ROM 核时必须预先装载数据，在程序运行中不能更改存储的数据（不能进行写操作），只能通过存储器的地址来读取存储的数据。根据实例的需求，设置时钟信号的频率为 50 MHz，正弦波信号的频率为 195.3125 kHz，在每个时钟周期内都要对正弦波信号采样 50 MHz/195.3125 kHz=256 个数据。在时钟信号的驱动下，在每个时钟周期内都依次读取一个正弦波信号对应的数据，即可产生所需的正弦波信号。

根据 ROM 核的手册，可以在 ROM 核参数设置界面中输入两种格式的存储数据文件：十六进制格式的.hex 文件或存储器格式的.mif 文件。本实例采用 mif 文件。查阅数据手册可知，mif 文件格式如下所示。

```
WIDTH=8;                              --数据位宽
DEPTH=256;                            --数据深度
ADDRESS_RADIX = UNS;                  --地址格式（无符号数）
DATA_RADIX = UNS;                     --数据格式（无符号数）
CONTENT BEGIN                         --标志数据开始
        0 :          0;               --左侧为地址，右侧为数据
        1 :          3;
        ...
END;                                  --数据结束
```

下面是 MATLAB 生成正弦波信号的 m 程序代码。

```
%sin_wave.m
fs=50*10^6;                           %采样频率为 50MHz
f=fs/256;                             %时钟信号的频率为采样频率的 1/256
t=0:255;                              %产生一个周期的时间序列
t=t/fs;

s=sin(2*pi*f*t);                      %产生一个周期的正弦波信号
plot(t,s);                            %绘制正弦波信号波形

Q=floor(s*(2^7-1));                   %对信号进行 8 位量化
%将数据转换成整数型数据写及 mif 文件
for i=1:length(Q)
    if Q(i)<0
        Q(i)=Q(i)+2^8;
    end
 end

%将数据写入 mif 文件
fid=fopen('D:\IntelDsp\IntelDSP_VHDL\Chapter06\E6_5_ROM\sin.mif','w');
fprintf(fid,'WIDTH=8;\r\n');
fprintf(fid,'DEPTH=256;\r\n');
fprintf(fid,'ADDRESS_RADIX = UNS;\r\n');
fprintf(fid,'DATA_RADIX = UNS;\r\n');
fprintf(fid,'CONTENT BEGIN\r\n');
for i=1:length(Q)
    fprintf(fid,'%10d : %10d;\r\n',i-1,Q(i));
end
fprintf(fid,'END;');
fclose(fid);
```

2. ROM 核的参数设置

在 Quartus Ⅱ 13.1 中新建名为"rom_sin"的工程，新建 IP 类型的资源，设置资源文件名

为"rom"。在 IP 类型中单击"Memory Compiler→ROM:1-PROT"菜单，打开 ROM 核参数设置界面，如图 6-18 所示。

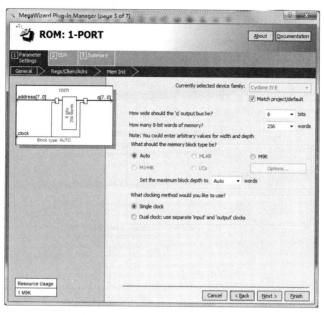

图 6-18 ROM 核参数设置界面

在图 6-18 所示的界面中可以设置存储器的位宽及深度，本实例设置存储器位宽为 8 位，深度为 256 个数据，其他参数使用默认值。

单击"Next"按钮，打开输出寄存器设置界面，如图 6-19 所示，"Which ports should be registered?"勾选"'q' output port"复选框，表示在输出端增加一级寄存器，相当于增加一级流水线输出。ROM 核的结构显示在该界面的左上方。

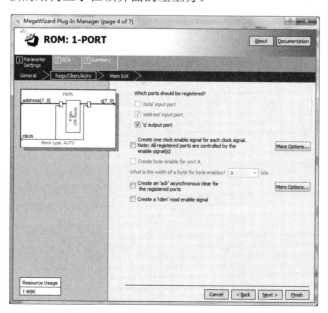

图 6-19 输出寄存器设置界面

单击"Next"按钮，打开存储器数据文件选择界面，如图 6-20 所示。

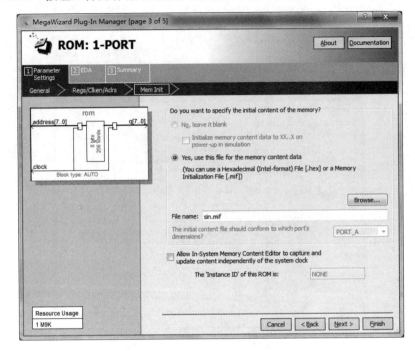

图 6-20　存储器数据文件选择设置界面

从图 6-20 中可以看出，存储器的数据可以手动输入，也可以指定数据文件。单击"Browse"按钮，选择采用 MATALB 生成的 sin.mif 文件作为存储数据文件。单击"Finish"按钮完成 ROM 核的参数设置。

3. ROM 核的功能仿真

设置好除法器 IP 核后，新建 VHDL 文件 romsin.vhd，在文件中完成除法器 IP 核的例化。新建测试激励文件 romsin.vht，完善输入信号波形的部分代码如下。

```
clk_process :process
begin
        clock <= '0';
        wait for clk_period/2;
        clock <= '1';
        wait for clk_period/2;
end process;

  process(clock)
  begin
     if rising_edge(clock) then
           address <= address + 1;
     end if;
  end process;
```

在测试激励文件中，首先产生 50MHz 的时钟信号 clock，然后在 clock 的控制下，设置地址信号 address 每个时钟周期进行递增。

运行 ModelSim，可得到 ROM 核仿真波形，如图 6-21 所示。

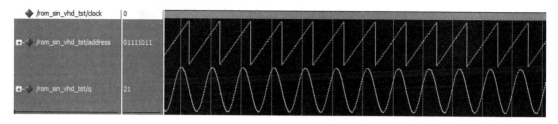

图 6-21　ROM 核仿真波形

在图 6-21 中，address 为无符号数格式；q 为读出的 ROM 数据，设置为有符号数格式。从波形上看，address 波形为锯齿波，符合循环递增规律；q 波形为标准的正弦波，满足设计要求。

6.5.2　RAM 核

实例 6-6：采用 RAM 核完成数据速率的转换

输入为连续数据流，数据位宽为 8 位，数据速率为 25 MHz（此处可根据数据位宽和频率得出数据速率，采用频率来表示速率，可方便处理），采用简单双端口 RAM 设计产生 IP 核的外围接口信号，将数据速率转换为 50 MHz，且每帧数据的个数为 32。

1. 数据速率转换电路的信号时序分析

在电路系统设计过程中，当两个模块的数据速率不一致且需要进行数据交换时，通常需要设计数据速率转换电路。本实例的数据输入速率为 25 MHz，数据的输出速率为输入速率的 2 倍，即 50 MHz，需要将低数据速率转换为高数据速率。在开始 FPGA 设计之前，必须准确把握电路的接口信号时序，这样才能设计出符合要求的程序。图 6-22 所示为数据速率转换电路的时序，也是接口信号的波形图。

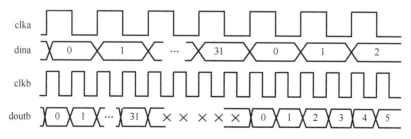

图 6-22　数据速率转换电路时序

在图 6-22 中，clka 为时钟信号，频率为 25 MHz；dina 为输入数据；clkb 为转换后的时钟信号，频率为 50 MHz；doutb 为输出数据。根据设计需求，每帧的数据个数为 32，转换后的数据输出速率是输入速率的 2 倍，因此每两帧之间有 32 个无效数据。

2．RAM 核的参数设置

在 Quartus Ⅱ 13.1 中新建名为"ram_trans"的工程，新建 IP 类型的资源，设置资源文件名为"ram"。在 IP 类型中单击"Memory Compiler→RAM:2-PROT"菜单，打开 RAM 核参数设置界面，如图 6-23 所示。

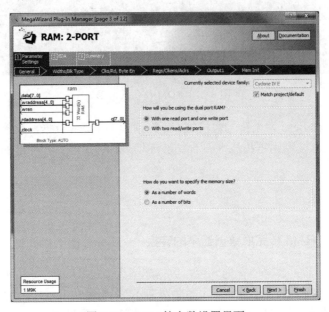

图 6-23　RAM 核参数设置界面

在图 6-23 所示的界面中可以设置存储器的端口类型，本实例选择"with one read and one write port"，设置一个端口为读端口、另一个端口为写端口。单击"Next"按钮，打开存储器位宽及深度设置界面，如图 6-24 所示。

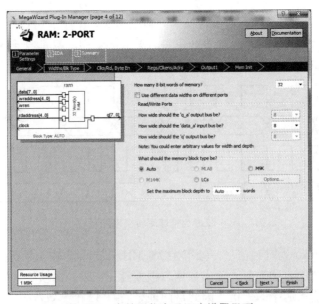

图 6-24　存储器位宽及深度设置界面

本实例设置存储器位宽为 8 位，深度为 32 个数据，其他参数使用默认值。单击"Next"按钮，打开存储器读/写时钟设置界面，如图 6-25 所示。

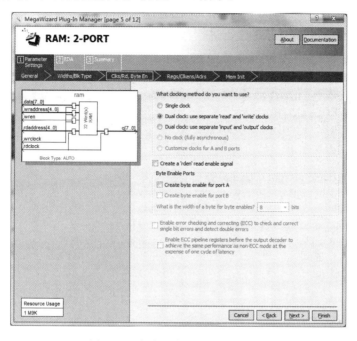

图 6-25 存储器读/写时钟设置界面

由于本实例要实现数据速率转换，需要相互独立的读/写时钟信号，因此选择"Dual clock: use separate 'read' and 'write' clocks"单选按钮。单击"Finish"按钮，完成 ROM 核的参数设置。

3. 数据速率转换电路 VHDL 程序的设计

RAM 核仅提供了对数据的读/写功能，设计者还需要设计 VHDL 程序，完善接口信号，实现数据速率的转换。

在 Quartus Ⅱ 13.1 中，双击 ram.vhd 文件可查看 RAM 核的接口信号，如下所示。

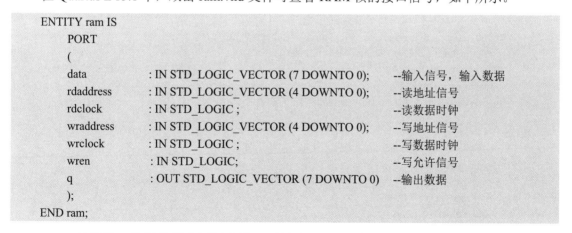

```
ENTITY ram IS
    PORT
    (
    data            : IN STD_LOGIC_VECTOR (7 DOWNTO 0);    --输入信号，输入数据
    rdaddress       : IN STD_LOGIC_VECTOR (4 DOWNTO 0);    --读地址信号
    rdclock         : IN STD_LOGIC ;                       --读数据时钟
    wraddress       : IN STD_LOGIC_VECTOR (4 DOWNTO 0);    --写地址信号
    wrclock         : IN STD_LOGIC ;                       --写数据时钟
    wren            : IN STD_LOGIC;                        --写允许信号
    q               : OUT STD_LOGIC_VECTOR (7 DOWNTO 0)    --输出数据
    );
END ram;
```

RAM 核的接口信号种类会因用户的 IP 核设置不同而有所差异。数据速率转换电路的输

入数据在 25 MHz 的 clka 控制下，会连续不断地把帧长为 32 的数据写入 RAM 核，在输出端将输出数据速率提高到 50 MHz。根据在 RAM 核工作原理，可以控制 wraddress 和 rdaddress 的时序，使得 RAM 核中每 64 个 50 MHz 的 clkb 连续读取 32 个数据，同时需要确保在读数据时，在输入端没有对相同地址的数据进行写操作，以避免发生数据读取错误。

下面是数据速率变换模块程序 ram_trans.vhd 的代码。

```vhdl
library IEEE;
use IEEE.STD_LOGIC_1164.ALL;
use IEEE.STD_LOGIC_ARITH.ALL;
use IEEE.STD_LOGIC_UNSIGNED.ALL;

entity ram_trans is
port (addra : in std_logic_vector (4 downto 0);        --输入数据地址
      dina   : in std_logic_vector (7 downto 0);        --输入数据
      clka   : in std_logic;                            --输入数据时钟：25MHz
      addrb  : out std_logic_vector (4 downto 0);       --输出数据地址
      doutb  : out std_logic_vector (7 downto 0);       --输出数据
      clkb   : in std_logic;                            --输出数据时钟：50MHz
      enb    : out std_logic);                          --输出数据有效信号
end ram_trans;

architecture Behavioral of ram_trans is

    --双端口 RAM 核
    component ram
    port(
            data      : in std_logic_vector (7 downto 0);
            rdaddress : in std_logic_vector (4 downto 0);
            rdclock   : in std_logic ;
            wraddress : in std_logic_vector (4 downto 0);
            wrclock   : in std_logic;
            wren      : in std_logic;
            q         : out std_logic_vector (7 downto 0));
    end component;

    signal rdaddr: std_logic_vector(4 downto 0):=(others=>'0');
    signal rdaddr1: std_logic_vector(4 downto 0);
    signal wren: std_logic:='1';
    signal en,en1: std_logic;
    signal rddata: std_logic_vector(7 downto 0);

begin

    u1: ram port map(
            data => dina,
            rdaddress => rdaddr,
            rdclock => clkb,
            wraddress => addra,
            wrclock => clka,
            wren => wren,
```

```
                      q => doutb);

      --检测到写31个数据时，连续计32个数，连续读取32个数
      process(clkb)
      begin
          if rising_edge(clkb) then
              if (addra=31) and (rdaddr=0) then
                  rdaddr <= rdaddr + 1;
                  en <= '1';
              elsif (rdaddr>0) and (rdaddr<31) then
                  rdaddr <= rdaddr + 1;
                  en <= '1';
              elsif (rdaddr=31) then
                  rdaddr <= (others=>'0');
                  en <= '1';
              else
                  en <= '0';
              end if;
          end if;
      end process;

      --根据RAM读数据时序，调整地址及数据有效信号时序，使addrb、enb、doutb同步
      process(clkb)
      begin
          if rising_edge(clkb) then
              rdaddr1 <= rdaddr;
              addrb <= rdaddr1;
              enb <= en;
          end if;
      end process;

end Behavioral;
```

    由以上代码可知，整个数据速率转换电路由RAM核和控制IP核接口信号的代码组成。为了避免同时对RAM核的同一个地址进行读和写操作，检测到写数据地址的值为31时，开始连续32个50 MHz时钟周期读RAM核的允许信号（en）和地址信号（rdaddr）。由于向RAM核写数据的时钟信号频率为25 MHz，读数据的时钟信号频率为50 MHz，因此可确保不会对RAM核的同一个地址同时进行读和写操作，从而实现将数据速率从25 MHz转换成50 MHz的功能。

    由于RAM读数据时，数据输出相对于读地址有延时，为使数据速率变换模块输出的信号addrb、enb、doutb同步，对rdaddr、en进行了延时处理。

4．数据速率转换电路的功能仿真

    完成数据速率转换电路的VHDL程序设计后，可以对顶层文件进行仿真测试，测试激励文件为ram_trans.vht，完善输入信号波形的部分代码如下。

```
    --产生系统时钟信号
  clk_process :process
```

```
    begin
        clk <= '0';
        wait for clk_period/2;
        clk <= '1';
        wait for clk_period/2;
    end process;

process(clk)
begin
        if rising_edge(clk) then
            cn <= cn + 1;
            clka <= cn(1);    --25MHz
            clkb <= cn(0);    --50MHz
        end if;
end process;

process(clka)
begin
            if rising_edge(clka) then
                addra <= addra + 1;
                dina <= dina + 1;
            end if;
end process;
```

在测试激励文件中，首先对输入信号进行初始状态的设置，声明时钟信号 clk，且将 clk 信号的频率设置为 100MHz。程序中声明了 2 位的信号 cn，在 clk 的驱动下产生四进制计数器，则 cn(1)为 25MHz 时钟信号，cn(0)为 50MHz 时钟信号。将 cn(1)、cn(0)分别作为 RAM 核的写数据时钟信号 clka 及读数据时钟信号 clkb。在 clka 的驱动下，设置写数据地址 addra 递增数据，数据 dina 也为递增数据。在 clka 的驱动下，dina 按 addra 的地址依次循环写入 RAM 核，且数据速率为 25 MHz。

运行 ModelSim，可得到数据速率转换电路的仿真波形。图 6-26 所示为仿真波形的全局图，可以看出，转换后的数据输出速率是输入速率的 2 倍，且每隔 32 个时钟周期有 32 个无效数据。

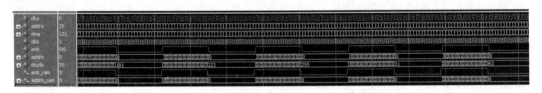

图 6-26　数据速率转换电路的仿真波形（全局图）

图 6-27 所示是仿真波形的局部图（1 帧数据的仿真波形），可以看出，数据的输出速率为 50 MHz，addrb 为输出数据的地址信息，doutb 为转换后的 50MHz 数据，enb 为高电平时表示输出数据有效。由于在仿真测试激励文件中，写数据地址为 0～31 循环，写数据为 0～255 循环，RAM 存储深度为 32，因此 RAM 转换后的每帧数据为 32 个，第 1 帧数据为 0～31，第 2

帧数据为 32～63，第 3 帧数据为 64～95，最后一帧数据为 224～255。图 6-27 中的输出数据为第 2 帧数据，从仿真波形可以看出，数据速率转换电路满足设计的要求。

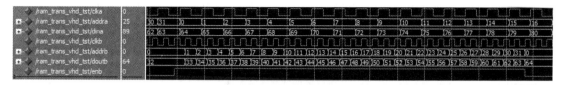

图 6-27　数据速率转换电路的仿真波形（局部图）

6.6　数控振荡器 IP 核

6.6.1　数控振荡器工作原理

数字控制振荡器（Numerically Controlled Oscillator，NCO）简称数控振荡器，是数字信号处理、数字通信等电路系统的重要组成部分之一，相当于模拟电路中的压控振荡器（Voltage Controlled Oscillator，VCO），可以产生各种频率和相位的正弦波信号。直接数字频率合成器（Direct Digital Synthesizer，DDS）是指采用数字化的方法产生高分辨率正弦波信号的器件。

在 FPGA 设计中，从功能来讲，NCO 与 DDS 均是产生正弦波信号的器件，且均采用全数字化的实现方式。FPGA 一般都提供用于产生正弦波信号的专用 IP 核，Xilinx 公司的 FPGA 提供的 IP 核名为"DDS"，Intel 公司的 FPGA 提供的 IP 核名为"NCO"，为便于讨论，在本书中统一使用 DDS。

描述正弦波信号需要 3 个参数：幅度、频率和相位。如何计算及设计 DDS 的控制灵敏度、频率分辨率等参数是工程师必须掌握的知识。要了解这些知识，需要先理解 DDS 的工作原理。DDS 的作用是产生正弦波信号，最简单的方法是采用 LUT，即事先根据各正弦波信号的相位计算其对应的正弦波信号值（幅度），并将相位作为地址来存储相应的幅度，构成一个幅度-相位转换电路（波形存储器）。在系统时钟的控制下，首先由相位累加器对输入频率字不断累加，得到以该频率字为步进的数字相位；然后通过相位累加器设置初始相位偏移，得到要输出的当前相位；最后将当前相位作为采样地址值送入幅度-相位转换电路，通过查表获得正弦波信号。

通过上面的介绍，估计读者仍然难以理解 DDS 的工作原理，接下来以图示进行说明。图 6-28 所示是三角函数相位字与幅值的对应关系图。

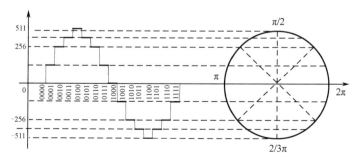

图 6-28　三角函数相位字与幅值的对应关系图

读者可以想象图 6-28 右侧的圆盘以 f_{clk} 的频率逆时针旋转，圆盘中的每个相位值都对应一个幅值，幅值向左在纵坐标上投影，横轴为时间轴，时间轴的单位间隔为 $T_{clk}=1/f_{clk}$。圆盘旋转一周，就在左侧形成一个周期的正弦波信号。显然，圆盘旋转的速度越快，正弦波信号的频率就越高。下面计算图 6-28 中的正弦波信号的频率。

由图 6-28 可知，圆盘被分成了 16 个相位间隔（每个相位点用 4 位表示）。由于圆盘以 f_{clk} 的频率旋转，即每个相位间隔的旋转时间 $T_{clk}=1/f_{clk}$，旋转一周需要的时间为 $16/f_{clk}$，因此正弦波信号的频率 $f=f_{clk}/16$。依次类推，如果相位点用 B_{DDS} 位（通常称为相位累加字位宽）来表示，即一个圆周被分成 $2^{B_{DDS}}$ 个相位间隔，则形成的正弦波频率为

$$f = f_{clk} / 2^{B_{DDS}} \tag{6-1}$$

式（6-1）是顺序读取每个最小相位间隔而产生的信号频率，是系统所能输出的最小频率，也称为 DDS 的频率分辨率。假定每次读取最小相位间隔数为 F_{cw}，则形成的正弦波信号频率为

$$f = F_{cw} f_{clk} / 2^{B_{DDS}} \tag{6-2}$$

当确定 DDS 的驱动时钟信号频率 f_{clk} 及相位字位宽 B_{DDS} 后，输入信号的频率完全由 F_{cw} 决定。因此，通常将 F_{cw} 称为 DDS 的频率控制字。F_{cw} 一定是自然数，且小于或等于 $2^{B_{DDS}}$。实际上，根据奈奎斯特定理，DDS 输出信号的最高频率为 $f_{clk}/2$，此时 $F_{cw} = 2^{B_{DDS}-1}$。大家可以想象一下，此时正弦波信号的波形是什么形状？在每个波形周期内只有两个采样点，如果采样点在 0°和 180°处，则采样的信号为全 0。因此，DDS 输出信号最高频率的计算仅具有理论意义，这样的正弦波信号显然无法满足实际工程设计的需要。由式（6-2）可知，系统时钟的频率越高，频率分辨率越低，F_{cw} 就越小，则产生的信号频率越低，且波形的连续性越好。

6.6.2　采用 DDS 核设计扫频仪

实例 6-7：采用 DDS 核设计扫频仪

扫频仪的系统时钟信号频率为 50 MHz，信号位宽为 10 位，输出信号的频率范围为 1～2.75 MHz，间隔为 250 kHz，共有 8 种频率循环扫描。

1．DDS 核的参数设置

在 ISE14.7 中新建名为"sweep"的工程，新建 IP 类型的资源，设置资源文件名为"dds"。在 IP 类型中单击"DSP→Signal Generation→NCO v13.1"菜单，打开 NCO 核参数设置主界面，如图 6-29 所示。

从图 6-29 可以看出，DDS 核的参数设置主界面共有五部分：DDS 核简介（About this Core）、DDS 核手册文件（Documentation）、参数设置（Step1: Parameterize）、建立仿真模型（Step2: Set Up Simulation）、生成 DDS 核（Step3: Generate）。单击"Step1: Parameterize"按钮，打开参数设置界面，如图 6-30 所示。

图 6-30 所示的设置界面顶部有三个标签：参数（Parameters）、实现（Implementation）、资源估计（Resource Estimate）。首先在"Parameters"界面中设置 DDS 核的时钟频率及相位累加字位宽等信息。"Clock Rate"栏用于设置 DDS 核的系统时钟信号频率，根据实例需求，

设置为 50MHz。"Phase Accumulator Precision"栏用于设置相位累加字位宽，当设置为 26 时，根据式（6-1）可知，输出信号的频率分辨率为 0.7451 Hz。"Magnitude Precision"栏用于设置输出位宽，根据实例要求设置为 16。其他参数使用默认值，单击"Implementation"标签，打开 Implementation 界面，如图 6-31 所示。

图 6-29　DDS 核参数设置主界面

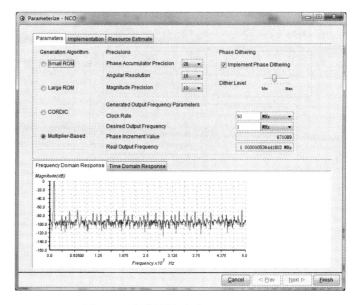

图 6-30　参数设置界面

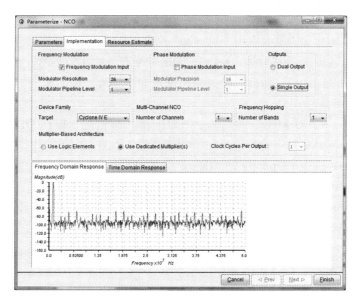

图 6-31　Implementation 界面

图 6-31 中，"Frequency Modulation"栏用于设置是否可以实现频率调制功能，相当于相位累加字（用于控制输出信号频率）编程，由于实例要求产生扫频信号，输出的信号频率需要在运行过程中进行编程设置，因此勾选"Frequency Modulation Input"复选框。由于实例只

产生一路正弦波信号，因此在"Outputs"栏中选择"Single Output"单选按钮。其他参数使用默认值。单击"Finish"按钮，即可完成 NCO 核的参数设置。

返回图 6-29 所示的 NCO 核参数设置主界面，单击"Step2: Set Up Simulation"按钮，打开图 6-32 所示界面，勾选"Generate Simulation Model"复选框，同时设置"Language"为"VHDL"，单击"OK"按钮，返回图 6-29 所示主界面，单击"Step3: Generate"按钮，生成设置好的 DDS 核。建立 DDS 核的仿真模型。

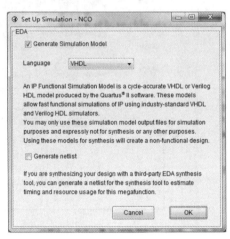

图 6-32　Sep Up Simulatoin 界面

2. 扫频仪电路 VHDL 程序的设计

回到 Quartus Ⅱ 13.1 主界面，双击"dds.vhd"文件可以看到 DDS 核的接口信号：phi_inc_i 为相位累加字信号，clk 为系统时钟，reset_n 为低电平有效的复位信号，clken 为高电平有效的时钟允许信号，freq_mod_i 为调频输入的相位累加字信号，fsin_o 为输出信号，out_valid 为输出信号有效指示信号。

实例要求输出 1～2.75 MHz、间隔为 250 kHz 的扫频信号。根据 DDS 的工作原理，由式（6-2）可计算出各频率对应的相位累加字的值，即 1 MHz 对应 1342177，1.25 MHz 对应 1677722，1.5 MHz 对应 2013266，1.75 MHz 对应 2348810，2 MHz 对应 2684355，2.25 MHz 对应 3019899，2.5 MHz 对应 3355443，2.75 MHz 对应 3690988。

为了便于理解整个程序的结构，下面先给出扫频仪电路文件（sweep.vhd）的 VHDL 代码，然后对代码进行说明。

```vhdl
library IEEE;
--下面 3 条语句是数据包（package）声明
use IEEE.STD_LOGIC_1164.ALL;
use IEEE.STD_LOGIC_ARITH.ALL;
use IEEE.STD_LOGIC_UNSIGNED.ALL;

entity sweep is
port (clk    : in std_logic;                    --系统时钟:50MHz
      sine   : out std_logic_vector(9 downto 0));   --输出的扫频信号
```

```
end sweep;

architecture Behavioral of sweep is

    component dds
    port(
            phi_inc_i   : in std_logic_vector (25 downto 0);
            clk         : in std_logic;
            reset_n     : in std_logic;
            clken       : in std_logic;
            freq_mod_i: in std_logic_vector (25 downto 0);
            fsin_o      : out std_logic_vector (9 downto 0);
            out_valid   : out std_logic);
    end component;

    signal phi_inc_i: std_logic_vector(25 downto 0):=(others=>'0');
    signal reset_n: std_logic:='1';
    signal clken: std_logic:='1';
    signal out_valid: std_logic;
    signal freq_mod_i: std_logic_vector(25 downto 0):=(others=>'0');

    signal cn3: std_logic_vector(2 downto 0):=(others=>'0');
    signal cn7: std_logic_vector(6 downto 0):=(others=>'0');

begin

    u1: dds port map(
            phi_inc_i => phi_inc_i,
            clk => clk,
            reset_n => reset_n,
            clken => clken,
            freq_mod_i => freq_mod_i,
            fsin_o => sine,
            out_valid => out_valid);

    --检测到写 31 个数据时，连续计 32 个数，连续读取 32 个数
    process(clk)
    begin
        if rising_edge(clk) then
            cn7 <= cn7 + 1;
            if (cn7=0) then
                cn3 <= cn3 + 1;
                case (cn3) is
                    when "000" => freq_mod_i <= "00000101000111101011100001";--1MHz
                    when "001" => freq_mod_i <= "00000110011001100110011010";--1.25MHz
                    when "010" => freq_mod_i <= "00000111101011100001010010";--1.5MHz
                    when "011" => freq_mod_i <= "00001000111101011100001010";--1.75MHz
```

```
                when "100" => freq_mod_i <= "00001010001111010111000011";--2MHz
                when "101" => freq_mod_i <= "00001011100001010001111011";--2.25MHz
                when "110" => freq_mod_i <= "00001100110011001100110011";--2.5MHz
                when others => freq_mod_i <= "00001110000101000111101100";--2.75MHz
            end case;
        end if;
    end if;
end process;


end Behavioral;
```

在上述代码中，首选调用了 DDS 核，设置时钟允许信号 clken 及复位信号 reset_n 为 1，初始相位累加字信号 phi_inc_i 为 0，频率调制的相位累加字信号 freq_mod_i 用于控制输出信号频率。接下来的 process 语句生成 7 位计数器 cn7，cn7 循环计数，计数周期为 256，频率为 50 MHz 的 1/256，即 195.3125 kHz。根据 cn7 的状态，产生八进制的计数器 cn3，再根据 cn3 的 8 个计数状态分别设置相位累加字 freq_mod_i 的值，即可产生输出的扫频信号。

3. 扫频仪电路的功能仿真

完成扫频仪电路的 VHDL 设计后，可以对顶层文件进行仿真测试。测试激励文件为 sweep.vht，测试激励文件主要生成 50 MHz 的时钟信号 clk，相关代码比较简单，读者可参考本书相关配套资源查阅完整代码。

运行 ModelSim，可得到扫描仪电路的 ModelSim 仿真波形，如图 6-33 所示。

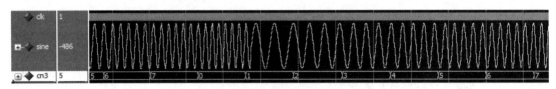

图 6-33　扫频仪电路的 ModelSim 仿真波形

从图 6-28 中可以看出，cn3 计数器的值越小，输出信号的频率越小，反之就越大。扫描仪电路输出信号 sine 的信号频率随着 cn3 的值的变化而变化，实现了输出扫频信号的功能。

6.7　小结

采用 IP 核是 FPGA 设计中十分常用的方法。FPGA 设计工具一般会提供种类繁多、功能齐全、性能稳定的 IP 核。灵活运用这些 IP 核的前提是首先了解 IP 核类型，其次是准确理解 IP 核的功能特点及使用方法。本章学习的要点如下所述。

（1）IP 核可以分为软 IP 核、硬 IP 核和固 IP 核三种，最常用的是软 IP 核和硬 IP 核。软 IP 核是采用 LUT 等逻辑资源形成的核，硬 IP 核是专用功能的核。

（2）不同 FPGA 提供的免费 IP 核的类型不完全相同。

（3）全局时钟资源是专用的布线资源，延时小、性能好，但数量有限。

（4）一个 FPGA 的各路时钟信号一般是通过时钟管理 IP 核生成的。

（5）乘法器 IP 核有软 IP 核和硬 IP 核两种结构类型。

（6）FPGA 中的除法运算所需的硬件资源较多，Quartus Ⅱ 13.1 中提供了除法器 IP 核，延时较长。

（7）ROM 核与 RAM 核均具有软 IP 核和硬 IP 核两种结构类型，掌握 ROM 核和 RAM 核的接口信号是正确使用它们的关键所在。

（8）DDS 核可以产生正/余弦波信号，应理解并掌握 DDS 核的分辨率、相位累加字位宽等参数设置方法。

6.8　思考与练习

6-1　FPGA 中的 IP 核一般分为哪三种类型？分别说明三这种类型 IP 核的特点。

6-2　说明 FPGA 中全局时钟资源相对于普通布线资源的优势。查阅 Cyclone Ⅳ 系列 FPGA 手册，了解不同型号 FPGA 的全局时钟数量。

6-3　查阅 EP4CE15F17C8L 手册，写出该 FPGA 的所有全局时钟的专用输入引脚编号。

6-4　新建 FPGA 工程，生成时钟管理 IP 核，要求输入信号的时钟信号频率为 50 MHz，输出 2 路频率分别为 200 MHz 及 300 MHz 的时钟信号，选中 IP 核参数设置界面中的所有接口信号，采用 ModelSim 仿真并分析各接口信号的工作状态。

6-5　新建实数乘法器 IP 核，设置输入为 18 位有符号数，输出数据位宽为 36 位，采用 LUT 资源结构、2 级流水线级数，查看所占用的逻辑资源；新建 VHDL 程序文件，设计输入为 18 位有符号数的 2 输入加法器，输出数据位宽为 19 位，采用 2 级流水线级数（输入及输出各设置一级触发器），查看加法器 IP 核所占逻辑资源的情况。对比分析相同位宽的乘法器 IP 核及加法器 IP 核所占用的逻辑资源。

6-6　在实例 6-6 的 FPGA 工程中添加 VHDL 程序代码，利用 RAM 核实现数据速率转换功能，将实例 6-6 的输出数据转换成连续的 25 MHz 数据输出。要求完成 VHDL 程序的设计，并采用 ModelSim 仿真验证程序的正确性。

6-7　采用 DDS 核设计扫频仪电路，系统时钟频率为 100 MHz，信号输出范围为 200 kHz～1 MHz，间隔频率为 100 kHz，完成一次扫描的时间为 1 s，输出信号频率精度小于 1 Hz，计算 DDS 核的参数，新建 FPGA 工程完成电路设计及仿真。

第 7 章
FIR 滤波器设计

滤波器设计和频谱分析是数字信号处理中最为基础的内容，因为它们有广泛的应用。有限脉冲响应（Finite Impulse Response，FIR）滤波器具有结构简单、相位特性严格线性等优势，是信号处理中的必备电路之一。

7.1 数字滤波器的理论基础

7.1.1 数字滤波器的概念

滤波器是一种用来减少或消除干扰的器件，其功能是对输入信号进行过滤处理从而得到所需的信号。滤波器最常见的用法是对特定频率的频点或该频点以外的频率信号进行有效滤除，从而实现消除干扰、获取特定频率信号的功能。一种更广泛的定义将有能力进行信号处理的装置都称为滤波器。在现代电子设备和各类控制系统中，滤波器的应用极为广泛，其性能优劣在很大程度上决定了产品的优劣。

滤波器的分类方法有很多种，按处理的信号形式，可分为模拟滤波器和数字滤波器两大类。模拟滤波器由电阻、电容、电感、运算放大器等组成，可对模拟信号进行滤波处理。数字滤波器则通过软件或数字信号处理器件对离散化的数字信号进行滤波处理。两者各有优缺点及适用范围，且均经历了由简到繁，以及性能逐步提高的发展过程。

随着数字信号处理理论的成熟、实现方法的不断改进，以及数字信号处理器件性能的不断提高，数字滤波器技术的应用越来越广泛，已成为广大技术人员研究的热点。总体来说，与模拟滤波器相比，数字滤波器主要有以下特点。

（1）数字滤波器是一个离散时间系统。应用数字滤波器处理模拟信号时，首先必须对输入模拟信号进行限带、采样和 A/D 转换。数字滤波器输入信号的采样频率应大于被处理信号带宽的 2 倍，其频率响应具有以采样频率为间隔的周期重复特性。为了得到模拟信号，数字滤波器的输出数字信号需要经 D/A 转换和平滑处理。

（2）数字滤波器的工作方式与模拟滤波器完全不同。模拟滤波器完全依靠电阻、电容、晶体管等组成的物理网络实现滤波功能，数字滤波器则通过数字运算器件对输入的数字信号进行运算和处理。

（3）数字滤波器具有比模拟滤波器更高的精度。数字滤波器甚至能够实现模拟滤波器在理论上也无法实现的性能。例如，可以很容易实现 1000 Hz 的低通数字滤波器，该滤波器允许 999 Hz 信号通过且完全阻止 1001 Hz 的信号，而模拟滤波器无法区分频率如此接近的信号。数字滤波器的两个主要限制条件是其速度和成本。随着集成电路成本的不断降低，数字滤波器变得越来越常见，并且已成为收音机、蜂窝电话、立体声接收机等日常用品的重要组成部分。

（4）数字滤波器具有比模拟滤波器更高的信噪比。数字滤波器是以数字器件执行运算的，从而避免了模拟电路中噪声信号（如电阻热噪声）的影响。数字滤波器中的主要噪声源是在数字系统之前的模拟电路中引入的电路噪声，以及在数字系统输入端的 A/D 转换过程中产生的量化噪声。这些噪声在数字系统中的运算中可能会被放大，因此在设计数字滤波器时需要采用合适的结构，以降低输入噪声对系统性能的影响。

（5）数字滤波器具有模拟滤波器无法比拟的可靠性。组成模拟滤波器部件的电路的特性会随着时间、温度、电压的变化而漂移，而数字电路就没有这类问题。只要在数字电路的工作环境中，数字滤波器就能够稳定可靠地工作。

（6）数字滤波器的处理能力会受到系统采样频率的限制。根据奈奎斯特采样定理，数字滤波器的处理能力会受到系统采样频率的限制。如果输入信号的频率分量包含超过滤波器采样频率 1/2 的分量时，数字滤波器就会因为频谱的混叠而不能正常工作。如果超过采样频率 1/2 的频率分量不占主要地位，则常用的解决办法是在 A/D 转换电路之前放置一个低通滤波器（抗混叠滤波器）将超出的高频成分滤除，否则就必须使用模拟滤波器。

（7）数字滤波器与模拟滤波器的使用方式不同。对于电子工程设计人员来讲，使用模拟滤波器时通常直接购买满足性能要求的滤波器，或给出滤波器的性能指标让厂家定做，使用方便；使用数字滤波器时通常需要自己编写程序代码，或使用可编程逻辑器件搭建所需性能的滤波器，工作量大、调试设计复杂，但换来了设计的灵活性、高可靠性、可扩展性等方面的一系列优势，并可以大大降低电路板的硬件设计及制作成本。

7.1.2　数字滤波器的分类

数字滤波器的种类很多，分类方法也不同，既可以按功能分类，也可以按实现方法分类，还可以按设计方法分类。一种比较通用的分类方法是将数字滤波器分为两大类，即经典滤波器和现代滤波器。

经典滤波器假定输入信号 $x(n)$ 中的有效信号和噪声（或干扰）信号分布在不同的频带上，当 $x(n)$ 通过一个线性滤波系统后，可以有效地减少或去除噪声信号。如果有效信号和噪声信号的频带有重叠，那么经典滤波器将无能为力。经典滤波器主要有低通滤波器（Low Pass Filter，LPF）、高通滤波器（High Pass Filter，HPF）、带通滤波器（Band Pass Filter，BPF）、带阻滤波器（Band Stop Filter，BSF）和全通滤波器（All Pass Filter，APF）等。图 7-1 所示是经典滤波器的幅频响应特性示意图。

在图 7-1 中，ω 为数字角频率；$|H(e^{j\omega})|$ 是归一化的幅频响应值，以 2π 为周期。如果系统的采样频率为 f_s，则 π 对应于采样频率的一半，即 $f_s/2$。例如，某个低通滤波器的截止角频率 $\omega_P=0.5$ rad/s，系统采样频率 $f_s=1$ MHz，则滤波器的截止频率 $f_P=\omega_P f_s/(2\pi)=0.5/(2\pi)=79.5775$ kHz。

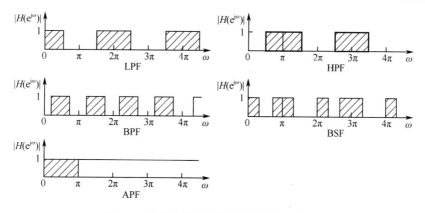

图 7-1　经典滤波器的幅频响应特性示意图

现代滤波理论研究的主要内容是根据含有噪声信号的数据记录（又称时间序列）估计信号的某些特征或信号本身，估计出的信号将比原信号有更高的信噪比。现代滤波器把有效信号和噪声信号都视为随机信号，利用它们的统计特征（如自相关函数、功率谱函数等）推导出一套最佳的估值算法，然后用硬件或软件实现。现代滤波器主要有维纳滤波器（Wiener Filter）、卡尔曼滤波器（Kalman Filter）、线性预测器（Liner Predictor）、自适应滤波器（Adaptive Filter）等。一些专著将基于特征分解的频率估计及奇异值分解算法也归入现代滤波器的范畴。

从实现的网络结构或单位脉冲响应来看，数字滤波器可以分成无限脉冲响应（Infinite Impulse Response，IIR）滤波器和有限脉冲响应（Finite Impulse Response，FIR）滤波器，二者的根本区别在于系统函数结构不同。

本章主要讨论 FIR 滤波器的设计方法，第 8 章讨论 IIR 滤波器的设计方法。

7.1.3　数字滤波器的特征参数

对于经典滤波器的设计来说，理想的情况是完全滤除干扰频带的信号，同时有用频带信号不发生任何衰减或畸变，也就是滤波器的形状在频域呈矩形。而在频域上呈矩形的滤波器转换到时域后就变成一个非因果系统了，这在物理上是无法实现的。因此，在进行工程设计时只能尽量设计一个可实现的滤波器，并且使设计的滤波器性能尽可能逼近理想滤波器。图 7-2 所示为低通滤波器的特征参数示意图。

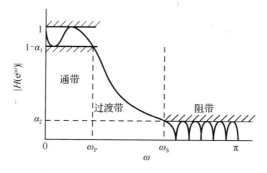

图 7-2　低通滤波器的特征参数示意图

如图 7-2 所示，低通滤波器的通带截止频率为 ω_P，通带容限为 α_1，阻带截止频率为 ω_S，

阻带容限为 α_2。通带定义为 $|\omega|\leq\omega_P$，$1-\alpha_1\leq|H(e^{j\omega})|\leq1$；阻带定义为 $\omega_S\leq|\omega|\leq\pi$，$|H(e^{j\omega})|\leq\alpha_2$；过渡带宽定义为 $\omega_P\leq\omega\leq\omega_S$。通带内和阻带内允许的衰减一般用 dB 来表示，通带内允许的最大衰减用 α_P 表示，阻带内允许的最小衰减用 α_S 表示，α_P 和 α_S 分别定义为

$$\alpha_P = 20\lg\frac{|H(e^{j\omega_0})|}{|H(e^{j\omega_P})|} = -20\lg|H(e^{j\omega_P})|(\text{dB}) \tag{7-1}$$

$$\alpha_S = 20\lg\frac{|H(e^{j\omega_0})|}{|H(e^{j\omega_S})|} = -20\lg|H(e^{j\omega_S})|(\text{dB}) \tag{7-2}$$

其中，$|H(e^{j\omega_0})|$ 归一化为 1。当 $\dfrac{|H(e^{j\omega_0})|}{|H(e^{j\omega_P})|} = \dfrac{\sqrt{2}}{2} = 0.707$ 时，$\alpha_P = 3$ dB，此时的 ω_P 称为低通滤波器的 3 dB 通带截止频率。

7.2　FIR 滤波器的原理

7.2.1　FIR 滤波器的概念

根据数字信号处理的基本理论，数字滤波器其实是一个时域离散系统，任何时域离散系统都可以用一个 N 阶差分方程来表示，即

$$\sum_{j=0}^{N} a_j y(n-j) = \sum_{i=0}^{M} b_i x(n-i), \quad a_0 = 1 \tag{7-3}$$

式中，$x(n)$ 和 $y(n)$ 分别是时域离散系统的输入序列和输出序列；a_j 和 b_i 均为常数；$y(n-j)$ 和 $x(n-i)$ 项只有一次项，没有交叉相乘项，故式（7-3）称为线性常系数差分方程。差分方程的阶数是由方程中 $y(n-j)$ 项 j 的最大值与最小值之差确定的。式（7-3）中，$y(n-j)$ 项 j 的最大值取 N，最小值取 0，因此称为 N 阶差分方程。

一个时域离散系统的特征可以由单位脉冲响应（也称单位取样响应或单位采样响应）$h(n)$ 表示，$h(n)$ 是指输入为单位采样序列 $\delta(n)$ 时的输出响应。当滤波器（也是一个时域离散系统）的输入序列为 $x(n)$ 时，滤波器的输出 $y(n)$ 可表示为输入序列 $x(n)$ 与单位脉冲响应序列 $h(n)$ 的线性卷积，即

$$y(n) = \sum_{k=0}^{N-1} x(k)h(n-k) = x(n)*h(n) \tag{7-4}$$

式（7-3）中，当 $a_j=0$ 且 $j>0$ 时，N 阶差分方程可表示为

$$y(n) = \sum_{i=0}^{M} b_i x(n-i) \tag{7-5}$$

对于式（7-5），当输入序列为单位采样序列 $\delta(n)$ 时，得到的单位脉冲响应 $h(n)$ 为

$$h(n) = \sum_{i=0}^{M} b_i \delta(n-i) \tag{7-6}$$

此时，$h(n)$ 是长度为 $M+1$ 的有限长序列 $\{b(0),b(0),\cdots,b(M)\}$，且 $h(0)=b(0)$，$h(1)=b(1)$，…，$h(M)=b(M)$，即 $h(n)$ 就是由 b_i（$0<i\leq M$）组成的序列。

我们把式（7-5）表示的时域离散系统称为 FIR 滤波器，即有限脉冲响应滤波器，顾名思

义，是指单位脉冲响应的长度有限的滤波器。具体来讲，FIR 滤波器的突出特点是其单位脉冲响应 $h(n)$ 是有 $M+1$ 个点的有限序列（$0 \le n \le M$）。其系统函数为

$$H(z) = \sum_{n=0}^{M} h(n) z^{-n} = h(0) + h(1)z^{-1} + \cdots + h(M)z^{-M} \tag{7-7}$$

从式（7-7）可以很容易看出，FIR 滤波器只在原点上存在极点，这使其具有全局稳定性。对于式（7-7）所示的 FIR 滤波器，定义滤波器阶数为 M，滤波器长度为 $M+1$。

为了进一步了解 FIR 滤波器的输入/输出关系，现以 4 阶 FIR 滤波器为例进行说明。根据式（7-5）可写出滤波器的输入/输出关系

$$y(n) = b_0 x(n) + b_1 x(n-1) + b_2 x(n-2) + b_3 x(n-3) + b_4 x(n-4) \tag{7-8}$$

由式（7-8）可以清楚地看出，FIR 滤波器是由一个抽头延时线加法器和乘法器构成的，每个乘法器的操作系数都是一个 FIR 滤波器系数。因此，FIR 滤波器的这种结构也称为抽头延时线结构。

FIR 滤波器的 FPGA 设计需要完成以下两个基本步骤。

（1）根据系统需求，采用 MATLAB 设计出符合频率响应特性的 FIR 滤波器系数。

（2）根据滤波器系数，采用 FPGA 实现对应的电路。

7.2.2 线性相位系统的物理意义

在设计滤波器或其他数字系统时，经常会要求设计一个具有线性相位的系统。为什么要做这样的规定呢？线性相位系统的物理意义是什么呢？线性相位系统与非线性相位系统有什么本质的区别呢？

为了理解线性系统的相位影响，首先考虑一个理想延时系统，也就是系统仅是对所有的输入序列进行一个延时。借助单位采样序列的定义，可以很容易表示理想延时系统的单位脉冲响应

$$h_{id}(n) = \delta(n - n_d) \tag{7-9}$$

该系统频率响应为

$$H_{id}(e^{j\omega}) = e^{-j\omega n_d} \tag{7-10}$$

$$|H_{id}(e^{j\omega})| = 1 \tag{7-11}$$

或

$$\arg[H_{id}(e^{j\omega})] = -\omega n_d , \qquad |\omega| < \pi \tag{7-12}$$

假设延时为整数，则这个系统具有单位增益，且相位是线性的。

再讨论一个具有线性相位的理想低通滤波器，其频率响应可定义为

$$H_{lp} = \begin{cases} e^{-j\omega n_d}, & |\omega| \le \omega_c \\ 0, & \omega_c < |\omega| < \pi \end{cases} \tag{7-13}$$

其单位采样响应为

$$h_{lp}(n) = \frac{1}{2\pi} \int_{-\omega_c}^{\omega_c} e^{-j\omega n_d} e^{j\omega n} d\omega = \frac{\sin \omega_c (n - n_d)}{\pi(n - n_d)}, \qquad -\infty < n < \infty \tag{7-14}$$

我们知道，对于一个零相位的理想低通滤波器来说，其单位脉冲响应为

$$\frac{\sin \omega_c n}{\pi n}, \qquad -\infty < n < \infty \tag{7-15}$$

对照式（7-14）和式（7-15）可知，零相位理想低通滤波器与线性相位低通滤波器的差别仅是出现延时。在很多应用中，这个延时失真并不重要，因为它的影响只是使输入序列在时间上有一个位移。因此，在近似理想低通滤波器和其他线性时不变系统的设计中，经常用线性相位响应而不用零相位响应作为理想系统。

进一步分析可知，对于非理想的低通滤波器或其他类型的滤波器来讲，由于设计者只关心通带内的频率分量信号，因此只要通带内满足线性相位的要求即可。

既然线性相位系统可以保证所有通带内输入信号（或输入序列）的相位响应是线性的，就保证了输入信号的延时特性。这一特性到底有何作用呢？前文是从延时的角度来阐述的，下面从相位的角度进行阐述。对于输入信号来讲，各频率信号的相对相位是固定的，在接收端，只要同步了输入信号中的某个频率的信号（最常见的是载波信号），就相当于同步了所有输入信号的相位，这样才可能正确地进行数据解调。线性相位系统可以保证输入信号在通过系统后，通带内信号的相对相位保持不变。对于非线性相位系统，输入信号通过该系统后，通带内各种频率信号的相对相位已经发生了改变，接收端将无法通过只同步某个频率的信号来实现通带内所有信号的相位同步。读到这里，读者可能会再次产生疑问，是不是非线性相位系统（如第 8 章介绍的 IIR 滤波器），就没有任何实用价值了呢？其实，如果一个滤波器只为获取一个频率的信号，那么系统是否具有线性相位就没有什么影响了。例如，仅为了提取载波信号的载波同步系统就是这样的系统。

通常用群延时 $\tau(\omega)$ 来表征相位的线性。一个系统的群延时 $\tau(\omega)$ 定义为相位对角频率的导数的负值，即

$$\tau(\omega) = \mathrm{grd}[H(e^{j\omega})] = -\frac{\mathrm{d}}{\mathrm{d}\omega}\left\{\arg[H(e^{j\omega})]\right\} \tag{7-16}$$

群延时是系统平均延时的一个度量，当要求滤波器具有线性相位响应特性时，通带内群延时特性应当是常数。延时偏离常数的大小表示相位非线性的程度高低。

7.2.3 FIR 滤波器的相位特性

FIR 滤波器一个突出的优点是具有严格的线性相位特性。是否所有 FIR 滤波器都具有这种严格的线性相位特性呢？事实并非如此，只有当 FIR 滤波器的单位脉冲响应满足对称条件时，FIR 滤波器才具有线性相位特性。

本章在介绍 FIR 滤波器的设计时，采用 MATLAB 进行 FIR 滤波器设计，设计的方法也十分简单，设计出的 FIR 滤波器系数，即单位脉冲响应自动具有对称特性。也就是说，对于工程设计来讲，即使不了解 FIR 滤波器单位脉冲响应与线性相位之间的关系，也可以设计出满足要求的 FIR 滤波器。

对称可分为偶对称和奇对称两种情况，下面先介绍 FIR 滤波器单位脉冲响应偶对称的情况，即

$$h(n) = h(M-n), \qquad 0 \leqslant n \leqslant M \tag{7-17}$$

此时，单位脉冲响应有 $M+1$ 个点不为零，其系统函数为

$$H(z) = \sum_{n=0}^{M} h(n)z^{-n} = \sum_{n=0}^{M} h(M-n)z^{-n} \tag{7-18}$$

令 $k = M - n$，代入式（7-18），可得

$$H(z) = \sum_{k=0}^{M} h(k) z^{-(M-k)} = z^{-M} \sum_{k=0}^{M} h(k) z^{k} = z^{-M} H(z^{-1}) \tag{7-19}$$

对式（7-19）进行简单的变换，可得

$$H(z) = \frac{1}{2}[H(z) + z^{-M} H(z^{-1})] = \frac{1}{2} \sum_{n=0}^{M} h(n)[z^{-n} + z^{-M} z^{n}]$$

$$= z^{-M/2} \sum_{n=0}^{M} h(n) \left[\frac{z^{-(n-M/2)} + z^{(n-M/2)}}{2} \right] \tag{7-20}$$

FIR 滤波器的频率响应为

$$H(\mathrm{e}^{\mathrm{j}\omega}) = H(z)\big|_{z=\mathrm{e}^{\mathrm{j}\omega}} = \mathrm{e}^{-\mathrm{j}\omega M/2} \sum_{n=0}^{M} h(n) \cos\left[\omega\left(\frac{M}{2} - n \right) \right]$$

$$= A_{\mathrm{e}}(\mathrm{e}^{\mathrm{j}\omega}) \mathrm{e}^{-\mathrm{j}\omega M/2} \tag{7-21}$$

令 $H(\mathrm{e}^{\mathrm{j}\omega}) = |H(\mathrm{e}^{\mathrm{j}\omega})| \mathrm{e}^{\mathrm{j}\varphi(\omega)}$，则

$$|H(\mathrm{e}^{\mathrm{j}\omega})| = A_{\mathrm{e}}(\mathrm{e}^{\mathrm{j}\omega}) = \sum_{n=0}^{M} h(n) \cos\left[\omega\left(\frac{M}{2} - n \right) \right] \tag{7-22}$$

显然，$A_{\mathrm{e}}(\mathrm{e}^{\mathrm{j}\omega})$ 是实的、偶对称的，并且是 ω 的周期函数，其相位特性 $\varphi(\omega) = -\frac{M}{2}\omega$，具有严格的线性特性，系统的群延时为

$$\tau(\omega) = -\frac{\mathrm{d}}{\mathrm{d}\omega}[\varphi(\omega)] = M/2 \tag{7-23}$$

即系统的群延时等于单位脉冲响应长度的一半。

弄清楚了 $h(n)$ 为偶对称的情况后，再看看 $h(n)$ 为奇对称时会有怎样的结果。当 $h(n)$ 为奇对称时，有

$$h(n) = -h(M - n), \qquad 0 \leqslant n \leqslant M \tag{7-24}$$

其系统函数为

$$H(z) = \sum_{n=0}^{M} h(n) z^{-n} = -\sum_{n=0}^{M} h(M - n) z^{-n} \tag{7-25}$$

同样，令 $k = M - n$，代入式（7-24），可得

$$H(z) = -\sum_{k=0}^{M} h(k) z^{-(M-k)} = -z^{-M} \sum_{k=0}^{M} h(k) z^{k} = -z^{-M} H(z^{-1}) \tag{7-26}$$

对式（7-26）进行简单的变换，可得

$$H(z) = \frac{1}{2}[H(z) - z^{-M} H(z^{-1})] = \frac{1}{2} \sum_{n=0}^{M} h(n)[z^{-n} - z^{-M} z^{n}]$$

$$= z^{-M/2} \sum_{n=0}^{M} h(n) \left[\frac{z^{-(n-M/2)} - z^{(n-M/2)}}{2} \right] \tag{7-27}$$

FIR 滤波器的频率响应为

$$H(\mathrm{e}^{\mathrm{j}\omega}) = H(z)\big|_{z=\mathrm{e}^{\mathrm{j}\omega}} = -\mathrm{j}\mathrm{e}^{-\mathrm{j}\omega M/2} \sum_{n=0}^{M} h(n) \sin\left[\omega\left(\frac{M}{2} - n \right) \right]$$

$$= A_{\mathrm{e}}(\mathrm{e}^{\mathrm{j}\omega}) \mathrm{e}^{-\mathrm{j}(\omega M/2 + \pi/2)} \tag{7-28}$$

令 $H(\mathrm{e}^{\mathrm{j}\omega}) = |H(\mathrm{e}^{\mathrm{j}\omega})| \mathrm{e}^{\mathrm{j}\varphi(\omega)}$，则 $\tag{7-29}$

$$|H(e^{j\omega})| = A_e(e^{j\omega}) = \sum_{n=0}^{M} h(n)\sin\left[\omega\left(\frac{M}{2} - n\right)\right] \qquad (7\text{-}30)$$

显然，$A_e(e^{j\omega})$ 是实的、奇对称的，并且是 ω 的周期函数，其相位特性 $\varphi(\omega) = -\frac{M}{2}\omega + \frac{\pi}{2}$，具有严格的线性特性，系统的群延时为

$$\tau(\omega) = -\frac{d}{d\omega}[\varphi(\omega)] = M/2 \qquad (7\text{-}31)$$

即系统的群延时等于单位脉冲响应长度的一半。

从上述分析可以得知，无论 FIR 滤波器的单位脉冲响应是偶对称的还是奇对称的，FIR 滤波器均具有线性相位特性。再仔细比较两者的相位特性，不难发现，当奇对称时，FIR 滤波器除具有 $M/2$ 个群延时外，还会产生 90°的相移。这种在所有频率上都产生 90°相移的变换称为信号的正交变换，这种网络称为正交变换网络。FIR 滤波器的线性相位特性如图 7-3 所示。

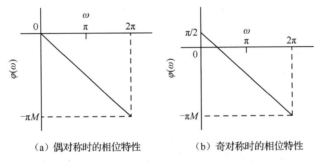

（a）偶对称时的相位特性　　　　（b）奇对称时的相位特性

图 7-3　FIR 滤波器的线性相位特性

7.2.4　FIR 滤波器的幅度特性

讨论 FIR 滤波器的幅度特性似乎意义不大，因为 FIR 滤波器的设计目的大多集中在系统的幅频响应上，即设计成低通、高通、带通或带阻滤波器。由于 FIR 滤波器的突出优点是可以保证系统的线性相位特性，因此后续的讨论也均基于具有线性相位特性的 FIR 滤波器。

讨论 FIR 滤波器的幅度特性在于进一步了解不同对称情况的单位脉冲响应结构，分别适合哪种形式的滤波器系统。毫无疑问，使用 MATLAB 设计 FIR 滤波器时，会为工程师自动生成最佳的滤波器结构。了解其中的原理有助于提升工程师的设计信心。

前文介绍 FIR 滤波器的线性相位特性时，将单位脉冲响应分为两种结构，即偶对称和奇对称。在分析幅度特性时，再进一步分为四种结构：奇数偶对称、偶数偶对称、奇数奇对称、偶数奇对称，分别如图 7-4（a）～（d）所示。

图 7-4 中的每种对称结构，都有相适应的滤波器。例如，图 7-4（a）所示的奇数偶对称结构，不适合设计成高通和带阻滤波器。详细分析每种对称结构对 FIR 滤波器性能的影响比较烦琐，读者可阅读相关文献来了解详细的推导过程。在采用 MATLAB 设计 FIR 滤波器时，MATLAB 会自动形成满足设计需求的 FIR 滤波器系数，自动采用最佳的对称结构。

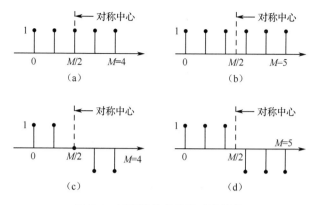

图 7-4　幅度特性的四种对称结构

为了便于对比，现将四种对称结构的 FIR 滤波器特性列出，如表 7-1 所示。

表 7-1　四种对称结构的 FIR 滤波器特性

单位脉冲响应特征	相 位 特 性	幅 度 特 性	适合何种滤波器
偶数偶对称	线性相位	在 $\omega=0$、π、2π 处偶对称	适合各种滤波器
奇数偶对称	线性相位	在 $\omega=\pi$ 处奇对称，在 $\omega=0$、2π 处偶对称	不适合高通、带阻滤波器
偶数奇对称	线性相位，附加 90° 相移	在 $\omega=0$、π、2π 处奇对称	只适合带通滤波器
奇数奇对称	线性相位，附加 90° 相移	在 $\omega=0$、2π 处奇对称，对 $\omega=\pi$ 处偶对称	适合高通、带通滤波器

7.3　FIR 滤波器的 FPGA 实现结构

7.3.1　FIR 滤波器结构的表示方法

FIR 滤波器有多种基本结构，这些基本结构是进行 FPGA 实现的基础。虽然在具体使用 FPGA 实现某种 FIR 滤波器时，还要根据 FPGA 的特点采用与之相适应的实现结构，但无论采用哪种 FPGA 实现结构，都要首先确定所要实现的 FIR 滤波器的基本结构。

一般来讲，FIR 滤波器的基本结构可分为直接型、级联型、频率采样型、快速卷积型、分布式等类型。其中，直接型结构是 FIR 滤波器最常用的结构。本章仅介绍直接型结构和级联型结构，读者可以查阅相关文献了解其他结构的工作原理。

在介绍 FIR 滤波器的基本结构之前，先了解一下数字滤波器结构的常用表示方法——信号流图。实现一个数字滤波器一般需要的运算单元有加法器、乘法器和单位延时。这些运算单元的信号流图表示方法如图 7-5 所示。

信号流图表示方法具有结构简单和使用方便等突出优点，尤其是在对滤波器进行理论分析时比较方便。在 FPGA 设计中，采用结构框图可以更加直观地表示电路的实现结构。

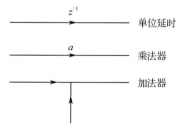

图 7-5　单位延时、乘法器和加法器在信号流图中的表示方法

7.3.2　直接型结构的 FIR 滤波器

如前所述，FIR 滤波器的输出 $y(n)$ 可表示为输入序列 $x(n)$ 与单位脉冲响应 $h(n)$ 的线性卷积，根据式（7-7）可以很容易得出直接型结构的 FIR 滤波器的信号流图（FIR 滤波器的单位脉冲响应为有 $M+1$ 个点的有限序列），如图 7-6 所示。

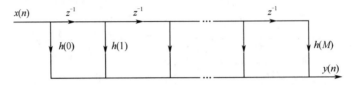

图 7-6　直接型结构的 FIR 滤波器的信号流图

根据图 7-6 所示的结构可知，对于 M 阶 FIR 滤波器，需要 $M+1$ 个乘法器、M 个单位延时，以及 1 个 $M+1$ 输入的加法器。在 FPGA 实现过程中，乘法器要比加/减法器占用更多的资源，因此在具体实现时，需要尽量减少乘法器的使用。

根据 FIR 滤波器原理可知，只有单位脉冲响应具有对称特性的 FIR 滤波器才具有线性相位特性，并且在实现 FIR 滤波器时，几乎都会使用到 FIR 滤波器的线性相位特性，即采用具有对称特性的 FIR 滤波器。

前文在讨论 FIR 滤波器的幅度特性时，将 FIR 滤波器分成了四种不同的对称结构。不同对称结构分别对应相应的直接型 FIR 滤波器基本结构。对于偶数偶对称的情况，对系统函数进行变换，可得

$$
\begin{aligned}
y(n) &= \sum_{k=0}^{M} h(k)x(n-k) \\
&= \sum_{k=0}^{M/2-1} h(k)x(n-k) + h(M/2)x(n-M/2) + \sum_{k=M/2+1}^{M} h(k)x(n-k) \\
&= \sum_{k=0}^{M/2-1} h(k)x(n-k) + h(M/2)x(n-M/2) + \sum_{k=0}^{M/2-1} h(M-k)x(n-M+k) \\
&= \sum_{k=0}^{M/2-1} h(k)[x(n-k)+x(n-M+k)] + h(M/2)x(n-M/2)
\end{aligned}
\tag{7-32}
$$

采用同样的方法，可得出其他几种结构的系统函数。对于奇数偶对称的情况，系统函数变换为

$$
y(n) = \sum_{k=0}^{(M-1)/2} h(k)[x(n-k)+x(n-M+k)]
\tag{7-33}
$$

对于偶数奇对称的情况，系统函数变换为

$$
y(n) = \sum_{k=0}^{M/2-1} h(k)[x(n-k)-x(n-M+k)] + h(M/2)x(n-M/2)
\tag{7-34}
$$

对于奇数奇对称的情况，系统函数变换为

$$
y(n) = \sum_{k=0}^{(M-1)/2} h(k)[x(n-k)-x(n-M+k)]
\tag{7-35}
$$

根据式（7-32）～式（7-35），可以分别画出相应的实现结构。图 7-7 所示是式（7-33）

对应的直接型结构的 FIR 滤波器的信号流图。

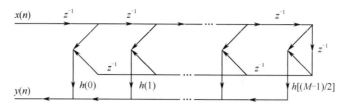

图 7-7 奇数偶对称直接型结构的 FIR 滤波器的信号流图

对比图 7-6 和图 7-7 可以明显看出，对于阶数相同的 FIR 滤波器，线性相位的 FIR 滤波器要比非线性相位的 FIR 滤波器减少近一半的乘法运算。当然，即使设计线性相位的 FIR 滤波器，设计者也可以采用图 7-6 所示的结构，只是会明显地耗费资源。

7.3.3 级联型结构的 FIR 滤波器

我们知道，FIR 滤波器的系统函数没有极点，只有零点。因此，可以将 FIR 滤波器的系统函数分解成实系数二阶因子的乘积形式，即

$$H(z) = \sum_{n=0}^{M} h(n)z^{-n} = \prod_{k=1}^{N_c} (b_{0k} + b_{1k}z^{-1} + b_{2k}z^{-2}) \tag{7-36}$$

式中，$N_c = [M/2]$ 是 $M/2$ 的最大取整数。级联型结构线性相位 FIR 滤波器的信号流图如图 7-8 所示。

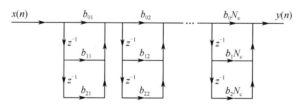

图 7-8 级联型结构线性相位 FIR 滤波器的信号流图

根据式（7-36）及图 7-8 可知，对于 M 阶的 FIR 滤波器，如果采用级联型结构，则大约需要 $3M/2$ 个乘法器，因此在 FPGA 实现时一般不采用级联型结构。

7.4 基于累加器的 FIR 滤波器设计

7.4.1 基于累加器的 FIR 滤波器性能分析

实例 7-1：基于累加器的 FIR 滤波器的 FPGA 设计

以 4 阶 FIR 滤波器为例，采用 MATLAB 仿真分析基于累加器的 FIR 滤波器性能，采用 FPGA 实现 FIR 滤波器，通过 ModelSim 验证 FIR 滤波器的正确性。

根据前面的分析可知，数字滤波器主要用于分离频率信号，使某些频率的信号无损地通过，同时阻止某些频率的信号。对于工程师来讲，一方面需要根据用户的需求设计出性能稳

定的数字滤波器，另一方面还需要具备分析给定数字滤波器性能的能力。

FIR 滤波器是指单位脉冲响应长度有限的数字滤波器。根据前文的分析可知，FIR 滤波器的基本组成部分包括乘法器、加法器、单位延时等。对于 FPGA 来讲，加法器可以采用 VHDL 中的加法运算实现，乘法器可以采用乘法器 IP 核实现，单位延时可以采用 D 触发器实现。在详细讨论复杂的 FIR 滤波器设计之前，先讨论一下简单的 FIR 滤波器设计，即基于累加器的 FIR 滤波器设计。

以 4 阶（长度为 5）FIR 滤波器为例，对于式（7-8），当 FIR 滤波器的所有系数均为 1 时，滤波器的输出/输入关系为

$$y(n) = x(n) + x(n-1) + x(n-2) + x(n-3) + x(n-4) \tag{7-37}$$

此时的单位脉冲响应为 $h(n) = \{1,1,1,1,1\}$。从式（7-37）可以看出，FIR 滤波器的表达式非常简单，其物理意义也很明确，即对连续输入的 4 个数进行累加运算，得到 FIR 滤波器的输出结果。这种简单的 FIR 滤波器如何对信号进行滤波处理呢？我们先以一个具体的输入信号为例进行说明。

假设输入的信号是由两个频率（f_1=20 Hz，f_2=2 Hz）信号叠加形成的信号，即

$$x(t) = \sin(40\pi t) + \sin(4\pi t) \tag{7-38}$$

现以频率 f_s=100 Hz 对输入信号进行采样，即每间隔 0.01 s 采样一次，可得到输入序列

$$x(n) = \sin(2n\pi/5) + \sin(2n\pi/50) \tag{7-39}$$

采用式（7-37）所示的系统对输入序列进行处理，会得到什么样的结果呢？我们通过 MATLAB 来仿真测试一下。

在编写 MATLAB 程序之前，先了解一下本实例需要用到的两个基本函数：计算滤波器输出响应的函数 filter() 和绘制系统频率响应的函数 freqz()。

filter() 函数用于计算滤波器的输出响应（也称输出序列），该函数的调用格式如下。

```
y=filter(b,a,x)
```

其中，b 对应由式（7-3）中系数 b_i 组成的序列；a 对应由式（7-3）中系数 a_j 组成的序列；x 为输入序列；y 为输出序列。对于 FIR 滤波器来讲，a=1。

feqz() 函数用于绘制系统的频率响应，该函数的调用格式如下。

```
freqz(b,a)
```

其中，b 对应由式（7-3）中系数 b_i 组成的序列；a 对应由式（7-3）中系数 a_j 组成的序列。该函数运行后可绘制系统的频率响应曲线，包括幅频响应曲线和相频响应曲线。

下面是用于分析基于累加器的 FIR 滤波性能的 MATLAB 程序代码。

```
%AccumulatorFir.m
f1=20;                          %信号 1 的频率为 20 Hz
f2=2;                           %信号 2 的频率为 2 Hz
fs=100;                         %采样频率为 100 Hz
t=0:1/fs:5;                     %产生 5 s 的时间序列
s=sin(2*pi*f1*t)+sin(2*pi*f2*t);    %产生两个信号的叠加信号

b=[1,1,1,1,1];                  %基于累加器的 FIR 滤波器系数
y=filter(b,1,s);               %求出 FIR 滤波器的输出序列
```

```
%第 1 幅图绘制输入/输出信号
figure(1);
subplot(211); plot(t,s);
legend('输入信号波形');
xlabel('时间/s');ylabel('幅度/V');
subplot(212);plot(t,y);
legend('输出信号波形');
xlabel('时间/s');ylabel('幅度/V');

%第 2 幅图绘制滤波器频率响应
figure(2);
freqz(b,1);
```

MATLAB 仿真得到的输入、输出信号波形如图 7-9 所示，基于累加器的 4 阶 FIR 频率响应如图 7-10 所示。

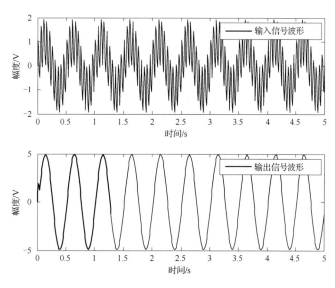

图 7-9　MATLAB 仿真得到的输入、输出信号波形

从图 7-9 可以看出，输入信号是两个频率信号的叠加，输出信号是频率为 2 Hz 的单频信号。也就是说，基于累加器的 FIR 滤波器将频率为 20 Hz 的信号完全滤除了，只剩下频率为 2 Hz 的信号。

为什么长度为 5（阶数为 4）的 FIR 滤波器（由于 FIR 滤波器系数全部为 1，因此相当于一个累加器）会将频率为 20 Hz 的信号完全滤除，而完全保留频率为 2 Hz 的信号呢？

累加器的结构非常简单，得到这样的运算结果似乎有些令人意外。深刻理解其中的工作过程对我们理解 FIR 滤波器的原理及设计有很大的帮助。

首先，从时域角度来理解上述程序的运行结果。对于式（7-37）所示的累加器，在时域中，输出等于连续 5 个输入数据之和。对于输入信号中频率为 20 Hz 的信号，采样频率为 100 Hz，每个周期都有 5 个采样数据。对于正弦波信号来讲，这样 5 个数据之和进行累加，和刚好为 0。因此，对于长度为 5 的基于累加器的 FIR 滤波器，当采样频率为 100 Hz 时，刚好可以完全滤除频率为 20 Hz 的信号。同时，对于频率为 2 Hz 的信号来讲，每个周期都采样 50 个数据，对这 50 个连续数据进行累加相当于在一定程度上的平滑处理，没有明显的滤除效果。

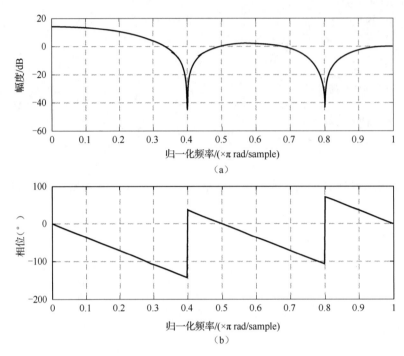

图 7-10　基于累加器的 4 阶 FIR 频率响应

　　然后，从频域角度来理解程序的运行结果。图 7-10（b）所示的相频响应特性可以看出，系统的相频响应分段呈现线性，分别在 0～0.4、0.4～0.8、0.8～1 段呈现线性。其中，横坐标为相对于 π 的归一化频率。根据 7.1 节的讨论可知，数字角频率与模拟频率有固定的转换关系，如果系统的采样频率为 f_s，则 π 对应于采样频率的一半，即 $f_s/2$。在本实例中，$f_s = 100$ Hz，因此 0.4 对应的模拟频率为 $0.4 \times f_s/2 = 20$ Hz。

　　图 7-10（a）所示为幅频响应特性，横坐标为相对于 π 的归一化频率；纵坐标为幅度，单位为 dB，计算公式为

$$G = 20 \lg A \tag{7-40}$$

式中，A 为放大倍数；G 为由放大倍数平方转换的 dB 值。当归一化频率为 0.4（对应的模拟频率为 20 Hz）时，对应的增益约为-45 dB，表示有大幅度衰减；当归一化频率为 0.04（对应的模拟频率为 2 Hz）时，对应的增益约为 14 dB，表示放大为原来的 5 倍。从图 7-9 可以看出，滤波后的 2 Hz 信号的幅度为 5 V，刚好是输入信号幅度（1 V）的 5 倍。

7.4.2　基于累加器的 FIR 滤波器设计步骤

1. 基于累加器的 FIR 滤波器 FPGA 实现结构

采用 MATLAB 中的 filter()函数可以直接实现滤波运算，但在 FPGA 中则需要用加法器、

乘法器、触发器等来搭建 FIR 滤波器电路，从而实现对输入信号的滤波。对于基于累加器的 FIR 滤波器的 FPGA 实现来讲，需要在 FPGA 中实现式（7-37）所示的运算。如前所述，在 FPGA 中实现 FIR 滤波器可以采用直接型、级联型等结构，不同的结构对应不同的设计方法。其中，直接型结构简单高效，在工程上的应用十分广泛。

直接型结构的 FIR 滤波器信号流图如图 7-6 所示。对基于累加器的 FIR 滤波器而言，由于 FIR 滤波器的所有系数均为 1，因此不存在乘法运算。基于累加器的 FIR 滤波器的 FPGA 实现结构如图 7-11 所示。

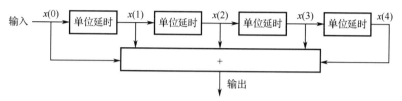

图 7-11　基于累加器的 FIR 滤波器的 FPGA 实现结构

由于没有乘法运算，因此结构十分简单。图 7-11 中的加法运算可以直接采用 VHDL 中的加法运算符来实现，单位延时相当于一级 D 触发器。

2. 基于累加器的 FIR 滤波器 FPGA 实现的 VHDL 设计

在进行 VHDL 设计之前，需要对输入数据和输出数据的位宽进行设计。在进行 MATLAB 仿真时，所有数据都是实数；在进行 FPGA 设计时，所有数据都是二进制数。根据前面章节的讨论可知，FPGA 中二进制数的小数点位置是由设计者确定的。

为了便于分析，设定输入数据的小数点位置在最低位的右边，即数据为整数。实例 7-1 中的输入信号（输入数据）是 9 位有符号数。根据累加器的原理可知，其输入数据为连续 5 个输入信号之和，输出数据的最大值为输入数据最大值的 5 倍。因此，输出数据比输入数据多 3 位（$2^2<5<2^3$），将输出数据设置为 12 位可确保运算结果不会溢出。

在分析了基于累加器的 FIR 滤波器 FPGA 实现结构及相关参数后，可进行 VHDL 设计。在 Quartus Ⅱ 13.1 中新建名为 "AccumulatorFir" 的工程，新建 "VHDL" 类型的资源，设置资源文件名为 "AccumulatorFir.vhd"。下面给出 AccumulatorFir.vhd 的 VHDL 代码。

```
-- AccumulatorFir.vhd
library IEEE;
use IEEE.STD_LOGIC_1164.ALL;
use IEEE.STD_LOGIC_ARITH.ALL;
use IEEE.STD_LOGIC_SIGNED.ALL;              --有符号数据包

entity AccumulatorFir is
port (clk    : in std_logic;                --系统时钟信号频率为 100 Hz
      xin    : in std_logic_vector(8 downto 0);   --输入数据
      yout   : out std_logic_vector(11 downto 0));  --滤波器输出数据
end AccumulatorFir;

architecture Behavioral of AccumulatorFir is
```

```
    signal x1,x2,x3,x4: std_logic_vector(8 downto 0);

begin

    --产生 4 级触发器输出信号，相当于 4 级延时后的信号
    process(clk)
    begin
        if rising_edge(clk) then
            x1 <= xin;
            x2 <= x1;
            x3 <= x2;
            x4 <= x3;
        end if;
    end process;

    --对连续 5 个输入信号进行累加，完成滤波输出
    yout <= xin(8)&xin(8)&xin(8)&xin + x1 + x2 + x3 + x4;

end Behavioral;
```

基于累加器的 FIR 滤波器 FPGA 实现的 VHDL 程序并不复杂，程序的输入数据是频率为 100 Hz 的时钟信号和 9 位有符号数，输出数据是 12 位有符号数。在程序中，先采用 process 块语句产生 4 个级联的触发器，然后对输入信号 xin，以及 4 个触发器输入信号 x1、x2、x3、x4 进行求和，得到滤波输出。由于输出数据的位宽为 12 位，输入数据位宽为 9 位，因此采用 "&" 符号对 xin 信号进行位宽扩展。根据 VHDL 语法，加法运算的最终位宽与操作数的最大位宽相同。需要注意的是，由于输入数据和输出数据均为有符号数，因此程序文件头中包含的是有符号（SIGNED）数据包。

7.4.3 基于累加器的 FIR 滤波器 FPGA 实现后的功能仿真

1. 基于累加器的 FIR 滤波器 FPGA 实现的 VHDL 程序运算功能仿真

在完成基于累加器的 FIR 滤波器 FPGA 实现的 VHDL 程序后，还需要测试 VHDL 程序功能的正确性。累加器的功能十分简单，就是完成连续 5 个输入信号的求和运算。因此，在验证基于累加器的 FIR 滤波器功能之前，可以先验证累加器的运算功能是否满足设计要求。

测试激励文件为 AccumulatorFir.vhd.vht，完善生成输入数据波形的部分代码如下。

```
--产生系统时钟信号
    clk_process :process
    begin
        clk <= '0';
        wait for clk_period/2;
        clk <= '1';
        wait for clk_period/2;
    end process;
```

```
--产生递增数据，作为输入数据
process(clk)
    begin
        if rising_edge(clk) then
            xin <= xin + 100;
        end if;
end process;
```

设置好仿真参数后，运行 ModelSim，在仿真波形界面中添加 x1、x2、x3、x4，可得到如图 7-12 所示的仿真波形。

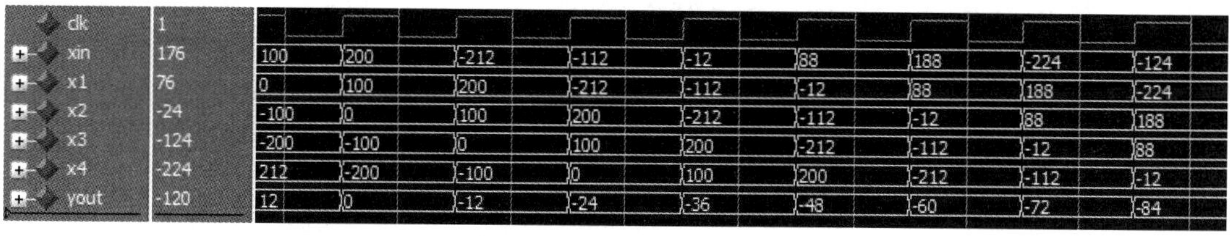

clk	1								
xin	176	100	200	-212	-112	-12	88	188	-224	-124
x1	76	0	100	200	-212	-112	-12	88	188	-224
x2	-24	-100	0	100	200	-212	-112	-12	88	188
x3	-124	-200	-100	0	100	200	-212	-112	-12	88
x4	-224	212	-200	-100	0	100	200	-212	-112	-12
yout	-120	12	0	-12	-24	-36	-48	-60	-72	-84

图 7-12　累加器程序运算功能的仿真波形

从图 7-12 可以看出，x1、x2、x3、x4 分别相对于 xin 延时 1～4 个时钟周期，输出数据 yout 的值等于前 5 个信号之和，说明累加器程序的运算功能满足设计的要求。

根据实例 7-1 的要求，最终目的是要实现滤波功能，因此在仿真累加器程序的运算功能基础上，还需要基于累加器的 FIR 滤波器的滤波功能，即参照 MATLAB 仿真过程，测试 FPGA 程序是否能够完全滤除输入信号中频率为 20 Hz 的信号。

2. 基于累加器的 FIR 滤波器 FPGA 实现的 VHDL 程序滤波功能仿真

通过编写测试激励文件产生频率叠加信号的方法比较复杂，为了便于测试，可以先编写生成频率叠加信号的 VHDL 文件 data.vhd，再编写顶层文件 top.vhd，将 data.vhd 和 AccumulatorFir.vhd 文件作为功能模块（data 模块和 AccumulatorFir 模块），且将 data 模块的输出信号（频率叠加信号）作为 AccumulatorFir 模块的输入信号。

data 模块（生成频率叠加信号的模块）主要由两个 DDS 核组成。在 VHDL 程序中，首先调用两个 DDS 核，分别产生位宽为 10 位（Quartus II 13.1 的 DDS 核输出位宽最小为 10 位）、频率为 2 Hz 及 20 Hz 的信号（正弦波信号），系统时钟信号频率为 100 Hz；然后对两路信号求和，得到频率叠加信号，并对叠加后的信号进行截位处理，形成 9 位数据。DDS 核的使用方法在第 6 章已有详细介绍，下面直接给出 data.vhd 文件代码。

```
--data.vhd
library IEEE;
use IEEE.STD_LOGIC_1164.ALL;
use IEEE.STD_LOGIC_ARITH.ALL;
use IEEE.STD_LOGIC_SIGNED.ALL;

entity data is
port (clk     : in std_logic;                          --系统时钟信号频率为 100 Hz
       dout    : out std_logic_vector(8 downto 0));     --滤波器输出数据
```

```
end data;

architecture Behavioral of data is

        component wave
        port(
                phi_inc_i   : in std_logic_vector (15 downto 0);
                clk          : in std_logic;
                reset_n      : in std_logic;
                clken        : in std_logic;
                freq_mod_i: in std_logic_vector (15 downto 0);
                fsin_o       : out std_logic_vector (9 downto 0);
                out_valid    : out std_logic);
        end component;

        signal phi_inc_i: std_logic_vector(15 downto 0):=(others=>'0');
        signal freq_2Hz: std_logic_vector(15 downto 0):="0000010100011110";
        signal freq_20Hz: std_logic_vector(15 downto 0):="0011001100110011";
        signal sin2,sin20: std_logic_vector(9 downto 0);
        signal reset_n: std_logic:='1';
        signal clken: std_logic:='1';

begin

        u1: wave port map(
                phi_inc_i => phi_inc_i,
                clk => clk,
                reset_n => reset_n,
                clken => clken,
                freq_mod_i => freq_2Hz,
                fsin_o => sin2);

        u2: wave port map(
                phi_inc_i => phi_inc_i,
                clk => clk,
                reset_n => reset_n,
                clken => clken,
                freq_mod_i => freq_20Hz,
                fsin_o => sin20);

        --求和，输出频率叠加信号
        process(clk)
        begin
            if rising_edge(clk) then
                    dout <= (sin2(9)&sin2(9 downto 2)) + sin20(9 downto 2);
            end if;
        end process;
```

在 DDS 核参数设置界面中，将 DDS 核的输出位宽设置为"8"，将相位累加字位宽设置为"16"；设置为调频模式，在 DDS 核系统时钟信号频率设置界面中，设置时钟频率为 100Hz。根据 DDS 工作原理，当相位累加字的值为 1311 时，产生频率为 2 Hz 的信号；当相位累加字的值为 13107 时，产生频率为 20 Hz 的信号。

顶层文件 top.vhd 的代码如下。

```vhdl
--top.vhd
library IEEE;
use IEEE.STD_LOGIC_1164.ALL;
use IEEE.STD_LOGIC_ARITH.ALL;
use IEEE.STD_LOGIC_SIGNED.ALL;

entity top is
port (clk          : in std_logic;                          --系统时钟信号频率为 100 Hz
      dout         : out std_logic_vector(11 downto 0));    --滤波器输出数据
end top;

architecture Behavioral of top is

    component data
    port(
        clk  : in std_logic;
        dout : out std_logic_vector (8 downto 0));
    end component;

    component AccumulatorFir
    port(
        clk  : in std_logic;
        xin  : in std_logic_vector (8 downto 0);
        yout : out std_logic_vector (11 downto 0));
    end component;

    signal xin: std_logic_vector(8 downto 0);

begin

    u1: data port map(
        clk => clk,
        dout => xin);

    u2: AccumulatorFir port map(
        clk => clk,
        xin => xin,
        yout => dout);

end Behavioral;
```

运行 ModelSim，在仿真波形界面中添加 xin 信号，可得到基于累加器的 FIR 滤波器 FPGA 实现的 VHDL 程序滤波功能的仿真波形，如图 7-13 所示。

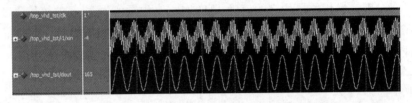

图 7-13　基于累加器的 FIR 滤波器 FPGA 实现的 VHDL 程序滤波功能的仿真波形

从图 7-13 可以看出，基于累加器的 FIR 滤波器的输入是 2 路频率信号的叠加，其输出是频率为 2 Hz 的单频信号，有效滤除了频率为 20 Hz 的信号，与 MATLAB 的仿真结果一致。

7.5　FIR 滤波器的 MATLAB 设计

通过前面对基于累加器的 FIR 滤波器的原理及设计的分析可以看出，FIR 滤波器的 FPGA 实现并不复杂。基于累加器的 FIR 滤波器结构简单、性能受限，仅能满足一些对滤波性能要求不高的场合。但由于这种 FIR 滤波器不需要乘法器，实现效率高，在一些特殊场合中，尤其是多速率信号处理中应用得非常广泛。

在 7.2.1 节中提到，实现 FIR 滤波器的 FPGA 设计需要两个基本步骤，本节介绍第一个基本步骤。MATLAB 提供了多个用于 FIR 滤波器的函数及工具，本书仅讨论使用最为广泛的 fir1() 函数、firpm() 函数及 FDATOOL 工具。

7.5.1　基于 fir1() 函数的 FIR 滤波器设计

1. fir1() 函数功能的简介

在 MATLAB 中，可以使用 fir1() 函数设计低通、带通、高通、带阻等多种类型的具有严格线性相位特性的 FIR 滤波器。需要说明的是，基于 fir1() 函数的 FIR 滤波器设计实际上采用了窗函数设计方法。fir1() 函数的语法主要有以下几种形式。

```
b=fir1(n,wn);
b=fir1(n,wn,'ftype');
b=fir1(n,wn, 'ftype',window);
```

其中，各参数的意义及作用如下所述。

（1）b：返回的 FIR 滤波器的单位脉冲响应，具有对称性，阶数为 n，长度为 n+1。

（2）n：FIR 滤波器的阶数。需要注意的是，设计出的 FIR 滤波器长度为 n+1。

（3）wn：滤波器截止频率。需要注意的是，0<wn<1，1 对应信号采样频率的 1/2。如果 wn 是单个数值，则当 ftype 为 low 时，表示设计的是 3 dB 截止频率为 wn 的低通滤波器；当 ftype 为 high 时，表示设计的是 3 dB 截止频率为 wn 的高通滤波器。如果 wn 是由两个数组成的向量[wn1 wn2]，则当 ftype 为 stop 时，表示设计带阻滤波器；当 ftype 为 bandpass 时，表

示设计带通滤波器。如果 wn 是由多个数组成的向量，则表示根据 ftype 的值设计多个通带或阻带范围的滤波器。

（4）window：指定使用的窗函数，默认为海明窗（Hamming）。最常用的窗函数有汉宁窗（Hanning）、海明窗（Hamming）、布拉克曼窗（Blackman）和凯塞窗（Kaiser）。在 MATLAB 命令行窗口中输入"help window"命令可以查询各种窗函数的名称。

从 fir1()函数的语法形式可以看出，使用窗函数设计方法只能选择滤波器的截止频率及阶数，而无法选择滤波器的通带、阻带衰减、过渡带宽等参数，而这些参数与所选择窗函数的类型密切相关。

2．fir1()函数的使用方法

fir1()函数的使用方法十分简单。例如，要设计一个归一化截止频率为 0.2、阶数为 11、采用海明窗的低通 FIR 滤波器，只需在 MATLAB 命令行窗口中依次输入以下几条命令，即可获得低通 FIR 滤波器的单位脉冲响应及幅频响应。

```
b=fir1(11,0.2);
plot(20*log(abs(fft(b)))/log(10));
```

现在我们来做个试验，验证不同对称结构所适合的滤波器类型。例如，表 7-1 中的第二行，即奇数偶对称情况，不适合设计成高通滤波器。在 MATLAB 中输入以下命令，设计归一化截止频率为 0.2、阶数为 11 阶、采用海明窗的高通滤波器。

```
b=fir1(11,0.2,'high');
```

输入上述命令后，命令行窗口中出现以下警告信息。

```
Warning: Odd order symmetric FIR filters must have a gain of zero at the Nyquist frequency. The order is being increased by one.
```

信息提示，奇数偶对称的 FIR 滤波器在奈奎斯特频率处无增益，FIR 滤波器阶数已增加了一阶，同时输出长度为 13 的脉冲响应序列，即

> 0.0025　0.0000　−0.0145　−0.0543　−0.1162　−0.1750　0.7976　−0.1750　−0.1162　−0.0543
> −0.0145 0.0000　0.0025

实例 7-2：基于 fir1()函数的 FIR 滤波器设计

采用海明窗，分别设计长度为 41（阶数为 40）的低通（截止频率为 200 Hz）、高通（截止频率为 200 Hz）、带通（通带为 200～400 Hz）、带阻（阻带为 200～400 Hz）FIR 滤波器，采样频率为 2000 Hz，画出各种 FIR 滤波器的单位脉冲响应及幅频响应曲线。

根据实例 7-2 的要求，使用 fir1()函数很容易设计出所需的 FIR 滤波器。E7_2_fir1.m 文件的代码如下。

```
%E7_2_fir1.m 文件的代码
N=41;                    %FIR 滤波器的长度
fs=2000;                 %采样频率
%各种 FIR 滤波器的特征频率
```

```
fc_lpf=200;
fc_hpf=200;
fp_bandpass=[200 400];
fc_stop=[200 400];

%以采样频率的一半对频率进行归一化处理
wn_lpf=fc_lpf*2/fs;
wn_hpf=fc_hpf*2/fs;
wn_bandpass=fp_bandpass*2/fs;
wn_stop=fc_stop*2/fs;

%采用 fir1()函数设计 FIR 滤波器
b_lpf=fir1(N-1,wn_lpf);
b_hpf=fir1(N-1,wn_hpf,'high');
b_bandpass=fir1(N-1,wn_bandpass,'bandpass');
b_stop=fir1(N-1,wn_stop,'stop');

%求 FIR 滤波器的幅频响应
m_lpf=20*log(abs(fft(b_lpf)))/log(10);
m_hpf=20*log(abs(fft(b_hpf)))/log(10);
m_bandpass=20*log(abs(fft(b_bandpass)))/log(10);
m_stop=20*log(abs(fft(b_stop)))/log(10);

%设置幅频响应的横坐标单位为 Hz
x_f=[0:(fs/length(m_lpf)):fs/2];

%绘制单位脉冲响应
subplot(421);stem(b_lpf);xlabel('n');ylabel('h(n)');
subplot(423);stem(b_hpf);xlabel('n');ylabel('h(n)');
subplot(425);stem(b_bandpass);xlabel('n');ylabel('h(n)');
subplot(427);stem(b_stop);xlabel('n');ylabel('h(n)');

%绘制幅频响应曲线
subplot(422);plot(x_f,m_lpf(1:length(x_f)));
xlabel('频率/Hz','fontsize',8);ylabel('幅度/dB','fontsize',8);
subplot(424);plot(x_f,m_hpf(1:length(x_f)));
xlabel('频率/Hz','fontsize',8);ylabel('幅度/dB','fontsize',8);
subplot(426);plot(x_f,m_bandpass(1:length(x_f)));
xlabel('频率/Hz','fontsize',8);ylabel('幅度/dB','fontsize',8);
subplot(428);plot(x_f,m_stop(1:length(x_f)));
xlabel('频率/Hz','fontsize',8);ylabel('幅度/dB','fontsize',8);
```

基于 fir1()函数的各种 FIR 滤波器的单位脉冲响应及幅频响应曲线如图 7-14 所示。

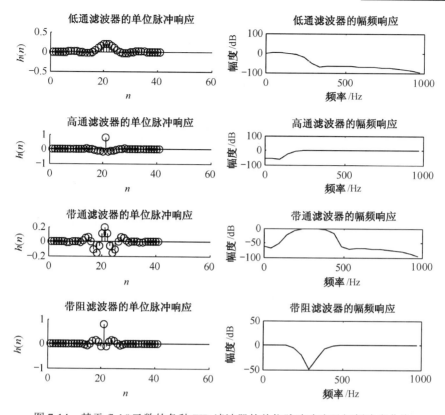

图 7-14　基于 fir1()函数的各种 FIR 滤波器的单位脉冲响应及幅频响应曲线

7.5.2　各种窗函数性能的比较

采用窗函数设计 FIR 滤波器时，FIR 滤波器的性能除和 FIR 滤波器阶数的有关外，还与窗函数的形状有关。对工程师来说，虽然没有必要详细了解各种窗函数的设计原理，但必须了解各种窗函数的性能。本节首先给出几种常用窗函数的函数表达式及其性能对比，7.5.3 节通过 MATLAB 绘制各种窗函数的曲线，7.5.4 节以一个实例来验证在 FIR 滤波器阶数相同的情况下，采用不同窗函数设计出的低通 FIR 滤波器的性能。

矩形窗的表达式及傅里叶变换分别为

$$R_N(n) = \begin{cases} 1, & 0 \le n \le N-1 \\ 0, & 其他 \end{cases} \tag{7-41}$$

$$W_R(e^{j\omega}) \approx e^{-j\omega\frac{N-1}{2}} \frac{\sin(N\omega/2)}{\sin(\omega/2)} \tag{7-42}$$

汉宁窗（Hanning）的表达式及傅里叶变换分别为

$$\omega(n) = \sin^2[\pi n/(N-1)]R_N(n) = 0.5 - 0.5\cos[2\pi n/(N-1)], \qquad 0 \le n \le N-1 \tag{7-43}$$

$$W(e^{j\omega}) \approx 0.5W_R(e^{j\omega}) + 0.25[W_R(\omega - 2\pi/N) + W_R(\omega + 2\pi/N)] \tag{7-44}$$

海明窗（Hamming）的表达式及傅里叶变换分别为

$$\omega(n) = 0.54 - 0.46\cos[2\pi n/(N-1)], \qquad 0 \le n \le N-1 \tag{7-45}$$

$$W(e^{j\omega}) \approx 0.54W_R(e^{j\omega}) + 0.23[W_R(\omega - 2\pi/N) + W_R(\omega + 2\pi/N)] \tag{7-46}$$

布拉克曼窗（Blackman）的表达式及傅里叶变换分别为

$$\omega(n) = 0.42 - 0.5\cos[2\pi n/(N-1)] + 0.08\cos[4\pi n/(N-1)] , \qquad 0 \le n \le N-1 \qquad (7\text{-}47)$$

$$W(e^{j\omega}) = 0.42 W_R(e^{j\omega}) + 0.25\{W_R[\omega - 2\pi/(N-1)] + W_R[\omega + 2\pi/(N-1)]\} + \\ 0.04\{W_R[\omega - 4\pi/(N-1)]\} + W_R[\omega + 4\pi/(N-1)] \qquad (7\text{-}48)$$

凯塞窗（Kaiser）的表达式为

$$\omega(n) = \frac{I_0\{\beta\sqrt{1 - [1 - 2n/(N-1)]^2}\}}{I_0(\beta)} , \qquad 0 \le n \le N-1 \qquad (7\text{-}49)$$

式中，$I_0(x)$ 是第一类变形零阶贝塞尔函数；β 是窗函数的形状参数，可以自由选择。改变 β 值可以调节主瓣宽度和旁瓣电平。$\beta=0$ 相当于矩形窗，其典型值为 4～9。凯塞窗由于具有可调节性，且可根据 FIR 滤波器的过渡带宽、通带纹波等参数估计其阶数，故使用较为广泛。

为了便于比较，表 7-2 列出了常用窗函数的基本参数。从表 7-2 可以看出，矩形窗的归一化过渡带宽最窄，但旁瓣峰值幅度最高，阻带最小衰减最少。与汉宁窗相比，海明窗的归一化过渡带宽与汉宁窗相同，但旁瓣峰值幅度更小，且阻带最小衰减更大，因此性能比汉宁窗好。当 $\beta=7.856$ 时，与布拉克曼窗相比，凯塞窗的基本参数均表现出更好的性能。

表 7-2　常用窗函数的基本参数

窗　函　数	旁瓣峰值幅度/dB	归一化过渡带宽	阻带最小衰减/dB
矩形窗	−13	4/N	−21
汉宁窗	−31	8/N	−44
海明窗	−41	8/N	−53
布拉克曼窗	−57	12/N	−74
凯塞窗（形状参数 β=0.7856）	−57	10/N	−80

7.5.3　各种窗函数性能的仿真

实例 7-3：通过 MATLAB 仿真由不同窗函数设计的 FIR 滤波器性能

采用表 7-2 中窗函数，利用 MATLAB 分别设计截止频率为 200 Hz、采样频率为 2000 Hz 的低通 FIR 滤波器，滤波器的长度为 81（80 阶），并画出各 FIR 滤波器的幅频响应曲线。

该实例的 MATLAB 程序 E7_3_windows.m 文件的代码如下。

```
%E7_3_windows.m 文件的代码
N=81;                         %FIR 滤波器的长度
fs=2000;                      %FIR 滤波器的采样频率
fc=200;                       %低通 FIR 滤波器的截止频率

%生成各种窗函数
w_rect=rectwin(N)';
w_hann=hann(N)';
w_hamm=hamming(N)';
w_blac=blackman(N)';
w_kais=kaiser(N,7.856)';
```

```
%采用 fir1()函数设计 FIR 滤波器
b_rect=fir1(N-1,fc*2/fs,w_rect);
b_hann=fir1(N-1,fc*2/fs,w_hann);
b_hamm=fir1(N-1,fc*2/fs,w_hamm);
b_blac=fir1(N-1,fc*2/fs,w_blac);
b_kais=fir1(N-1,fc*2/fs,w_kais);

%求 FIR 滤波器的的幅频响应
m_rect=20*log(abs(fft(b_rect,512)))/log(10);
m_hann=20*log(abs(fft(b_hann,512)))/log(10);
m_hamm=20*log(abs(fft(b_hamm,512)))/log(10);
m_blac=20*log(abs(fft(b_blac,512)))/log(10);
m_kais=20*log(abs(fft(b_kais,512)))/log(10);

%设置幅频响应的横坐标单位为 Hz
x_f=[0:(fs/length(m_rect)):fs/2];
%只显示正频率部分的幅频响应
m1=m_rect(1:length(x_f));
m2=m_hann(1:length(x_f));
m3=m_hamm(1:length(x_f));
m4=m_blac(1:length(x_f));
m5=m_kais(1:length(x_f));

%绘制幅频响应曲线
plot(x_f,m1,'.',x_f,m2,'*',x_f,m3,'x',x_f,m4,'--',x_f,m5,'-.');
xlabel('频率/Hz','fontsize',8);ylabel('幅度/dB','fontsize',8);
legend('矩形窗','汉宁窗','海明窗','布拉克曼窗','凯塞窗');
grid;
```

采用不同窗函数设计的低通 FIR 滤波器的幅频响应曲线如图 7-15 所示，可以看出，在低通 FIR 滤波器阶数相同的情况下，凯塞窗具有更好的性能，在截止频率（200 Hz）处，幅度衰减约为-6.4 dB，低通 FIR 滤波器的 3 dB 带宽实际约为 184.3 Hz。

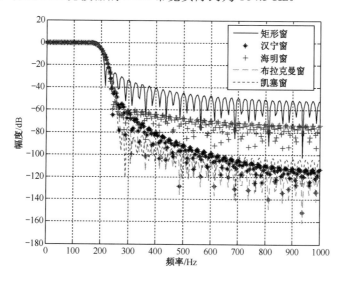

图 7-15　采用不同窗函数设计的低通 FIR 滤波器的幅频响应曲线

7.5.4 基于 firpm()函数的 FIR 滤波器设计

采用 fir1()函数设计 FIR 滤波器的本质是采用窗函数来设计 FIR 滤波器，这种方法十分简单。但从 FIR 滤波器的幅频响应来看，FIR 滤波器在通带或阻带的衰减特性不是等纹波的，呈现逐渐衰减的特性。以图 7-16 所示的低通 FIR 滤波器为例，对大多数工程实例来讲，通常仅需要阻带的衰减大于某个值即可，如需要在大于 400 Hz（阻带）的情况下大于 40 dB（衰减）。对矩形窗来讲，由于 FIR 滤波器在整个阻带呈衰减特性，因此在大于 400 Hz 的范围内，衰减大于 40 dB，如在 700 Hz 处的衰减已达 50 dB。对 FIR 滤波器来讲，在过渡带宽等参数不变的情况下，阻带衰减越大，FIR 滤波器所需的阶数越大，在采用 FPGA 实现时就需要占用更多的逻辑资源。如果 FIR 滤波器在通带及阻带具有等纹波特性，则对于相同的通带纹波及阻带衰减参数，理论上可以有效减少所需要 FIR 滤波器阶数。因此，从所需逻辑资源及 FIR 滤波器性能这两个指标来看，采用窗函数设计的 FIR 滤波器并不是最优滤波器。

本节介绍一种最大误差最小准则下的最优滤波器设计方法，其对应的 MATLAB 函数为 firpm()。所谓最大误差，是指在通带及阻带频段范围内，设计出的 FIR 滤波器纹波、衰减与指标之间的最大差值。

对工程设计来说，最优设计需要用实际的设计效果来体现。本节首先对 firpm()函数的使用方法进行介绍，然后通过实例讲述该函数的使用方法，最后对基于 firpm()函数与采用窗函数设计的 FIR 滤波器的性能进行比较。

firpm()函数的语法主要有以下五种形式。

```
b = firpm(n,f,a);
b = firpm(n,f,a,w);
b = firpm(n,f,a,'ftype');
b = firpm(n,f,a,w,'ftype');
[b,delta] = firpm(...);
```

以下是 firpm()函数中各参数的意义及作用。

（1）n 及 b：n 为 FIR 滤波器的阶数；与 fir1()函数类似，返回值 b 为 FIR 滤波器系数，其长度为 n+1。

（2）f 及 a：f 是一个向量，取值为 0～1，对应 FIR 滤波器的归一化频率；a 是长度与 f 相同的向量，用于设置对应频段范围内的理想幅值。f 及 a 的关系用图形表示更清楚，设置 f=[0 0.3 0.4 0.6 0.7 1],a=[0 1 0 0 0.5 0.5],则 f 和 a 所表示的理想幅频响应如图 7-16 所示，由图 7-16 可知，firpm()函数可以设计任意幅频响应的 FIR 滤波器。

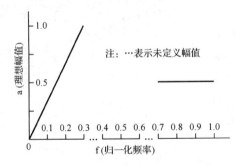

图 7-16　firpm()函数中的 f 及 a 所表示的理想幅频响应

（3）w：w 是长度为 f/2 的向量，表示在设计 FIR 滤波器时对应频段幅度的权值。例如，w0 对应的是 f0～f1 频段，w1 对应的是 f2～f3 频段，依此类推。权值越高，对应频段的幅度越接近理想状态。

（4）ftype：ftype 用于指定 FIR 滤波器的结构类型，如果没有设置该参数，则表示设计偶对称结构的 FIR 滤波器；如果设置为"hilbert"，则表示设计奇对称结构的 FIR 滤波器，即具有 90°的相移特性；如设置为"differentiator"，则表示设计奇对称结构的 FIR 滤波器，且对非零幅度的频带进行了加权处理，使 FIR 滤波器的频带越低，幅度误差越小。

（5）delta：delta 表示返回的 FIR 滤波器最大纹波值。

通过上面的介绍可知，firpm()函数几乎是"万能"的，既能设计出最优 FIR 滤波器，又能设计出任意幅频响应的 FIR 滤波器，还能设计出具有 90°相移特性的 FIR 滤波器。

实例 7-4：采用 firpm()函数设计 FIR 滤波器

利用凯塞窗设计一个低通 FIR 滤波器，过渡带宽为 1000～1500 Hz，采样频率为 8000 Hz，通带纹波的最大值为 0.01，阻带纹波的最大值为 0.05。利用海明窗及 firpm()函数设计低通 FIR 滤波器，截止频率为 1500 Hz，FIR 滤波器的阶数为凯塞窗求取的值，绘出三种方法设计的幅频响应曲线。

该实例的 M 文件 E7_4_firpm.m 的代码如下。

```
fs=8000;                              %FIR 滤波器的采样频率
fc=[1000 1500];                       %FIR 滤波器的过渡带宽
mag=[1 0];                            %窗函数的理想滤波器幅度
dev=[0.01 0.05];                      %纹波

[n,wn,beta,ftype]=kaiserord(fc,mag,dev,fs)    %获取凯塞窗参数
fpm=[0 fc(1)*2/fs fc(2)*2/fs 1];              %firpm()函数的频段向量
magpm=[1 1 0 0];                              %firpm()函数的幅度向量

%基于凯塞窗及海明窗设计 FIR 滤波器
h_kaiser=fir1(n,wn,ftype,kaiser(n+1,beta));
h_hamm=fir1(n,fc(2)*2/fs);
%设计最优 FIR 滤波器
h_pm=firpm(n,fpm,magpm);

%求 FIR 滤波器的幅频响应
m_kaiser=20*log(abs(fft(h_kaiser,1024)))/log(10);
m_hamm=20*log(abs(fft(h_hamm,1024)))/log(10);
m_pm=20*log(abs(fft(h_pm,1024)))/log(10);

%设置幅频响应的横坐标单位为 Hz
x_f=[0:(fs/length(m_kaiser)):fs/2];
%只显示正频率部分的幅频响应
m1=m_kaiser(1:length(x_f));
m2=m_hamm(1:length(x_f));
m3=m_pm(1:length(x_f));
```

```
%绘制 FIR 滤波器的幅频响应曲线
plot(x_f,m1,'-',x_f,m2,'-.',x_f,m3,'--');
xlabel('频率/Hz)');ylabel('幅度/dB)');
legend('凯塞窗','海明窗','最优滤波器');
grid on;
```

基于凯塞窗、海明窗和 firpm()函数设计的低通 FIR 滤波器幅频响应曲线如图 7-17 所示，其中，基于 firpm()函数设计的低通 FIR 滤波器是最优的。使用凯塞窗设计的低通 FIR 滤波器的阶数为 36，截止频率为 0.3125（归一化频率）。从图 7-17 可以看出，与基于凯塞窗设计的低通 FIR 滤波器相比，最优滤波器的第一旁瓣电平约低 2.5 dB，且阻带衰减相同；基于凯塞窗设计的低通 FIR 滤波器阻带衰减逐渐减小；与基于海明窗设计的低通 FIR 滤波器相比，最优滤波器不仅旁瓣衰减更大，且过渡带宽更窄。因此，对于阶数相同的低通 FIR 滤波器，基于 firpm()函数设计的低通 FIR 滤波器的性能最好。

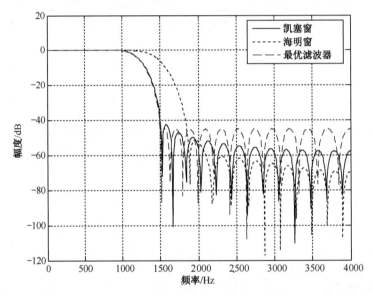

图 7-17　基于凯塞窗、海明窗和 firpm()函数设计的低通 FIR 滤波器幅频响应曲线

7.5.5　基于 FDATOOL 的 FIR 滤波器设计

MATLAB 除提供常用的 FIR 滤波器设计函数外，还提供专用设计 FIR 滤波器的工具 FDATOOL。FDATOOL 的突出优点是直观、方便，用户只需设置 FIR 滤波器参数，即可查看 FIR 滤波器频率响应、零/极点、单位脉冲响应、系数等信息。正如 VC 的基础是 C++语言一样，FDATOOL 内部采用的是 FIR 滤波器的设计函数。与编写 M 文件相比，使用 FDATOOL 设计滤波器是一件省心省力的事，但直接编写 M 文件具有一些独特的优势，如灵活性更强。本书推荐使用设计函数的方法完成 FIR 滤波器的设计。

在了解本章前文关于设计 FIR 滤波器的相关知识后，应用 FDATOOL 设计 FIR 滤波器是一件十分简单的事。接下来我们用一个设计实例介绍使用 FDATOOL 设计带通滤波器的方法。

实例 7-5：使用 FDATOOL 设计带通 FIR 滤波器

使用 FDATOOL 设计一个带通 FIR 滤波器，通带范围为 1000～2000 Hz，低频过渡带宽为 700～1000 Hz，高频过渡带宽为 2000～2300 Hz，采样频率为 8000 Hz，要求阻带衰减大于 60 dB。

启动 MATLAB 后，在命令行窗口中输入"fdatool"命令后按 Enter 键，即可打开 FDATOOL，其界面如图 7-18 所示。

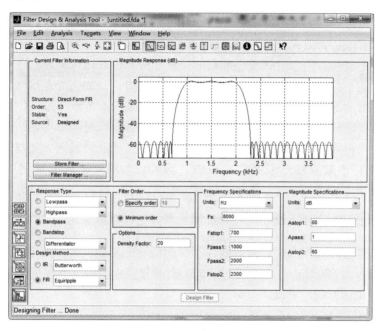

图 7-18　FDATOOL 的界面

第一步：在"Response Type"栏中选择"Bandpass"单选按钮（带通滤波器），表示设计的是带通滤波器。

第二步：在"Design Method"栏中选择"FIR"单选按钮，在其下拉列表中选择"Equiripple"（等纹波）。需要注意的是，常用窗函数的阻带衰减是无法调整的，增加 FIR 滤波器的阶数只能改变 FIR 滤波器的过渡带宽性能。最优滤波器（等纹波滤波器）可通过增加 FIR 滤波器的阶数来改善阻带衰减性能。

第三步：根据设计要求，设置 FIR 滤波器截止频率及阻带衰减。

第四步：在"Filter Order"栏中选择"Minimum order"单选按钮，表示采用最小阶数来完成设计，单击 FDATOOL 界面下方的"Design Filter"按钮即可开始设计。

第五步：观察"Magnitude Response（dB）"栏中的幅频响应曲线，调整 FIR 滤波器的阶数，直到满足设计要求为止。

至此就完成了基于 FDATOOL 的带通 FIR 滤波器设计，用户可以通过单击"Analysis→Filter Coefficients"菜单来查看 FIR 滤波器系数，或通过单击"Targets→XILINX Coefficient（.COE）File"菜单直接生成 FPGA 所需的 FIR 滤波器系数配置文件。

7.6 FIR 滤波器的系数量化方法

通过上述实例 7-4、7-5 计可知，采用 MATLAB 中的 fir1()函数或 firpm()函数设计的 FIR 滤波器的系数是实数。FPGA 设计滤波器电路时，所有运算都是采用二进制数进行运算的，因此，采用 MATLAB 设计出滤波器系数后，需要先对系数进行量化处理才能进行 FPGA 设计。

定量地分析 FIR 滤波器系数的量化效应不仅烦琐，而且对工程设计并多大实际作用，最有效的方法依然是通过仿真来确定 FIR 滤波器系数的字长。

本书在介绍有限字长效应时介绍过，FPGA 处理的是二进制数，二进制数的小数点位置是完全由设计者定义的。当二进制数小数点的位置在最高位右边时，该二进制数表示的范围是绝对值小于 1 的小数。在对 FIR 滤波器系数进行量化时，该如何处理这些二进制数呢？对于一组数据，要求其绝对值小于 1，是指要求量化后数据的小数点在最高位右边。稍微转换一下思路，如果要求量化后的数据为整数，则量化过程就要相对简单得多，只需要先将数据进行归一化处理，再乘以一个整数因子，最后进行截位（如四舍五入）处理即可。将经过上述处理后的数据将小数点移至最高位的右边，即可成为满足要求的量化后的数据。利用 MATLAB 的进制转换函数，可以方便地将整数转换成二进制数或十六进制数，供 FPGA 使用。

实例 7-6：利用 MATLAB 设计低通 FIR 滤波器并进行系数量化

设计一个 15 阶（长度为 16）、具有线性相位的低通 FIR 滤波器，采用布拉克曼窗进行设计，3 dB 截止频率为 500 Hz，采样频率为 2000 Hz，分别绘出测试系数在未量化、8 位量化、12 位量化情况下的幅频响应曲线。

该程序的 MATLAB 文件 E7_6_FirQuant.m 的代码如下。

```
%E7_6_FirQuant.m
function hn=E4_7_Fir8Serial
N=16;                        %低通 FIR 滤波器的长度
fs=2000;                     %低通 FIR 滤波器的采样频率
fc=200;                      %低通 FIR 滤波器的 3 dB 截止频率

%生成窗函数
window=blackman(N)';

%采用 fir1()函数设计低通 FIR 滤波器
b=fir1(N-1,fc*2/fs,window);

%对低通 FIR 滤波器的系数进行量化
B=8;                         %8 位量化
Q_h=b/max(abs(b));           %系数归一化处理
Q_h=Q_h*(2^(B-1)-1);         %乘以 B 位最大正整数
Q_h8=round(Q_h);             %四舍五入

B=12;                        %12 位量化
Q_h=b/max(abs(b));           %系数归一化处理
```

```
Q_h=Q_h*(2^(B-1)-1);              %乘以B位最大正整数
Q_h12=round(Q_h);                 %四舍五入


%求低通FIR滤波器的幅频响应
m_b=20*log10(abs(fft(b,1024)));
m_8=20*log10(abs(fft(Q_h8,1024)));
m_12=20*log10(abs(fft(Q_h12,1024)))    %注意此处未加";"
%对幅频响应进行归一化处理
m_b=m_b-max(m_b);
m_8=m_8-max(m_8);
m_12=m_12-max(m_12);


%设置幅频响应横坐标的单位为Hz
x_f=[0:(fs/length(m_b)):fs/2];
%只显示正频率部分的幅频响应
mb=m_b(1:length(x_f));
m8=m_8(1:length(x_f));
m12=m_12(1:length(x_f));


%绘制幅频响应曲线
plot(x_f,mb,'-',x_f,m8,'--',x_f,m12,'-.');
xlabel('频率/Hz');ylabel('幅度/dB');
legend('未量化','8 bit 量化','12 bit 量化');
grid on;
```

低通FIR滤波器在未量化、8位量化和12位量化情况下的幅频响应曲线如图7-19所示，可以看出，三条幅频响应曲线的通带频率特性几乎相同。与未量化时的低通FIR滤波器相比：8位量化时低通FIR滤波器在大于600 Hz的频率范围内，衰减量约少了20 dB；12位量化时低通FIR滤波器在大于600 Hz的频率范围内，衰减量约少了2dB。因此，量化位数越小，低通FIR滤波器的性能损失就越大。

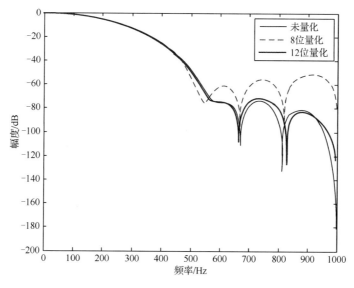

图7-19　低通FIR滤波器在未量化、8位量化和12位量化情况下的幅频响应曲线

在实际工程设计中,具体采用多少位进行量化,需要根据工程的需求来确定。一般来讲,12 位量化可以满足绝大多数工程的设计需求。

在上述程序中,对滤波器系数进行 12 位量化的语句后面没有加分号";"。程序运行后,在命令行窗口中显示的量化后系数如下。

0	−7	−15	46	307	850	1545	2047
2047	1545	850	307	46	−15	−7	0

第 1 个系数和最后一个系数均为 0,因此低通 FIR 滤波器的阶数实际为 13(长度为 14)。为了提高 FPGA 程序的适用性,后续仍按 15 阶低通 FIR 滤波器设计。从得到的量化系数来看,低通 FIR 滤波器的系数呈明显的对称结构,因此低通 FIR 滤波器具有严格的线性相位特性。

7.7 并行结构 FIR 滤波器的 FPGA 实现

7.7.1 并行结构 FIR 滤波器的 VHDL 设计

实例 7-7:采用并行结构设计 15 阶 FIR 滤波器

利用 VHDL,采用并行结构实现实例 7-6 要求的低通 FIR 滤波器,完成该滤波器的 ModelSim 仿真。低通 FIR 滤波器的输入数据位宽为 8 位,系统时钟信号频率与数据的输入速率均为 2000 Hz,低通 FIR 滤波器的系数进行 12 位量化。

所谓并行结构,即并行实现滤波器的累加运算。具体来讲,就是先并行地将具有对称系数的输入数据相加,再采用多个乘法器并行实现系数与数据的乘法运算,最后将所有乘积结果相加后输出。

根据 FPGA 设计原理及并行结构的特点,对于 15 阶的 FIR 滤波器的运算,可采用以下步骤实现。

(1)设计移位寄存器实现输入数据的 15 级移位输出。

(2)采用 8 个加法器完成对称输入数据的加法运算。

(3)采用 8 个乘法器并行完成输入数据与 FIR 滤波器系数的乘法运算。

(4)完成 8 输入加法器运算,输出 FIR 滤波器的结果。

由于采用并行结构,每个时钟周期均完成 $n/2$ 次滤波输出,数据输入速率与系统时钟信号频率相同。为了提高系统运算速度,FPGA 一般采用流水线结构实现。具体来讲,第(1)步可采用 1 级流水线,第(2)步可采用 2 级流水线,第(3)步要完成 8 输入加法操作,可先并行完成 2 次 4 输入操作,再完成 1 次 2 输入加法运算,共采用 2 级流水线操作。因此,整个并行结构的 15 阶 FIR 滤波器需要 5 级流水线操作,同时需要用到 15 阶的移位寄存器、10 个 2 输入加法器、8 个 2 输入乘法器、2 个 4 输入加法器。并行结构 FIR 滤波器的 FPGA 实现结构如图 7-20 所示。

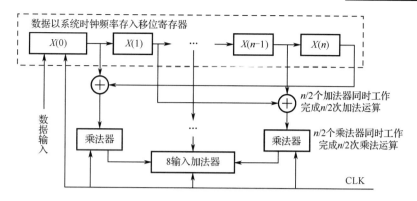

图 7-20　并行结构 FIR 滤波器的 FPGA 实现结构

通过上述分析可知，图 7-20 所示的结构具有很高的运算速度，由于不需要累加运算，因此系数时钟信号频率可以与数据输出频率一致。所谓"鱼与熊掌不可兼得"，与后续讨论的串行结构 FIR 滤波器相比，并行结构 FIR 滤波器虽然可以提高运算速度，但需要使用成倍的硬件资源。

下面先给出并行结构 FIR 滤波器的 VHDL 程序代码，再结合设计思路对代码进行分析。FirParallel.vhd 文件的程序代码如下。

```
--这是 FirParallel.vhd 文件的程序清单
library IEEE;
use IEEE.STD_LOGIC_1164.ALL;
use IEEE.STD_LOGIC_ARITH.ALL;
use IEEE.STD_LOGIC_SIGNED.ALL;                  --改为有符号数运算数据包

entity FirParallel is
    Port ( rst  : in    STD_LOGIC;              --高电平有效
           clk  : in    STD_LOGIC;              --2kHz
           xin  : in    std_logic_vector (7 downto 0);   --数据输入频率为 2kHz
           yout : out   std_logic_vector (21 downto 0));
end FirParallel;

architecture Behavioral of FirParallel is
    --声明有符号数乘法器 IP 核
    component mult_fir
        port (
        clock: in std_logic;
        --输入数据为 12 位量化，对称系数的两位数相加需要 9 位存储
        dataa: in std_logic_vector(8 downto 0);
        --滤波器系数为 12 位量化
        datab: in std_logic_vector(11 downto 0);
        result: out std_logic_vector(20 downto 0));
    end component;

    --定义具有 16 个元素的 8 位存储器，存储输入数据
    type xinreg is array (15 downto 0) of std_logic_vector(7 downto 0);
```

```
--定义具有 8 个元素的 9 位存储器，存储对称系数相加的和信号
type addreg is array (7 downto 0) of std_logic_vector(8 downto 0);
--定义具有 8 个元素的 22 位存储器，存储乘法结果
type multreg is array (7 downto 0) of std_logic_vector(20 downto 0);

signal xin_reg: xinreg;
signal add_reg: addreg;
signal mult_reg: multreg;

signal sum1,sum2: std_logic_vector(20 downto 0);

--将滤波器系数声明成常量,该系数由 MATLAB 软件仿真设计获取
constant c0: std_logic_vector(11 downto 0):=X"000";
constant c1: std_logic_vector(11 downto 0):=X"FF9";
constant c2: std_logic_vector(11 downto 0):=X"FF1";
constant c3: std_logic_vector(11 downto 0):=X"02E";
constant c4: std_logic_vector(11 downto 0):=X"133";
constant c5: std_logic_vector(11 downto 0):=X"352";
constant c6: std_logic_vector(11 downto 0):=X"609";
constant c7: std_logic_vector(11 downto 0):=X"7FF";
begin

    --将输入数据存入移位寄存器 xin_reg
    PXin: process(rst,clk)
    begin
        if rst='1' then
            for i in 0 to 15 loop
                xin_reg(i)<=(others=>'0');
            end loop;
        elsif rising_edge(clk) then
            --与串行结构不同的是，此处不需要判断计数器状态
            for i in 0 to 14 loop
                xin_reg(i+1)<= xin_reg(i);
            end loop;
            xin_reg(0)<=xin;
        end if;
    end process PXin;

    --将对称系数的输入数据相加
    --为了进一步提高运行速度，增加了一级寄存器
    PAdd: Process(rst,clk)
    begin
        if rst='1' then
            for i in 0 to 7 loop
                add_reg(i)<=(others=>'0');
            end loop;
        elsif rising_edge(clk) then
```

```
              for i in 0 to 7 loop
                  add_reg(i)<= xin_reg(i)(7)&xin_reg(i)+xin_reg(15-i);
              end loop;
          end if;
      end process;


      --与串行结构不同，需要实例化 8 个乘法器 IP 核
      --IP 核的参数参见工程目录下的 mult.xco 文件
      u0: mult_fir port map(clk,add_reg(0),c0,mult_reg(0));
      u1: mult_fir port map(clk,add_reg(1),c1,mult_reg(1));
      u2: mult_fir port map(clk,add_reg(2),c2,mult_reg(2));
      u3: mult_fir port map(clk,add_reg(3),c3,mult_reg(3));
      u4: mult_fir port map(clk,add_reg(4),c4,mult_reg(4));
      u5: mult_fir port map(clk,add_reg(5),c5,mult_reg(5));
      u6: mult_fir port map(clk,add_reg(6),c6,mult_reg(6));
      u7: mult_fir port map(clk,add_reg(7),c7,mult_reg(7));


      --对滤波器系数与输入数据的乘法结果进行累加，并输出滤波后的数据
      PFilter:process(rst,clk)
      begin
          if rst='1' then
              sum1 <= (others=>'0');
               sum2 <= (others=>'0');
              yout <= (others=>'0');
          elsif rising_edge(clk) then
              sum1 <= mult_reg(0)+mult_reg(1)+mult_reg(2)+mult_reg(3);
              sum2 <= mult_reg(4)+mult_reg(5)+mult_reg(6)+mult_reg(7);
              yout <= (sum1(20)&sum1) + (sum2(20)&sum2);
          end if;
      end process PFilter;


  end Behavioral;
```

上面的程序（FirParallel.vhd 文件）首先定义了具有 8 个元素的存储器变量 xin_reg（移位寄存器）。在 PXin process 块语句中，依次生成 16 级触发器。根据 FPGA 的设计原则，一般要对输入数据先经过一级触发器处理后再进行后续处理，以提高数据处理的稳定性。因此，理论上 15 级 FIR 滤波器只需要 15 级触发器。Fir8Serial.vhd 文件设计了 16 级触发器，在计算 FIR 滤波器的输出时，使用信号 xin_reg(0)～xin_reg(15)。需要说明的是，也可以直接定义 16 个位宽为 8 位的变量，只是书写比较烦琐，采用存储器变量的方式，代码更为简洁。

根据二进制数的运算规则，2 个 8 位数相加，需要采用 9 位数来存储结果。FirParallel.vhd 文件接下来定义了位宽为 9 位、深度为 8 的存储器变量 xin_add，用于存储对称系数的加法运算结果；采用 process 块语句设计了 8 个加法运算，且 8 个运算同时进行，使用了 8 个加法器。

为了提高运算速度，FIR 滤波器的乘法运算采用专用乘法器 IP 核的方式来实现。由于 FIR 滤波器的系数位宽为 12 位，因此乘法器 IP 核（mult_fir）的输入数据位宽分别设置为 9 位和

12 位，输出数据位宽设置为 21 位，采用乘法器 IP 核资源、2 级流水线结构。乘法器运算结果存放在存储器变量 mout_reg 中，mout_reg 的位宽为 21 位，深度为 8。

在 FirParallel.vhd 文件的最后采用 2 级加法运算完成 FIR 滤波器的输出，其中先并行实现 2 个 4 输入加法运算，再完成 1 次 2 输入加法运算。这是因为 4 输入加法运算所能达到的运算速度与一级乘法器运算操作相同，从而能够在尽量减少运算延时，提高运算速度。

这里讨论一下 FIR 滤波器输出数据位宽的问题。假设 FIR 滤波器的系数绝对值之和为 D，根据第 5 章的相关知识，结合 FIR 滤波器中乘法器和加法器的结构，由于 FIR 滤波器的系数是确定的，因此与输入数据相比，输出数据的最大值最多增加 D 倍。具体到本实例，$D=9634$，由于 $2^{13}<9634<2^{14}$，输出数据相对于输入数据需要增加 14 位，因此 FIR 滤波器的输出数据为 22 位。

7.7.2　并行结构 FIR 滤波器的功能仿真

在完成 FIR 滤波器的 VHDL 程序文件后，还需要测试程序功能的正确性。这里采用 7.4.3 节中的测试方法，先编写生成频率叠加信号的 VHDL 文件（data.vhd），再编写顶层文件 top.vhd，将 data.vhd 和 FirParallel.vhd 文件作为功能模块（data 模块和 FirParallel 模块），且将 data 模块的输出信号（频率叠加信号）作为 FirParallel 模块的输入信号。

频率叠加信号模块主要由 2 个 DDS 核组成。在 VHDL 程序中首先调用 2 个 DDS 核，产生位宽为 7 位，频率分别 100 Hz 及 500 Hz 的信号（正弦波信号），系统时钟信号频率为 2000 Hz，然后对 2 路信号求和，可得到频率叠加信号。

在 DDS 核参数设置界面中，将 DDS 核的输出位宽设置为"10"，设置为频率调制模式，将相位累加字位宽设置为"16"，在 DDS 核系统时钟信号频率设置为 2kHz。由于相位累加字位宽为 16 位，当相位累加字的值为 3277 时，产生频率为 100 Hz 的信号；当相位累加字的值为 16384 时，产生频率为 500 Hz 的信号。由于输出信号位宽为 8 位，取叠加信号的高 8 位作为测试信号输出。

读者可以在本书配套资源中查阅完整的 FPGA 工程文件。运行 ModelSim，在仿真波形界面中添加 xin 信号，可得到并行结构 FIR 滤波器的仿真波形，如图 7-21 所示。

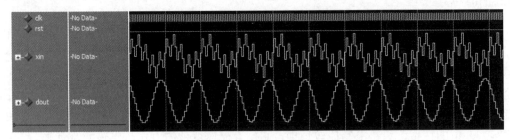

图 7-21　并行结构 FIR 滤波器的仿真波形

从图 7-21 可以看出，并行结构 FIR 滤波器的输入为两个不同频率信号的叠加，输出为频率为 100 Hz 的信号，有效滤除了频率为 500 Hz 信号。

7.8 串行结构 FIR 滤波器的 FPGA 实现

7.8.1 两种串行结构原理

前文在介绍 FIR 滤波器的结构时，介绍了直接型结构和级联型结构。在采用 FPGA 实现 FIR 滤波器时，最常用的是直接型结构。在 FPGA 采用直接型结构实现 FIR 滤波器时，既可以采用串行结构、并行结构、分布式结构等方式，也可以直接使用 Quartus II 13.1 提供的 FIR 核。这几种方式各有优缺点，下面先分别介绍几种实现方式，再对这几种方式进行简单的比较。

由直接型结构可知，FIR 滤波器实际上就是一个乘累加运算，且乘累加运算的次数是由 FIR 滤波器的阶数决定的。由于 FIR 滤波器大多具有线性相位特性，也就是说，FIR 滤波器的系数具有一定的对称性，因此可以采用图 7-7 所示的结构来减少乘累加运算的次数及硬件资源。需要说明的是，本章后续所讨论的 FIR 滤波器均具有线性相位特性。

所谓串行结构，是指根据 FPGA 的速度与面积互换原则，以串行的方式实现 FIR 滤波器的乘累加运算，将各级单位延时与相应 FIR 滤波器系数的乘积结果进行累加后输出。因此，整个 FIR 滤波器实际上只需要一个乘法器运算单元。串行结构可分为全串行结构和半串行结构。全串行结构是指对称系数的加法运算由一个加法器串行实现，半串行结构是指用多个加法器同时实现对称系数的加法运算。两种串行结构 FIR 滤波器分别如图 7-22 和图 7-23 所示（图中的系统时钟信号频率为数据输入速率的 8 倍）。

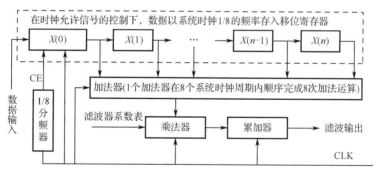

图 7-22　全串行结构 FIR 滤波器

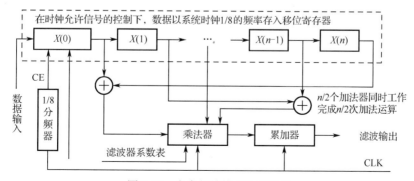

图 7-23　半串行结构 FIR 滤波器

两种结构的区别在于对称系数加法运算的实现方式。显然，全串行结构 FIR 滤波器占用的加法器资源更少，但需要更长的运算延时。本章仅以全串行结构 FIR 滤波器的设计为例进行讲解，读者在理解设计方法后，可自行完成半串行结构 FIR 滤波器的设计。

7.8.2 全串行结构 FIR 滤波器的 VHDL 设计

实例 7-8：采用全串行结构设计 15 阶 FIR 滤波器

利用 VHDL，采用全串行结构实现实例 7-6 要求 FIR 滤波器，用 ModelSim 完成 FIR 滤波器的仿真。FIR 滤波器输入的数据位宽为 8 位，数据输入速率为 2000 Hz，系统时钟信号频率为 16 kHz，FIR 滤波器的系数采用 12 位量化。

FPGA 设计的一个重要原则是面积与速度互换原则，其基本思想是使用较多的逻辑资源来提高系统的速度，或通过降低系统的速度来达到节约逻辑资源的目的。对于本实例，采用图 7-23 所示的全串行结构，需要 1 个乘法器和 2 个加法器（图 7-23 中的对称系数加法器和累加器），可完成 15 阶 FIR 滤波器的基本运算，所占用的逻辑资源明显少于前面并行结构 FIR 滤波器。

由于串行结构 FIR 滤波器采用了大量的资源复用设计，如分时复用 1 个乘法器来完成 8 次乘法运算，因此 VHDL 程序的代码相对复杂一些。

下面先给出 VHDL 程序的代码，再结合设计思路对代码进行分析。FirFullSerial.vhd 文件的程序代码如下。

```vhdl
library IEEE;
use IEEE.STD_LOGIC_1164.ALL;
use IEEE.STD_LOGIC_ARITH.ALL;
use IEEE.STD_LOGIC_SIGNED.ALL;

entity FirFullSerial is
    Port ( rst    : in     std_logic;                          --高电平有效
           clk    : in     std_logic;                          --16kHz
           xin    : in     std_logic_vector (7 downto 0);      --数据输入频率为 2kHz
           yout   : out    std_logic_vector (21 downto 0));    --数据输出
end FirFullSerial;

architecture Behavioral of FirFullSerial is

    --声明有符号数乘法器 IP 核
    component mult_fir
        port (
        clock: in std_logic;
        --输入数据为 8 位量化，对称系数的两位数据相加需要 9 位存储
        dataa: in std_logic_vector(8 downto 0);
        --滤波器系数为 12 位量化
        datab: in std_logic_vector(11 downto 0);
        result: out std_logic_vector(20 downto 0));
```

```vhdl
end component;

--声明有符号数加法器 IP 核
component adder
    port (
        dataa: in std_logic_vector(8 downto 0);
        datab: in std_logic_vector(8 downto 0);
        result: out std_logic_vector(8 downto 0));
end component;

signal add_a,add_b: std_logic_vector(8 downto 0);   --具有对称系数的数据
signal add_s: std_logic_vector(8 downto 0);         --相加后的数据，作为乘法器的一个输入信号

signal mout: std_logic_vector(20 downto 0);         --乘法器输出信号
signal coe: std_logic_vector(11 downto 0);          --滤波器系数信号

--定义具有 16 个元素的 8 位存储器，存储输入数据
type xinreg is array (15 downto 0) of std_logic_vector(7 downto 0);
signal xin_reg: xinreg;
signal count:std_logic_vector(2 downto 0);          --分频计数器

--将滤波器系数声明成常量，该系数由 MATLAB 软件仿真获取
constant c0: std_logic_vector(11 downto 0):=X"000";
constant c1: std_logic_vector(11 downto 0):=X"FF9";
constant c2: std_logic_vector(11 downto 0):=X"FF1";
constant c3: std_logic_vector(11 downto 0):=X"02E";
constant c4: std_logic_vector(11 downto 0):=X"133";
constant c5: std_logic_vector(11 downto 0):=X"352";
constant c6: std_logic_vector(11 downto 0):=X"609";
constant c7: std_logic_vector(11 downto 0):=X"7FF";

begin

    --实例化乘法器 IP 核，1 级流水线
    Umult: mult_fir port map(clk,add_s,coe,mout);
    --实例化加法器 IP 核，无流水线
    Uadder: adder port map(add_a,add_b,add_s);

    --3 位计数器，计数周期为 8，为输入数据速率
    PCounter8:process(rst,clk)
     begin
        if rst='1' then
                count<=(others=>'0');
        elsif rising_edge(clk) then
                count<=count+1;
        end if;
end process Pcounter8;
```

```
--将输入数据存入移位寄存器 xin_reg 中
PXin: process(rst,clk)
begin
    if rst='1' then
        for i in 0 to 15 loop
            xin_reg(i)<=(others=>'0');
        end loop;
    elsif rising_edge(clk) then
        if count="111" then
            for i in 0 to 14 loop
                xin_reg(i+1)<= xin_reg(i);
            end loop;
            xin_reg(0)<=Xin;
        end if;
    end if;
end process PXin;


--将对称系数的输入数据相加，同时将对应的滤波器系数送入乘法器
--需要注意的是，下面程序只使用了 1 个加法器及 1 个乘法器
--以 8 倍数据速率调用乘法器 IP 核，由于滤波器长度为 16，系数具有对称
--性，故可在 1 个数据周期内完成所有 8 个滤波器系数与数据的乘法运算
PMultAdd: Process(rst,clk)
begin
    if rst='1' then
        add_a <= (others=>'0');
        add_b <= (others=>'0');
        coe   <= (others=>'0');
    elsif rising_edge(clk) then
        if count="000" then
            add_a <= xin_reg(0)(7)&xin_reg(0);
            add_b <= xin_reg(15)(7)&xin_reg(15);
            coe <= c0;
        elsif count="001" then
            add_a <= xin_reg(1)(7)&xin_reg(1);
            add_b <= xin_reg(14)(7)&xin_reg(14);
            coe <= c1;
        elsif count="010" then
            add_a <= xin_reg(2)(7)&xin_reg(2);
            add_b <= xin_reg(13)(7)&xin_reg(13);
            coe <= c2;
        elsif count="011" then
            add_a <= xin_reg(3)(7)&xin_reg(3);
            add_b <= xin_reg(12)(7)&xin_reg(12);
            coe <= c3;
        elsif count="100" then
            add_a <= xin_reg(4)(7)&xin_reg(4);
```

```
                    add_b <= xin_reg(11)(7)&xin_reg(11);
                    coe <= c4;
                elsif count="101" then
                    add_a <= xin_reg(5)(7)&xin_reg(5);
                    add_b <= xin_reg(10)(7)&xin_reg(10);
                    coe <= c5;
                elsif count="110" then
                    add_a <= xin_reg(6)(7)&xin_reg(6);
                    add_b <= xin_reg(9)(7)&xin_reg(9);
                    coe <= c6;
                elsif count="111" then
                    add_a <= xin_reg(7)(7)&xin_reg(7);
                    add_b <= xin_reg(8)(7)&xin_reg(8);
                    coe <= c7;
                end if;
            end if;
        end process PMultAdd;


    --对滤波器系数与输入数据的乘法结果进行累加，并输出滤波后的数据
    PFilter:process(rst,clk)
        variable sum:std_logic_vector(21 downto 0);
    begin
        if rst='1' then
            sum := (others=>'0');
            yout <= (others=>'0');
        elsif rising_edge(clk) then
            --考虑到乘法器及累加器的延时，需要在计数器值为 2 时对累加器清零，同时
            --输出滤波器结果。类似的时延可通过精确计算获取，
            --但更好的方法是通过行为仿真查看
            if count="010" then
                yout<=sum;
                sum:=(others=>'0');
                sum := sum+mout;
            else
                sum :=sum+mout;
            end if;
        end if;
    end process;

end Behavioral;
```

　　在上面的程序（FirFullSerial.vhd 文件）中，首先实例化了 1 个 2 输入加法器，且加法器是不带触发器的组合逻辑电路，用于完成 FIR 滤波器对称系数的加法运算。在 16 kHz 时钟信号 clk 的驱动下，生成周期为 8 的计数器 count。由于数据输入速率为 2 kHz，因此 1 个数据周期刚好为 1 个完整的 count 周期。将数据存入移位寄存器 xin_reg 的代码使用了 for 循环语句。for 循环语句在 VHDL 设计中应用得很少，主要是因为 for 循环语句容易生成很复杂的逻

辑电路。如果设计者能够准确理解 for 循环语句，则可以通过 for 循环语句写出简洁实用的代码。除了增加对所有寄存器的复位清零操作，FirFullSerial.vhd 文件中 for 循环语句实现的功能及综合后的电路，与并行结构 FIR 滤波器的 VHDL 程序的移位寄存器代码完全相同。读者可以自行对比理解这两段代码，以便在工程设计中写出更为简洁实用的 VHDL 程序。

程序接着根据计数器 count 的值依次将移位寄存器 xin_reg 中的信号送入加法器 adder 的输入端 add_a 和 add_b，同时将 FIR 滤波器的系数 coe 设置为对应的量化值。由于加法器 adder 为组合逻辑电路，加法运算结果 add_s 相对于输入操作数无流水线延时，因此 add_s 与 coe 会同时送入乘法器 mult_fir 完成乘法运算。也就是说，在计数器 count 的 8 个计数状态（相当于 1 个数据周期）中，仅采用 1 个乘法器顺序完成 8 次乘法运算。

最后一段代码用于完成 8 次乘法运算结果的累加运算，输出 FIR 滤波器的数据 yout。

7.8.3 全串行结构 FIR 滤波器的功能仿真

在完成 FIR 滤波器的 VHDL 程序后，还需要测试 VHDL 程序功能的正确性。全串行结构 FIR 滤波器的测试方法与并行结构 FIR 滤波器类似，均采用 7.4.3 节介绍的测试方法，先编写生成频率叠加信号的 VHDL 文件 data.vhd，再编写顶层文件 top.vhd，将 data.vhd 和 FirFullSerial.vhd 文件作为功能模块（data 模块和 FirFullSerial 模块），且将 data 模块的输出信号（频率叠加信号）作为 FirFullSerial 模块的输入信号。

需要注意的是，FirFullSerial 模块的输入时钟信号频率为数据输入速率的 8 倍，因此 top.vhd 设计了一个 8 进制计数器，每 8 个时钟周期将 1 个数据送入滤波器进行处理。top.vhd 的程序代码如下。

```
--top.vhd
library IEEE;
use IEEE.STD_LOGIC_1164.ALL;
use IEEE.STD_LOGIC_ARITH.ALL;
use IEEE.STD_LOGIC_SIGNED.ALL;

entity top is
port (clk    : in std_logic;
      rst    : in std_logic;
      dout   : out std_logic_vector(21 downto 0));     --滤波器输出数据
end top;

architecture Behavioral of top is

    component data
    port(
        clk   : in std_logic;
        dout  : out std_logic_vector (7 downto 0));
    end component;

    component FirFullSerial
```

```
        port(
            rst    : in std_logic;
            clk    : in std_logic;
            xin    : in std_logic_vector (7 downto 0);
            yout   : out std_logic_vector (21 downto 0));
        end component;

        signal xin: std_logic_vector(7 downto 0);
        signal din: std_logic_vector(7 downto 0);
        signal cn: std_logic_vector(2 downto 0);

begin

        process(rst,clk)
        begin
            if (rst='1') then
                cn <= (others=>'0');
                din <= (others => '0');
            elsif rising_edge(clk) then
                cn <= cn + 1;
                if (cn=0) then
                din <= xin;
                end if;
            end if;
        end process;

        u1: data port map(
            clk => clk,
            dout => xin);

        u2: FirFullSerial port map(
            rst => rst,
            clk => clk,
            xin => din,
            yout => dout);

end Behavioral;
```

新建测试激励文件 top.vht，需要生成高电平有效的复位信号 rst，以及 16 kHz 的时钟信号。读者可在本书配套程序中查看完整代码。

为了便于观察串行结构 FIR 滤波器中间信号的时序关系，在进行 ModelSim 仿真时，在仿真波形界面中依次添加 xin、add_a、add_b、add_s 等中间信号，可得到全串行结构 FIR 滤波器的仿真波形，如图 7-24 所示。

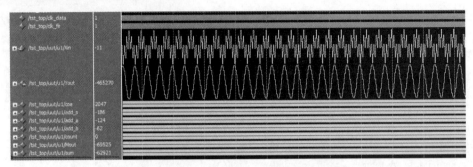

图 7-24　全串行结构 FIR 滤波器的仿真波形

从图 7-24 可以看出，FIR 滤波器的输入是两个频率信号的叠加信号，输出是频率为 100 Hz 的信号，有效滤除了频率为 500 Hz 的信号。

为了详细了解全串行结构 FIR 滤波器的时序关系，调整波形显示方式，可得到如图 7-25 所示的全串行结构 FIR 滤波器的时序波形。接下来详细分析在 1 个数据周期内全串行结构 FIR 滤波器的运算过程。

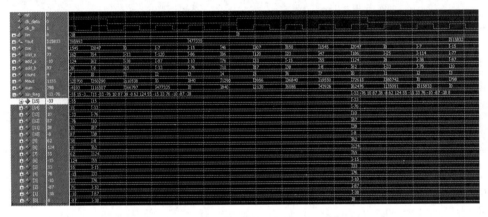

图 7-25　全串行结构 FIR 滤波器的时序波形

根据程序设计方法，xin_reg 存储了 16 个连续输入的数据 xin，需要在 1 个数据周期内完成 1 次 FIR 滤波器的乘累加运算，得到 1 个 FIR 滤波器的输出数据。clk_fir 的频率为 clk_data 的 8 倍，全串行结构 FIR 滤波器中的乘累加运算均在 clk_fir 的驱动下完成。当 count 为 0 时，计算(xin_reg(0)+xin_reg(15))×0，由于将 xin_reg(0)和 xin_reg(15)的值分别赋给 add_a 和 add_b，有 1 个时钟周期延时，因此 add_a 和 add_b 的值在 count 为 1 时分别得到 xin_reg(0)和 xin_reg(15) 的值（−38 和 15）。adder 加法器为组合逻辑电路，可立即得到加法运算结果，即 add_s 的值 为−23；乘法器 IP 核有 1 个时钟周期的运算延时，因此 mout_fir 在 count 为 2 时，得到的乘法 结果 0；同样，在 count 为 3 时，得到(xin_reg(1)+xin_reg(14))×(−7)的乘法结果为 840；在 count 为 4 时，得到(xin_reg(1)+xin_reg(14))×(−15)的乘法结果为 1290；直到在 count 重新为 1 时， 得到(xin_reg(7)+ xin_reg(8))×2047 的乘法结果为 380742。由于累加器 sum 有 1 个时钟周期的 运算延时，所以在 count 为 2 时，得到 1 个数据周期内的乘法器输出累加结果为 515833。FIR 滤波器的输出结果相对 sum 有 1 个时钟周期的延时，在 count 为 3 时，输出的最终滤波数据 为 515833。

7.9 基于 FIR 核的 FIR 滤波器设计

7.9.1 FIR 滤波器系数文件（COE 文件）的生成

根据 FPGA 的设计规则，对于手动编写代码实现的通用性功能模块，如果目标器件提供了相应的 IP 核，则一般选用 IP 核进行设计。Quartus Ⅱ 13.1 为大部分 FPGA 提供了通用的 FIR 核。因此，在工程设计中，大多数情况是直接采用 FIR 核来设计 FIR 滤波器。既然如此，本章耗费大量篇幅介绍 FIR 滤波器的实现方法岂不是多此一举吗？事实并非如此，掌握了 FIR 滤波器设计的一般方法，一方面可以很容易学会使用 FIR 核设计 FIR 滤波器；另一方面，当目标器件不提供 FIR 核时，就更能体现出掌握这些知识和技能的重要性。

Quartus Ⅱ 13.1 提供了两种功能十分强大的 FIR 核：FIR Compiler v13.1 核和 FIR Compiler Ⅱ v13.1 核，可适用于 Intel 公司的 Arria-Ⅱ GX、Arria-Ⅱ GZ、Arria-Ⅴ、Arria-Ⅴ GZ、Cyclone-Ⅲ、Cyclone-Ⅲ LS、Cyclone-Ⅳ GX、Cyclone-Ⅴ、Stratix-Ⅲ、Straix-Ⅳ、Straix-Ⅳ GX、Straix-Ⅳ GT、Straix-Ⅴ 系列器件。在接下来的实例中，我们讨论 FIR Compiler v13.1 核的使用方法。FIR Compiler v13.1 核最多可同时支持 256 个通路，抽头系数为 2～2048，输入数据位宽及滤波器系数最多可支持 32 位，支持滤波器系数动态更新功能。FIR Compiler v13.1 核的数据手册详细描述了该 IP 核功能及技术说明。

读者在掌握了前文讲述的分布式结构的 FIR 滤波器设计方法之后，使用 IP 核应该是一件十分容易的事。下面以一个具体的实例来介绍 FIR Compiler v13.1 核的使用步骤及方法。

实例 7-9：采用 FIR Compiler v13.1 核设计 61 阶低通 FIR 滤波器

低通 FIR 滤波器的 3 dB 截止频率为 1 MHz，数据输入速率为 12.5 MHz，系统时钟信号频率为 50 MHz，输入数据位宽为 8 位，输出数据位宽为 8 位。调用 FIR Compiler v13.1 核完成低通 FIR 滤波器的设计，并采用 ModelSim 对低通 FIR 滤波器的性能进行仿真测试。

Quartus Ⅱ 13.1 提供的 FIR Compiler v13.1 核的功能十分强大，使用非常灵活，可以根据用户的设置选用不同的实现结构，可满足逻辑资源及速度等方面的要求。

该实例要求设计 61 阶低通 FIR 滤波器，采用本章前文介绍的设计方法，仅需要调整乘法器及加法器的个数。但随着低通 FIR 滤波器阶数的增加，代码会越来越冗长。

在采用 FIR Compiler v13.1 设计低通 FIR 滤波器之前，除需要通过 MATLAB 设计低通 FIR 滤波器的系数、进行低通 FIR 滤波器系数量化外，还需要生成 FIR Compiler v13.1 核所需的低通 FIR 滤波器系数文件（E7_9_fir.txt）。

本实例的 MATLAB 程序采用 fir1()函数设计低通 FIR 滤波器，对低通 FIR 滤波器的系数进行 12 位量化，绘制量化后的滤波器幅频响应，将滤波器系数写入文本文件程序代码如下。

```
%E7_9_FirIP.m
N=62;                          %滤波器长度
fs=12.5*10^6;                  %采样频率
fc=10^6;                       %低通滤波器的 3dB 截止频率

%采用 fir1 函数设计 FIR 滤波器
```

```
b=fir1(N-1,fc*2/fs);

%对滤波器系数进行量化
B=12;                           %量化位宽为 12 位
Q_h=b/max(abs(b));              %系数归一化处理
Q_h=Q_h*(2^(B-1)-1);            %乘以 B 位最大正整数
Q_h12=round(Q_h);               %四舍五入

%将生成的滤波器系数写入 FPGA 所需的文件
fid=fopen('D:\IntelDsp\IntelDSP_Verilog\Chapter07\E7_9_FirIP\E7_9_fir.txt','w');
fprintf(fid,'%8d\r\n',b);       %写滤波器系数
fclose(fid);                    %关闭文件

m=sum(abs(Q_h12))               %求滤波器系数绝对值之和

%求滤波器的幅频响应
m_12=20*log10(abs(fft(Q_h12,1024)));
%对幅频响应进行归一化处理
m_12=m_12-max(m_12);

%设置幅频响应的横坐标单位为 MHz
x_f=[0:(fs/length(m_12)):fs/2]/10^6;
%只显示正频率部分的幅频响应
m12=m_12(1:length(x_f));

%绘制幅频响应曲线
plot(x_f,m12);
xlabel('频率(MHz)');ylabel('幅度(dB)');
legend('12bit 量化');
grid on;
```

运行上面的程序后，可生成 E7_9_fir.txt 文件，并得到 12 位量化后低通 FIR 滤波器的幅频响应曲线，如图 7-26 所示。

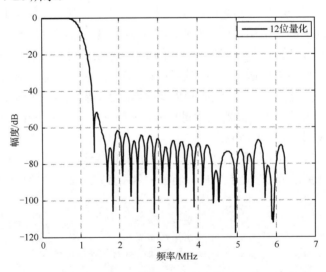

图 7-26 12 位量化后低通 FIR 滤波器的幅频响应曲线

从图 7-26 可以看出，滤波器在 1 MHz 处的衰减为 6 dB（幅度衰减为 3 dB），1.4 MHz 处的衰减约为 52 dB，大于 2 MHz 时的衰减大于 60 dB。

程序运行后得到系数进行 12 位量化后的绝对值之和为 19494。根据前面的分析，要实现全精度运算，确保滤波器运算结果不溢出，输出数据需要增加 15 位，为 23 位。根据实例需求，输出结果为 8 位。如何将 23 位的输出数据转换为 8 位呢？我们在后文进行滤波器的 ModelSim 仿真时再详细讨论。

7.9.2　基于 FIR 核的 FIR 滤波器的设计步骤

第一步：新建名为"FirIP"的工程，选择目标器件"EP4CE15F17C8"，将顶层文件设置为 VHDL 类型。

第二步：新建名为"fir"的 IP 核，启动"MegaWizard Plug-In Manager"工具后，依次单击"DSP→Filters→FIR Compiler v13.1"菜单，并在设置好目标器件簇、输出文件中的语言模型、IP 存放路径及名称后，单击"Next"按钮，进入 FIR 核工具界面，单击"Step1: Parameterize"选项，进入图 7-27 所示 FIR 核参数设置界面。

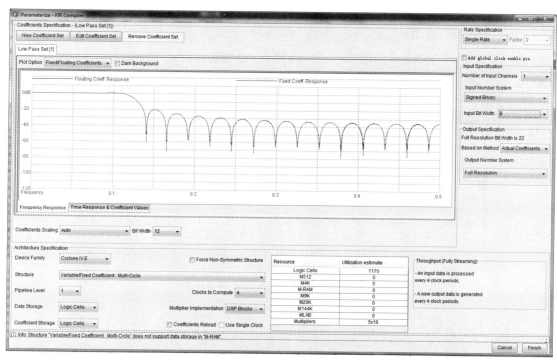

图 7-27　FIR IP 核参数设置界面

第三步：设置 FIR 核参数。设置滤波器系数的位宽（Bit Width）为"12"，目标器件（Device Family）为"Cyclone Ⅳ E"，流水线级数（Pipeline Level）为"1"，输入数据存储资源（Data Storage）及滤波系数的存储资源（Coefficient Storage）保持默认值"Logic Cells"。单击"Structure"下拉列表框，可以看到，该 FIR 核提供了 4 种不同的实现结构：Distributed Arithmetic:Fully Serial Filter（全串行分布式算法结构）、Distributed Arithmetic:Multi-Bit Filter（多比特分布式算法结构）、Distributed Arithmetic:Fully Parallel Filter（全并行分布式算法结构）、Variable/Fixed

Coefficient:Multi-Cycle（多时钟周期可变/固定系数结构）。不同结构所需的芯片资源不同，运算速度也不同。对于"Variable/Fixed Coefficient:Multi-Cycle"选项，由于实例的数据速率为12.5 MHz、系统时钟频率为50 MHz，因此"Clocks to Compute"设置为"4"，即每个数据采样4个时钟周期。

接下来，需要设置滤波器系数。FIR Compiler v13.1 核提供的滤波器系数设计功能十分丰富，单击图7-27 中的"Edit Coefficient Set"标签，打开系数设置界面，如图7-28 所示。系数设置有两种方法：一是直接在 FIR 核中根据通带、阻带等特性设置；二是直接装载已经设计好的滤波器系数文件（TXT 格式）。为便于模块的通用性，以及滤波器系数的继承性，这里采用第二种方法。滤波器系数文件 FirCoe.txt 中的系数由 E7_9_FirIP.m 程序产生。选择"Imported Coefficient Set"单选按钮，单击"Browse"按钮，选择已准备好的滤波器系数文件 E7-9-fir.txt，单击"Apply"按钮应用此滤波器系数。可以在图7-28 左上角的"Coefficient"栏中查看滤波器系数，在右上角的"Frequency Response"栏中查看滤波器的幅频响应。

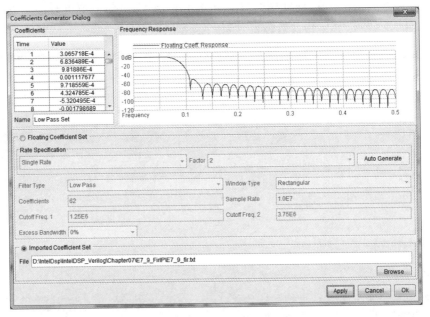

图 7-28　FIR 核的滤波器系数设置界面

至此，我们完成了 FIR 核的设计工作。

第四步：新建 VHDL 文件，并实例化生成的 FIR 核组件。程序代码如下。

```
library IEEE;
use IEEE.STD_LOGIC_1164.ALL;
use IEEE.STD_LOGIC_ARITH.ALL;
use IEEE.STD_LOGIC_SIGNED.ALL;

entity FirIP is
port (clk        : in std_logic;                              --系统时钟信号频率为50MHz
      rst        : in std_logic;
      xin        : in std_logic_vector(7 downto 0);
      yout       : out std_logic_vector(7 downto 0));         --输出数据
```

```
end FirIP;

architecture Behavioral of FirIP is

        component fir
        port(
        clk                     : in    std_logic;
        reset_n                 : in    std_logic;
        ast_sink_ready          : out std_logic;
        ast_source_data         : out std_logic_vector (22 downto 0);
        ast_sink_data           : in    std_logic_vector (7 downto 0);
        ast_sink_valid          : in    std_logic;
        ast_source_valid        : out std_logic;
        ast_source_ready        : in    std_logic;
        ast_sink_error          : in    std_logic_vector (1 downto 0);
        ast_source_error        : out std_logic_vector (1 downto 0));
        end component;

        signal ast_sink_ready: std_logic:='1';
        signal ast_sink_valid: std_logic:='1';
        signal ast_source_ready: std_logic:='1';
        signal ast_sink_error: std_logic_vector(1 downto 0):="00";
signal reset_n: std_logic;
        signal clken: std_logic:='1';
signal dout : std_logic_vector(22 downto 0);

begin

reset_n <= not rst;
        yout <= dout(21 downto 14);

        u1: fir port map(
                clk =>    clk,
                reset_n =>   reset_n,
                ast_sink_ready => ast_sink_ready ,
                ast_source_data => dout,
                ast_sink_data   =>   xin,
                ast_sink_valid   => ast_sink_valid,
        ast_source_ready   => ast_source_ready,
                ast_sink_error => ast_sink_error
            );

end Behavioral;
```

7.9.3　基于 FIR 核的 FIR 滤波器的功能仿真

在完成 FIR 核的参数设置后，还需要测试基于 FIR 核的 FIR 滤波器功能的正确性。基于
FIR 核的 FIR 滤波器的功能测试方法与串行结构 FIR 滤波器类似，也采用 7.4.3 节介绍的测试
方法，即先编写生成频率叠加信号的 VHDL 文件 data.vhd，再编写顶层文件 top.vhd，将

data.vhd 和 FirIP 作为功能模块（data 模块和 FirIP 模块），且将 data 模块的输出信号（频率叠加信号）作为 FirIP 模块的输入信号。

需要注意的是，FirIP 模块的输入时钟信号频率为数据输入速率的 4 倍，因此在 top.vhd 中通过 4 进制计数器实现每 4 个时钟周期给滤波器模块输入 1 个信号。读者可以参考本书配套资源查阅完整的工程文件。

在测试程序中，输入信号是频率叠加信号（频率为 500 kHz 和 2 MHz 的两个信号），基于 FIR 核的 FIR 滤波器功能的 ModelSim 仿真波形如图 7-29 所示。

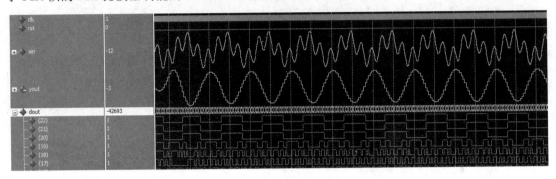

图 7-29　基于 FIR 核的 FIR 滤波器功能的 ModelSim 仿真波形

从图 7-29 可以看出，FIR 滤波器的输入为频率叠加信号，输出是频率为 500 kHz 的信号，有效滤除了频率为 2 MHz 的信号。

根据实例的需求，输出数据位宽为 8 位，而 FIR 核全精度运算需要 23 位，因此，需要将 23 位的输出数据转换为 8 位的输出数据。如图 7-30 所示，dout 的高 3 位均为符号位。根据二进制补码与十进制数的转换原理，在完全相同的符号位中仅取 1 位即可，其余符号位不携带有效信息。也就是说，这里的最高有效位是 dout（20），有效位宽为 21 位。因此，对于本实例的仿真结果，直接取 dout（20 downto 13）即可获得最终 8 位的输出结果。

在图 7-29 中，仿真的输入包括带内的 500 kHz 信号和带外的 2 MHz 信号，并且有用信号（频率为 500 kHz）和干扰信号（频率为 2 MHz）的功率比为 1∶1，对于 8 位输入数据来讲，有用信号的有效位宽仅为 7 位，而不是 8 位。在这种情况下，dout 的最高有效位为 dout(20)，如果输入数据中无干扰信号，则有用信号的有效位宽为 8 位，dout 的最高有效位为 dout(21)。因此，最终 8 位的输出数据为 dout(21:14)。

7.10　FIR 滤波器的板载测试

7.10.1　硬件接口电路

实例 7-10：FIR 滤波器的 CRD500 板载测试

在实例 7-9 的基础上，完善 VHDL 程序，在 CRD500 上验证低通 FIR 滤波器的滤波性能。CRD500 配置有 2 路独立的 D/A 转换接口、1 路 A/D 转换接口、2 个独立的晶振。为尽量真实地模拟通信中的滤波过程,采用晶振 X2(gclk2)作为驱动时钟,产生频率分别为 500 kHz 和 2 MHz 的正弦波合成信号,经 DA2 通道输出;DA2 通道输出的模拟信号通过 P5 跳线端子 (引脚 1、2 短接)连接至 A/D 转换通道,并送入 FPGA 进行处理;经 FPGA 低通滤波后的信号,由 DA1 通道输出;DA1 通道和 A/D 转换通道的驱动时钟信号由 X1(gclk1)提供,即实验中的接收、发送时钟信号完全独立。将程序下载到电路板后,通过示波器同时观察 DA1、DA2 通道的信号波形,即可判断滤波前后信号的变化情况。低通 FIR 滤波器板载测试中的接口信号定义如表 7-3 所示。

表 7-3　低通 FIR 滤波器板载测试中的接口信号定义

信 号 名 称	引　　脚	传 输 方 向	功 能 说 明
gclk1	C10	→FPGA	生成合成测试信号的驱动时钟信号
gclk2	H3	→FPGA	DA2 通道转换的驱动时钟信号
ad_clk	P6	FPGA→	A/D 采样时钟信号,频率为 12.5MHz
ad_din[7:0]	P7、T6、R7、T7、T8、R9、T9、P9	→FPGA	A/D 采样输入信号,8 位数据
da1_clk	P2	FPGA→	DA1 通道转换时钟信号,频率为 12.5 MHz
da1_out[7:0]	R2、R1、P1、N3、M3、N1、M2、M1	FPGA→	DA1 通道转换信号,模拟测试信号
da2_clk	P15	FPGA→	DA2 通道转换时钟信号,频率为 50 MHz
da2_out[7:0]	L16、M16、M15、N16、P16、R16、R15、T15	FPGA→	DA2 通道转换信号,输出滤波后的信号

7.10.2　板载测试程序

根据前面的分析,可以得到低通 FIR 滤波器板载测试的框图,如图 7-30 所示。

图 7-30 中的滤波器模块为目标测试程序,测试信号生成模块用于生成频率分别为 500 kHz 和 2 MHz 的正弦波叠加信号(频率叠加信号)。

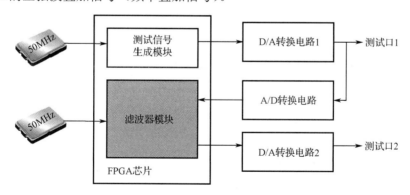

图 7-30　低通 FIR 滤波器板载测试的框图

根据前面的讨论,编写 FIR 的板载测试程序,可以在实例 7-9 的基础上进行修改完善。其中,测试信号生成模块为 data 模块。根据 CRD500 的硬件接口,修改后的顶层文件代码如下。

```
--top.vhd
library IEEE;
```

```vhdl
use IEEE.STD_LOGIC_1164.ALL;
use IEEE.STD_LOGIC_ARITH.ALL;
use IEEE.STD_LOGIC_SIGNED.ALL;

entity top is
port (
        --系统时钟信号
        gclk1           : in std_logic;        --滤波器驱动时钟：50MHz
        gclk2           : in std_logic;        --测试信号驱动时钟：50MHz

        --AD 通道接口
        ad_din          : in std_logic_vector(7 downto 0);
        ad_clk          : out std_logic;

        --DA1 通道接口/滤波器输出数据
        da1_out         : out std_logic_vector(7 downto 0);
        da1_clk         : out std_logic;

        --DA2 通道接口/测试数据
        da2_out         : out std_logic_vector(7 downto 0);
        da2_clk         : out std_logic);
end top;

architecture Behavioral of top is
        component fir_pll
        port(
                inclk0      :in std_logic;
                locked      : out std_logic;
                c0          : out std_logic;
                c1          : out std_logic);
        end component;

        component data
        port(
                clk     : in std_logic;
                dout  : out std_logic_vector (7 downto 0));
        end component;

        component FirIP
        port(
                rst         : in std_logic;
                clk         : in std_logic;
                xin         : in std_logic_vector (7 downto 0);
                yout        : out std_logic_vector (7 downto 0));
        end component;

        signal xin: std_logic_vector(7 downto 0);
```

```vhdl
signal din: std_logic_vector(7 downto 0);
signal dout: std_logic_vector(7 downto 0);
signal cn: std_logic_vector(1 downto 0);
signal clk50m,clk12m5: std_logic;
signal rst,locked: std_logic;

begin

    ----------测试数据生成部分--------------
    u1: data port map(
            clk => gclk2,
            dout => xin);

    da2_clk <= not gclk2;

--将数据转换成无符号数据送至 DA1 通道
process(rst,gclk2)
  begin
    if (rst='1') then
            da2_out <= (others=>'0');
        elsif rising_edge(gclk2) then
            da2_out <= xin + 128;
        end if;
    end process;


    -------------滤波器处理部分------------
--PLL 生成滤波器中的 12.5MHz 处理时钟
u3: fir_pll port map(
            inclk0 => gclk1,
            locked => locked,
            c0      => clk50m,
            c1      => clk12m5);

    rst <= not locked;
    da1_clk <= not clk12m5;
    ad_clk <= not clk12m5;

    process(clk12m5)
    begin
        if rising_edge(clk12m5) then
            --将接收到的数据转换成有符号数送入滤波器
            din <= ad_din - 128;
            --将滤波后的数据转换成无符号数后送至 DA2
            da1_out <= dout + 128;
        end if;
    end process;
```

```
        u2: FirIp port map(
                rst => rst,
                clk => clk50m,
                xin => din,
                yout => dout);

    end Behavioral;
```

在测试信号生成模块部分的 VHDL 代码中，为使 D/A 转换的数据处于稳定的时刻，将 gclk2 取反后送至 D/A 转换时钟接口。同时，D/A 转换芯片的数据接口为无符号数，因此需要将 data 模块的有符号数转换成无符号数送至 DA2 的数据接口。

在滤波器处理部分，首先调用 PLL 核，在 gclk1 的驱动下生成 50 MHz 和 12.5 MHz 的时钟信号，作为滤波器的时钟信号。由于 A/D 采样信号为无符号数，因此需要将其转换为有符号数后送至滤波器处理。

完成板载测试程序代码的编写后，添加用户约束文件 CRD500.ucf，将程序的接口信号按表 7-3 进行约束，将约束文件添加到 FPGA 工程中，重新对整个工程进行综合、实现，编译生成 sof 文件，完成板载测试验证前的所有设计工作。

7.10.3　板载测试验证

低通 FIR 滤波器板载测试的硬件连接图如图 7-31 所示。

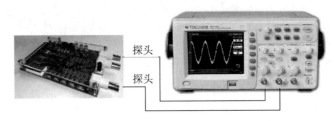

图 7-31　低通 FIR 滤波器板载测试的硬件连接图

板载测试需要采用双通道示波器，将示波器的通道 1 连接 CRD500 的 DA1 通道的输出，观察滤波前的信号；示波器的通道 2 连接 CRD500 的 DA2 通道的输出，观察滤波后的信号。需要注意的是，在进行板载测试前，需要适当调整 CRD500 的电位器 R36，使 P3（AD IN）接口的信号幅度为 0～2 V。

将板载测试程序下载到 CRD500，合理设置示波器参数，可以看到两个输入信号的波形，如图 7-32 所示。

滤波前的信号波形为 500kHz 和 2MHz 的叠加信号，滤波后得到规则的 500 kHz 单频信号（低通 FIR 滤波器的截止频率为 1 MHz），幅度减小了约 1/2。这是由于输入的 8 位数据同时包含频率分别为 500 kHz 和 2 MHz 的信号，幅度与单频输入信号相同，其中的 500 kHz 信号幅度本身比单频输入信号减小了 1/2，滤除频率为 2 MHz 的信号后，仅剩下幅度减小 1/2、频率为 500 kHz 的信号，这与示波器显示的波形相符。

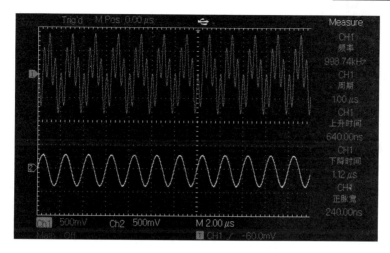

图 7-32　滤波器显示的输入信号波形

7.11　小结

　　滤波器的设计是数字信号处理中应用最为广泛的技术，FIR 滤波器又是应用最为广泛的滤波器类型。通过 MATLAB 的 FIR 滤波器设计函数来设计 FIR 滤波器时，工程师根据用户需求确定 FIR 滤波器的参数即可。设计 FIR 滤波器的关键在于理解其工作原理，在理解 FIR 滤波器工作原理的基础上，再采用 FPGA 来实现 FIR 滤波器就相对容易了。为了便于读者理解 FIR 滤波器设计的原理及步骤，本章给出的设计实例及采用的仿真分析方法都比较简单。本章的学习要点如下所述。

　　（1）与模拟滤波器相比，数字滤波器具有运算精度高、可靠性高、滤波性能好等优点。

　　（2）数字滤波器可分为经典滤波器和现代滤波器。经典滤波器仅适用于有用信号与干扰信号处于不同频带的场合，现代滤波器可用于有用信号与干扰信号处于相同频带的场合。

　　（3）经典滤波器的特征参数主要有通带截止频率、通带衰减、阻带截止频率、阻带衰减等。

　　（4）采用 MATLAB 中的 fir1()函数设计 FIR 滤波器的实质是采用窗函数设计 FIR 滤波器；采用 firpm()函数设计 FIR 滤波器的实质是基于最佳逼近准则设计 FIR 滤波器。

　　（5）通过 MATLAB 设计的 FIR 滤波器的系数是实数，在进行 FPGA 实现前，需要对 FIR 滤波器的系数进行量化，且量化位数越大，滤波性能损失越小。

　　（6）FIR 滤波器在本质上是一种乘累加结构，当 FIR 滤波器的所有系数均为 1 时，构成累加器。基于累加器的 FIR 滤波器的滤波性能呈现低通特性，可完全滤除某些特定频率的信号。

　　（7）基于 FPGA 实现 FIR 滤波器时，可采用串行结构、并行结构、分布式算法等。根据 FPGA 的面积与速度互换原则，串行结构的 FIR 滤波器占用较少的逻辑资源，运算速度较慢；并行结构的 FIR 滤波器占用较多的逻辑资源，运算速度较快；分布式算法是一种不需使用乘法器的高效实现结构。

　　（8）基于 FPGA 实现 FIR 滤波器时，通常会采用 FIR 核。FIR 核功能丰富、使用灵活，可通过参数设置来自动采用最佳的实现结构。

7.12 思考与练习

7-1 与模拟滤波器相比，数字滤波器的优势有哪些？

7-2 经典滤波器的种类有哪些？

7-3 经典滤波器的特征参数主要有哪些？

7-4 某滤波器的通带容限 α_1 及阻带容限 α_2 均为 0.01，请换算成通带衰减 α_P 及阻带衰减 α_S。

7-5 某数字信号处理系统的采样频率 f_s=10 MHz，低通滤波器的 3 dB 截止频率 f_c=1 MHz，在采用 fir1() 函数设计 FIR 滤波器时，归一化截止频率是多少？

7-6 在采用 fir1() 函数设计 FIR 滤波器时，归一化截止频率 ω=0.2 rad/s，已知系统的采样频率 f_s=100 MHz，则实际截止频率 f_c 是多少？如果系统的实际截止频率 f_c=300 kHz，则系统的采样频率 f_s 是多少？

7-7 已知实例 7-1 设计的 FIR 滤波器采用的长度为 5，当采样频率为 100 Hz 时能够完全滤除频率为 20 Hz 的单频信号，请问是否能够滤除频率为 15 Hz 的单频信号？40 Hz 的单频信号呢？请说明理由，并采用 MATLAB 来仿真分析结果。

7-8 采用 MATLAB 仿真长度为 7、基于累加器的 FIR 滤波器的滤波性能，系统的采样频率为 700 Hz，仿真频率分别为 70 Hz 和 10 Hz 的信号的滤波效果。完成基于累加器的 FIR 滤波器的 FPGA 设计，采用 ModelSim 仿真 FIR 滤波器的工作波形，并与 MATLAB 的仿真结果进行对比。

7-9 采用半串行结构完成实例 7-6 要求的 FIR 滤波器的 FPGA 设计及 ModelSim 仿真，并与全串行结构 FIR 滤波器和并行结构 FIR 滤波器所需的逻辑资源及运算速度进行对比。

7-10 完善实例 7-7 的 VHDL 程序，完成程序在 CRD500 上的板载测试。

IIR（Infinite Impulse Response，无限脉冲响应）滤波器与 FIR 滤波器的结构没有太大的差别。IIR 滤波器虽然应用没有 FIR 滤波器广泛，但有其自身的特点，具有 FIR 滤波器无法比拟的优势。IIR 滤波器具有反馈结构，使得其设计中的数字运算更具有挑战性，也更有趣味性。只有掌握了 FIR 滤波器和 IIR 滤波器的设计，才能对经典滤波器的设计有比较全面的了解。

8.1 IIR 滤波器的理论基础

8.1.1 IIR 滤波器的原理及特性

根据前文的讨论可知，数字滤波器是一个时域离散系统。任何时域离散系统都可以用一个 N 阶差分方程来表示，即

$$\sum_{j=0}^{N} a_j y(n-j) = \sum_{i=0}^{M} b_i x(n-i), \quad a_0 = 1 \tag{8-1}$$

式中，$x(n)$ 和 $y(n)$ 分别是系统的输入序列和输出序列；a_j 和 b_i 均为常数；$y(n-j)$ 和 $x(n-i)$ 项只有一次项，没有 x、y 交叉相乘项，故称为线性常系数差分方程。差分方程的阶数是由 $y(n-j)$ 项中 j 的最大值与最小值之差确定的。式（8-1）中，j 的最大值为 N，最小值为 0，因此称为 N 阶差分方程。

当 $a_j=0$ 且 $j>0$ 时，N 阶差分方程表示的系统为 FIR 滤波器；当 $a_j \neq 0$ 且 $j>0$ 时，N 阶差分方程表示的系统为 IIR 滤波器。

IIR 滤波器的单位脉冲响应是无限长的，其系统函数为

$$H(z) = \frac{\sum_{i=0}^{M} b_i z^{-i}}{1 - \sum_{j=1}^{N} a_l z^{-j}} \tag{8-2}$$

系统的差分方程可以写成

$$y(n) = \sum_{i=0}^{M} x(n-i)b_i + \sum_{j=1}^{N} y(n-j)a_j \qquad (8\text{-}3)$$

从式（8-3）可以很容易看出，IIR 滤波器有以下几个显著特性。

（1）IIR 滤波器同时存在不为零的极点和零点。要保证 IIR 滤波器是稳定的系统，就需要使系统的极点在单位圆内。也就是说，系统的稳定性是由系统的极点决定的。

（2）由于线性相位滤波器所有的零点和极点都是关于单位圆对称的，所以只允许极点位于单位圆的原点。由于 IIR 滤波器存在不为零的极点，因此只可能实现近似的线性相位特性。也正是 IIR 滤波器的非线性相位特性限制了其应用范围。

（3）在 FPGA 等数字硬件平台上实现 IIR 滤波器时，由于存在反馈结构，因此受限于寄存器的长度，无法通过增加字长来实现全精度的运算。运算过程中的有限字长效应是实现 IIR 滤波器时必须考虑的问题。

8.1.2　IIR 滤波器的常用结构

IIR 滤波器的常用结构有 4 种：直接 I 型、直接 II 型、级联型及并联型。其中，级联型结构便于准确实现 IIR 滤波器的零点和极点，而且受参数量化的影响较小，因此使用较为广泛。下面分别对这 4 种结构进行简要介绍。

1．直接 I 型结构

从式（8-3）可以看出，输出信号由两部分组成：第一部分 $\sum_{i=0}^{M} x(n-i)b(i)$ 表示对输入信号进行延时，组成 M 级延时网络，相当于 FIR 滤波器的横向网络，实现系统的零点；第二部分 $\sum_{j=1}^{N} y(n-j)a_j$ 表示对输出信号进行延时，组成 N 级延时网络，在各级延时抽头后与常系数相乘，并将乘法结果相加。由于式（8-3）中的第二部分是对输出信号的延时，故称为反馈结构，用于实现系统的极点。直接根据式（8-3）可画出系统的信号流图，如图 8-1 所示。

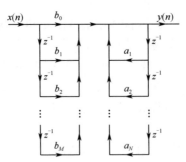

图 8-1　采用直接 I 型结构的 IIR 滤波器的信号流图

2．直接 II 型结构

式（8-2）可以改写为

$$H(z) = \sum_{i=0}^{M} b_i z^{-i} \frac{1}{1 - \sum_{j=1}^{N} a_j z^{-j}} = \frac{1}{1 - \sum_{j=1}^{N} a_j z^{-j}} \sum_{i=0}^{M} b_i z^{-i} \tag{8-4}$$

也就是说，IIR 滤波器的系统函数可以看成两部分网络的级联。对于线性时不变系统，交换级联网络的次序，系统函数是不变的。根据式（8-4）可得到采用直接 I 型结构的 IIR 滤波器信号流图的变形，如图 8-2 所示。

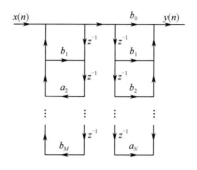

图 8-2　采用直接 I 型结构的 IIR 滤波器信号流图的变形

由于两个串行的延时网络具有相同的输入，因此可以合并，从而得到采用直接 II 型结构的 IIR 滤波器的信号流图，如图 8-3 所示。

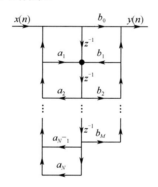

图 8-3　采用直接 II 型结构的 IIR 滤波器的信号流图

对于 N 阶差分方程，采用直接 II 型结构的 IIR 滤波器只需要 N 个单位延时（通常 $N \geqslant M$），比采用直接 I 型结构的 IIR 滤波器的单位延时少一半，因而在软件实现时可以节省存储单元，在硬件实现时可节省寄存器，相比于采用直接 I 型结构的 IIR 滤波器具有明显的优势。

3. 级联型结构

采用直接型（直接 I 型和直接 II 型）的 IIR 滤波器结构可以从式（8-2）直接得到。一个 N 阶 IIR 滤波器的系统函数可以用它的零点和极点表示。由于系统函数的系数均为实数，因此零点和极点只有两种可能：实数或复共轭对。对系统函数的分子多项式和分母多项式分别进行因式分解，可将系统函数写成

$$H(z) = A\frac{\prod_{k=1}^{M_1}(1-c_k z^{-1})\prod_{k=1}^{M_2}(1-q_k z^{-1})(1-q_k^* z^{-1})}{\prod_{k=1}^{N_1}(1-d_k z^{-1})\prod_{k=1}^{N_2}(1-p_k z^{-1})(1-p_k^* z^{-1})} \tag{8-5}$$

式中，$M_1+M_2=M$，$N_1+N_2=N$；c_k 和 d_k 分别表示实零点和实极点；q_k 和 q_k^* 表示复共轭对零点；p_k 和 p_k^* 表示复共轭对极点。为了进一步简化级联型结构，可以把每对共轭因子都合并起来，构成一个实数的二阶因子，因此系统函数可写成

$$H(z) = A\prod_{k=1}^{N_c}\frac{1+b_{1k}z^{-1}+b_{2k}z^{-2}}{1+a_{1k}z^{-1}+a_{2k}z^{-2}} \tag{8-6}$$

式中，$N_c=\left[\dfrac{N+1}{2}\right]$，是接近 $\dfrac{N+1}{2}$ 的最大整数。需要说明的是，式（8-6）已经假设 $N \geqslant M$。

由直接 Ⅱ 型结构可知，如果每个二阶子系统（子网络）均使用直接 Ⅱ 型结构实现，则一个确定的 IIR 滤波器可以采用具有最少存储单元的级联型结构。采用级联型结构的 4 阶 IIR 滤波器的信号流图如图 8-4 所示。

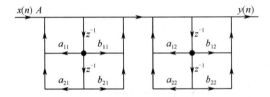

图 8-4　采用级联型结构的 4 阶 IIR 滤波器的信号流图

在讨论 FIR 滤波器的结构时，得出 FIR 滤波器不适合使用级联型结构的结论，其原因是级联型结构需要使用较多的乘法运算单元（乘法器）。由于 FIR 滤波器的阶数一般比较大，且没有反馈结构，因此通常采用直接 Ⅰ 型结构来实现。IIR 滤波器则不同，与直接型结构相比，级联型结构中每个级联部分的反馈结构都很少，易于控制有限字长效应带来的影响。因此，当 IIR 滤波器的阶数较大时，与直接型结构相比，级联型结构反而具有优势。

4．并联型结构

作为系统函数的另一种形式，可以将系统函数展开成部分分式形式，即

$$H(z) = \sum_{k=0}^{N_s}G_k z^{-k} + \sum_{k=1}^{N_1}\frac{A_k}{1-d_k z^{-1}} + \sum_{k=1}^{N_2}\frac{B_k(1-e_k z^{-1})}{(1-p_k z^{-1})(1-p_k^* z^{-1})} \tag{8-7}$$

式中，$N_1+2N_2=N$；如果 $M \geqslant N$，则 $N_s=M-N$，否则应当将式（8-7）的第一项直接去除。由于式（8-7）为一阶子系统和二阶子系统的并联组合，因此可将实极点成对组合，系统函数可写成

$$H(z) = \sum_{k=0}^{N_s}G_k z^{-k} + \sum_{k=1}^{N_p}\frac{e_{0k}+e_{1k}z^{-1}}{1-a_{1k}z^{-1}-a_{2k}z^{-2}} \tag{8-8}$$

式中，$N_p=\left[\dfrac{N+1}{2}\right]$，是 $\dfrac{N+1}{2}$ 的最大整数。图 8-5 所示为采用并联型结构的 4 阶 IIR 滤波器的信号流图。

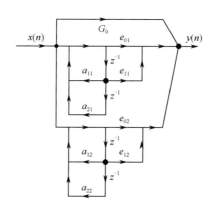

图 8-5　采用并联型结构的 4 阶 IIR 滤波器的信号流图

在图 8-5 中，可以通过改变 a_{1k} 和 a_{2k}（$R=1,2$）的值来单独调整极点位置，但不能像采用级联型结构 IIR 滤波器那样直接控制系统的零点。正因为如此，并联型结构在 IIR 滤波器中的使用不如级联型结构广泛。但在运算误差方面，由于采用并联型结构的 IIR 滤波器中的各基本节点的误差互不影响，故比采用级联型结构 IIR 滤波器更具优势。

8.1.3　IIR 滤波器与 FIR 滤波器的比较

IIR 滤波器与 FIR 滤波器是最常见的数字滤波器，两者的结构及分析方法相似。为了更好地理解这两种数字滤波器的异同，下面对它们进行简单的比较，以便在具体的工程设计中能够更加合理地选择，以更少的资源满足所需的性能。本节直接给出这两种数字滤波器的性能差异及特点，在后续介绍 IIR 滤波器的设计方法及其 FPGA 实现时，读者可以进一步加深对 IIR 滤波器的理解。

（1）在满足相同幅频响应设计指标的情况下，FIR 滤波器的阶数通常是 IIR 滤波器的阶数的 5～10 倍。

（2）FIR 滤波器能得到严格的线性相位特性（当 FIR 滤波器系数具有对称结构时）。在相同阶数的情况下，IIR 滤波器具有更好的幅度特性，但相位特性是非线性的。

（3）FIR 滤波器的单位脉冲响应是有限长的，一般采用非递归结构，是稳定的系统，即使在有限精度运算时，误差也比较小，受有限字长效应的影响较小。IIR 滤波器必须采用递归结构，只有极点在单位圆内时才是稳定的系统。IIR 滤波器具有反馈结构，基于运算过程中的截位处理，容易引起振荡现象。

（4）FIR 滤波器的运算是一种卷积运算，可以采用快速傅里叶变换和其他快速算法，运算速度较快。IIR 滤波器无法采用类似的快速算法。

（5）在设计方法上，IIR 滤波器可以利用模拟滤波器的设计公式、数据和表格等资料。FIR 滤波器不能借助模拟滤波器的设计成果。基于计算机设计软件的发展，在设计 FIR 滤波器和 IIR 滤波器时均可采用现成的函数，因此在工程设计中，两者的设计难度均已大幅度下降。

（6）IIR 滤波器主要用于设计规格化的、频率特性为分段恒定的标准滤波器，FIR 滤波器要灵活得多，适应性更强。

（7）在 FPGA 设计中，FIR 滤波器可以采用现成的 IP 核进行设计，工作量较小；用于 IIR 滤波器设计的 IP 核很少，一般需要手动编写代码，工作量较大。

（8）当给定幅频响应，而不考虑相位特性时，如果 FPGA 的逻辑资源较少，则可采用 IIR 滤波器；当要求滤波器具有严格线性相位特性，或幅度特性不同于典型模拟滤波器的特性时，通常采用 FIR 滤波器。

8.2 IIR 滤波器的 MATLAB 设计

一般来讲，IIR 滤波器的设计方法可以分为 3 种：原型转换法、直接设计法，以及直接调用 MATLAB 中设计 IIR 滤波器的函数。从工程设计的角度来讲，前两种设计方法都比较烦琐，且需要对 IIR 滤波器的基础理论知识有较多的了解，因此工程中大多采用直接调用 MATLAB 中设计 IIR 滤波器的函数。

MATLAB 提供了多种用于设计 IIR 滤波器的函数，通常采用的是根据原型转换法实现的 5 种：butter()函数（巴特沃斯函数）、cheby1()函数（切比雪夫 I 型函数）、cheby2()函数（切比雪夫 II 型函数）、ellip()函数（椭圆滤波器函数）及 yulewalk()函数。

8.2.1 采用 butter()函数设计 IIR 滤波器

在 MATLAB 中，可以利用 butter()函数直接设计各种形式的数字滤波器（也可设计模拟滤波器），其语法如下。

```
[b,a]=butter(n,Wn);
[b,a]=butter(n,Wn,'ftype');
[z,p,k]=butter(n,Wn);
[z,p,k]=butter(n,Wn, 'ftype');
[A,B,C,D]=butter(n,Wn);
[A,B,C,D]= butter(n,Wn, 'ftype');
```

butter()函数可以设计低通、高通、带通和带阻等各种形式的滤波器。

利用 "[b,a]=butter(n,Wn)" 可以设计一个阶数为 n、截止频率为 Wn 的低通滤波器，其返回值 a 和 b 为低通滤波器系统函数的分子项系数和分母项系数。Wn 为低通滤波器的归一化截止频率，取值范围为 0～1，其中，1 对应采样频率的 1/2。如果 Wn 是一个含有两个元素的向量[w1 w2]，则返回值 a 和 b 分别是阶数为 2n 的带通滤波器系统函数的分子项系数和分母项系数，通带范围为 w1～w2。

利用 "[b,a]=butter(n,Wn,'ftype')" 可以设计高通滤波器和带阻滤波器。其中，参数 ftype 的形式确定了滤波器的形式，当 ftype 为 high 时，得到的是阶数为 n、截止频率为 Wn 的高通滤波器；当 ftype 为 stop 时，得到的是阶数为 2n、阻带范围为 w1～w2 的带阻滤波器。

利用 "[z,p,k]=butter(n,Wn)" 及 "[z,p,k]=butter(n,Wn,'ftype')" 可以得到滤波器的零点、极点和增益表达式。

利用 "[A,B,C,D]=butter(n,Wn)" 及 "[A,B,C,D]= butter(n,Wn,'ftype')" 可以得到滤波器的状态空间表达形式，在实际的设计中很少使用这种语法形式。

例如，要设计采样频率为 1000 Hz、阶数为 9、截止频率为 300 Hz 的高通巴特沃斯数字滤波器，并绘出滤波器的频率响应，只需在 MATLAB 中使用以下命令。

```
[b,a]=butter(9,300*2/1000,'high');
freqz(b,a,128,1000);
```

8.2.2 采用 cheby1()函数设计 IIR 滤波器

在 MATLAB 中，可以利用 cheby1()函数直接设计各种形式的数字滤波器（也可设计模拟滤波器），其语法如下。

```
[b,a]= cheby1(n,Rp,Wn);
[b,a]= cheby1(n, Rp,Wn,'ftype');
[z,p,k]= cheby1(n, Rp,Wn);
[z,p,k]= cheby1(n, Rp,Wn,'ftype');
[A,B,C,D]= cheby1(n, Rp,Wn);
[A,B,C,D]= cheby1(n, Rp,Wn,'ftype');
```

cheby1()函数先设计出切比雪夫 I 型模拟原型滤波器，然后用原型变换法得到数字低通、高通、带通或带阻滤波器。切比雪夫 I 型滤波器在通带是等纹波的，在阻带是单调的，可以设计低通、高通、带通和带阻各种形式的滤波器。

利用 "[b,a]=cheby1(n,Rp,Wn)" 可以得到阶数为 n、截止频率为 Wn、通带纹波最大衰减为 Rp（单位为 dB）的低通滤波器，它的返回值 b、a 是阶数为 n+1 的向量，分别表示低通滤波器系统函数的分子项系数和分母项系数。如果 Wn 是一个含有两个元素的向量[w1 w2]，则返回值 a 和 b 分别是阶数为 2n 的带通滤波器系统函数的分子项系数和分母项系数，通带范围为 w1～w2。

利用 "[b,a]= cheby1(n, Rp,Wn,'ftype')" 可以得到高通滤波器和带阻滤波器。其中，参数 ftype 用于确定滤波器的形式，当 ftype 为 high 时，得到的是阶数为 n、截止频率为 Wn 的高通滤波器；当 ftype 为 stop 时，得到的是阶数为 2n、阻带范围为 w1～w2 的带阻滤波器。

利用 "[z,p,k]= cheby1(n, Rp,Wn)" 及 "[z,p,k]= cheby1(n, Rp,Wn,'ftype')" 可以得到滤波器的零点、极点和增益表达式。

利用 "[A,B,C,D]= cheby1(n,Rp,Wn)" 及 "[A,B,C,D]= cheby1(n,Rp,Wn,'ftype')" 可以得到滤波器的状态空间表达形式，在实际的设计中很少使用这种语法形式。

例如，要设计采样频率为 1000 Hz、阶数为 9、截止频率为 300 Hz、通带衰减为 0.5 dB 的低通切比雪夫 I 型数字滤波器，并绘出滤波器的频率响应，只需在 MATLAB 中使用以下命令。

```
[b,a]=cheby1(9,0.5,300*2/1000);
freqz(b,a,128,1000);
```

8.2.3 采用 cheby2()函数设计 IIR 滤波器

在 MATLAB 中，可以利用 cheby2()函数直接设计各种形式的数字滤波器（也可设计模拟滤波器）。cheby2()函数的使用方法与 cheby1()函数完全相同，只是利用 cheby1()函数设计的滤波器在通带是等纹波的，在阻带是单调的；而利用 cheby2()函数设计的滤波器在阻带是等纹波的，在通带是单调的。

例如，要设计采样频率为 1000 Hz、阶数为 9、截止频率为 300 Hz、阻带衰减为 60 dB 的低通切比雪夫 II 型数字滤波器，并绘出该滤波器的频率响应，只需在 MATLAB 中使用以下命令。

```
[b,a]=cheby2(9,60,300*2/1000);
freqz(b,a,128,1000);
```

8.2.4 采用 ellip()函数设计 IIR 滤波器

在 MATLAB 中，可以利用 ellip()函数直接设计各种形式的数字滤波器（也可设计模拟滤波器），其语法如下。

```
[b,a]= ellip(n,Rp,Rs,Wn);
[b,a]= ellip(n, Rp,Rs,Wn,'ftype');
[z,p,k]= ellip(n,Rp,Rs,Wn);
[z,p,k]= ellip(n, Rp,Rs,Wn,'ftype');
[A,B,C,D]= ellip(n,Rp,Rs,Wn);
[A,B,C,D]= ellip(n, Rp,Rs,Wn,'ftype');
```

在利用 ellip()函数设计 IIR 滤波器时，先设计出椭圆滤波器，然后用原型变换法得到数字低通、高通、带通或带阻滤波器。在模拟滤波器的设计中，采用椭圆滤波器的设计是最复杂的一种设计方法，但设计出的滤波器的阶数最小，同时对参数的量化灵敏度最敏感。

利用"[b,a]= ellip(n,Rp,Wn)"可以得到阶数为 n、截止频率为 Wn、通带纹波最大衰减为 Rp（单位为 dB）、阻带纹波最小衰减为 Rs（单位为 dB）的低通滤波器，它的返回值 a 和 b 是阶数为 n+1 的向量，分别表示低通滤波器系统函数的分子项系数和分母项系数。如果 Wn 是一个含有两个元素的向量[w1 w2]，则返回值 a 和 b 分别是阶数为 2n 的带通滤波器系统函数的分子项系数和分母项系数。

利用"[b,a]= ellip(n, Rp,Rs,Wn,'ftype')"可以得到高通滤波器和带阻滤波器。其中，参数 ftype 用于确定滤波器的形式，当 ftype 为 high 时，得到的是阶数为 n 阶、截止频率为 Wn 的高通滤波器；当 ftype 为 stop 时，得到的是阶数为 2n、阻带范围为 w1～w2 的带阻滤波器。

利用"[z,p,k]= ellip(n, Rp, Rs,Wn)"及"[z,p,k]= ellip(n, Rp,Rs,Wn,'ftype')"可以得到滤波器的零点、极点和增益表达式。

利用"[A,B,C,D]= ellip(n, Rp, Rs, Wn)"及"[A,B,C,D]= ellip(n, Rp,Rs, Wn,'ftype')"可以得到滤波器的状态空间表达形式，但在实际的设计中很少使用这种语法形式。

例如，要设计采样频率为 1000 Hz、阶数为 9、截止频率为 300 Hz、通带衰减为 3 dB、阻带衰减为 60 dB 的低通椭圆滤波器，并绘出滤波器的频率响应，只需在 MATLAB 中使用以下命令。

```
[b,a]=ellip(9,3,60,300*2/1000);
freqz(b,a,128,1000);
```

8.2.5 采用 yulewalk()函数设计 IIR 滤波器

在 MATLAB 中，yulewalk()函数用于设计递归数字滤波器。与前面介绍的几种 IIR 滤波器设计函数不同的是，yulewalk()函数只能设计数字滤波器，不能设计模拟滤波器。yulewalk()实际是一种在频域采用最小均方方法来设计滤波器的函数，其语法形式如下。

```
[b,a]=yulewalk(n,f,m);
```

yulewalk()函数中的参数 n 表示滤波器的阶数，f 和 m 用于表征滤波器的幅频响应。其中，f 是一个向量，它的每个元素都是 0～1 的实数，表示频率，其中的 1 表示采样频率的 1/2，且 f 中的元素必须是递增的，第一个元素必须是 0，最后一个元素必须是 1；m 是频率 f 处的幅度响应，也是一个向量，长度与 f 相同。当确定了理想滤波器的频率响应后，为了避免从通带到阻带过渡陡峭，应对过渡带宽进行多次仿真试验，以便得到最优的滤波器设计。

例如，要设计一个 9 阶的低通滤波器，截止频率为 300 Hz，采样频率为 1000 Hz，采用 yulewalk()函数的设计方法如下。

```
f=[0 300*2/1000 300*2/1000 1];
m=[1 1 0 0];
[b,a]=yulewalk(9,f,m);
freqz(b,a,128,1000);
```

8.2.6　几种 IIR 滤波器设计函数的比较

本节通过一个具体的实例对分别采用 8.2.5 节介绍的 5 种 IIR 滤波器设计函数设计的 IIR 滤波器的性能进行比较。

实例 8-1：采用不同 IIR 滤波器设计函数设计 IIR 滤波器并进行性能比较

设计一个低通 IIR 滤波器，要求通带最大衰减为 3 dB，阻带最小衰减为 60 dB，通带截止频率为 1000 Hz，阻带截止频率为 2000 Hz，采样频率为 8000 Hz。利用巴特沃斯滤波器阶数计算公式，计算出满足需求的最小滤波器阶数。分别使用 butter()函数、cheby1()函数、cheby2()函数、ellip()函数、yulewalk()函数设计该滤波器，绘出滤波器的幅频响应曲线，并简单进行比较。

下面直接给出该实例的程序代码。

```
%E8_1_IIR4Functions.m
fs=8000;                          %采样频率
fp=1000;                          %通带截止频率
fc=2000;                          %阻带截止频率
Rp=3;                             %通带衰减（单位为dB）
Rs=60;                            %阻带衰减（单位为dB）
N=0;                              %滤波器阶数清零

%利用巴特沃斯滤波器阶数计算公式
na=sqrt(10^(0.1*Rp)-1);
ea=sqrt(10^(0.1*Rs)-1);
N=ceil(log10(ea/na)/log10(fc/fp))
[Bb,Ba]=butter(N,fp*2/fs);        %巴特沃斯滤波器
[Eb,Ea]=ellip(N,Rp,Rs,fp*2/fs);   %椭圆滤波器
[C1b,C1a]=cheby1(N,Rp,fp*2/fs);   %切比雪夫Ⅰ型滤波器
[C2b,C2a]=cheby2(N,Rs,fp*2/fs);   %切比雪夫Ⅱ型滤波器
```

```
%yulewalk 滤波器
f=[0 fp*2/fs fc*2/fs 1];
m=[1 1 0 0];
[Yb,Ya]=yulewalk(N,f,m);

%计算 IIR 滤波器的单位脉冲响应
delta=[1,zeros(1,511)];
fB=filter(Bb,Ba,delta);
fE=filter(Eb,Ea,delta);
fC1=filter(C1b,C1a,delta);
fC2=filter(C2b,C2a,delta);
fY=filter(Yb,Ya,delta);

%计算 IIR 滤波器的幅频响应
fB=20*log10(abs(fft(fB)));
fE=20*log10(abs(fft(fE)));
fC1=20*log10(abs(fft(fC1)));
fC2=20*log10(abs(fft(fC2)));
fY=20*log10(abs(fft(fY)));

%设置幅频响应的横坐标单位为 Hz
x_f=[0:(fs/length(delta)):fs-1];
plot(x_f,fB,'-',x_f,fE,'.',x_f,fC1,'-.',x_f,fC2,'+',x_f,fY,'*');
%只显示正频率部分的幅频响应
axis([0 fs/2 -100 5]);
xlabel('频率/Hz');
ylabel('幅度/dB');
legend('butter','ellip','cheby1','cheby2','yulewalk');
grid;
```

程序运行后，计算出满足设计需求的巴特沃斯滤波器最小阶数为 10。采用不同 IIR 滤波器设计函数设计的 IIR 滤波器的幅频响应曲线如图 8-6 所示。从图中可以看出，采用 ellip()函数设计的 IIR 滤波器的幅度响应、过渡带宽及阻带衰减性能最好；采用 butter()函数设计的 IIR 滤波器的幅度响应在通带具有最平坦的特性。

本书在讨论 FIR 滤波器设计时进行过不同设计函数的仿真。一般来讲，设计函数的仿真结果可以直接作为后续选定 IIR 滤波器设计函数的依据。对 IIR 滤波器来说，情况更为复杂一些。FIR 滤波器没有反馈结构，滤波器系数量化效应及滤波器运算的有限字长效应对系统性能的影响相对较小；而 IIR 滤波器具有反馈结构，有限字长效应在滤波器系统中的影响较大，且不同函数设计的滤波器对有限字长效应的影响程度不同。因此，需要通过精确的仿真来确定最终的滤波器系统。

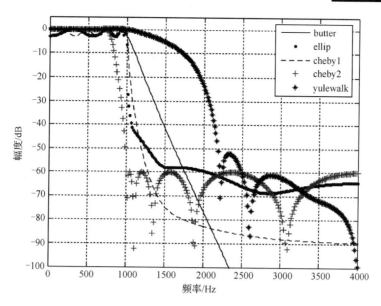

图 8-6　采用不同 IIR 滤波器设计函数设计的 IIR 滤波器的幅频响应曲线

8.2.7　采用 FDATOOL 设计 IIR 滤波器

除一些常用的滤波器函数外，MATLAB 还提供了数字滤波器的专用设计工具 FDATOOL。FDATOOL 的突出优点是直观、方便，用户只需设置几个参数，即可查看 IIR 滤波器频率响应、零点/极点、单位脉冲响应、系数等信息。下面通过一个具体实例来介绍 FDATOOL 设计 IIR 滤波器的步骤。

实例 8-2：采用 FDATOOL 设计带通 IIR 滤波器

采用 FDATOOL 设计一个带通 IIR 滤波器，通带范围为 1000～2000 Hz，低频过渡带宽为 700～1000 Hz，高频过渡带宽为 2000～2300 Hz，采样频率为 8000 Hz，是一个等阻带纹波滤波器，要求阻带衰减大于 60 dB。

启动 MATLAB 后，在命令行窗口中输入"fdatool"后按 Enter 键，即可打开 FDATOOL 界面，如图 8-7 所示。

第一步：在"Frequency Specifications"栏中设置截止频率。

第二步：在"Response Type"栏中选择"Bandpass"单选按钮，表示带通滤波器。

第三步：在"Design Method"栏中选择"IIR"单选按钮，在"IIR"的下拉列表中选择"Elliptic"。

第四步：在"Filter Order"栏中选择"Minimum order"单选按钮，表示采用最小阶数。

第五步：单击界面左下方的" 📊 "按钮（或"Design Filter"按钮），即可开始 IIR 滤波器的设计。

第六步：根据 FDATOOL 中的幅频响应曲线调整 IIR 滤波器的阶数，直到满足设计要求为止。

至此，我们使用 FDATOOL 完成了带通滤波器的设计，用户可以通过单击"Analysis→

Filter Coefficients"菜单查看 IIR 滤波器的系数。

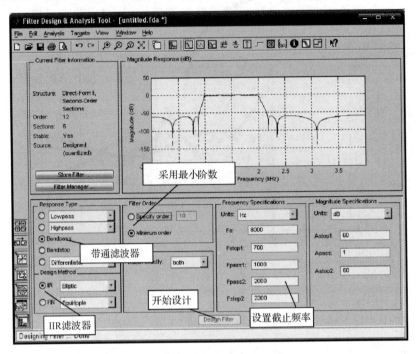

图 8-7　FDATOOL 界面

8.3　直接型结构 IIR 滤波器的 FPGA 实现

8.3.1　直接型结构 IIR 滤波器的系数量化方法

如前所述，在工程中设计 IIR 滤波器时通常采用直接型结构（包括直接 I 型结构、直接 II 型结构）和级联型结构。当 IIR 滤波器阶数较小时，一般采用结构较简单的直接型结构实现；当 IIR 滤波器阶数较大时，一般采用级联型结构实现。本章讨论直接型结构 IIR 滤波器的设计方法。

在使用 FPGA 分别实现 IIR 滤波器与 FIR 滤波器的过程中，一个明显的不同在于 FIR 滤波器在运算过程中可以做到全精度运算，只要根据输入数据字长及 FIR 滤波器系数字长设置足够长的寄存器即可，这是因为 FIR 滤波器是一个不存在反馈结构的开环系统；IIR 滤波器在运算过程中无法做到全精度运算，因为 IIR 滤波器是一个存在反馈结构的闭环系统，且中间过程存在除法运算。如果 IIR 滤波器要实现全精度运算，在运算过程中所需的寄存器字长将十分大，因此在进行 FPGA 实现之前，必须通过仿真确定 IIR 滤波器系数的字长及在运算过程中的字长。接下来先讨论直接型结构 IIR 滤波器的系数量化方法。

采用 MATLAB 中的 IIR 滤波器设计函数可以直接设计各种形式的 IIR 滤波器，通过函数的返回值可直接得到 IIR 滤波器的系数向量 b（分子项系数向量）和 a（分母项系数向量），且向量长度相同。例如，采用 cheby2() 函数设计一个阶数为 7（长度为 8）、采样频率为 12.5MHz、截止频率为 3.125 MHz、阻带衰减为 60 dB 的低通 IIR 滤波器，可在 MATLAB 的命令行窗口中输入以下命令。

```
[b,a]=cheby2(7,60,0.5);
```

按 Enter 键后，可以直接在命令行窗口中获取低通 IIR 滤波器的系数向量，即

```
b=[0.0145   0.0420   0.0818   0.1098   0.1098   0.0818   0.0420   0.0145]
a=[1.0000  -1.8024   2.2735  -1.5846   0.8053  -0.2384   0.0464  -0.0035]
```

在进行 FPGA 实现时，必须对低通 IIR 滤波器的系数进行量化处理。例如，对系数进行 12 位量化，可在 MATLAB 命令行窗口中输入以下命令。

```
m=max(max(abs(a),abs(b)));         %获取滤低通 IIR 滤波器系数向量中绝对值最大的数
Qb=round(b/m*(2^(12-1)-1))         %四舍五入截位
Qa=round(a/m*(2^(12-1)-1))         %四舍五入截位
```

按 Enter 键后，可以直接在命令行窗口中获取低通 IIR 滤波器的系数向量，即

```
Qb=[13      38      74      99      99      74      38      13]
Qa=[900   -1623   2047   -1427   725   -215   42   -3]
```

根据低通 IIR 滤波器系统函数，可直接写出其差分方程

$$
\begin{aligned}
900y(n) = {} & 13[x(n)+x(n-7)]+38[x(n-1)+x(n-6)]+ \\
& 74[x(n-2)+x(n-5)]+99[x(n-3)+x(n-4)]-[-1623y(n-1)+ \\
& 2047y(n-2)-1427y(n-3)+725y(n-4)-215y(n-5)+ \\
& 42y(n-6)-3y(n-7)]
\end{aligned}
\tag{8-9}
$$

需要特别注意的是，式（8-9）的左边乘了一个常系数，即量化后的 Qa(1)。式（8-9）具有递归特性，为了正确求解下一个输出值，需要在计算式（8-9）后除以 900，以获取正确的输出结果。也就是说，在 FPGA 实现时需要增加一级常数除法运算。

在进行除法运算的 FPGA 实现时，即使是常系数除法运算，也是十分耗费资源的。但当除数是 2 的整数幂时，可根据二进制数运算的特点，直接采用移位的方法来近似实现除法运算。移位运算不仅占用的硬件资源少，而且运算速度快。因此，在实现式（8-9）所表示的低通 IIR 滤波器时，一个简单可行的方法是在进行系数量化时，有意将量化后的分母项系数的第一项设置为 2 的整数幂。仍然采用 MATLAB 对低通 IIR 滤波器系数进行量化，其命令如下。

```
m=max(max(abs(a),abs(b)));         %获取低通 IIR 滤波器系数向量中绝对值最大的数
Qm=floor(log2(m/a(1)));            %获取低通 IIR 滤波器系数中最大值与 a(1)的最小公倍数
if Qm<log2(m/a(1))
    Qm=Qm+1;
end
Qm=2^Qm;                          %获取量化基准值
Qb=round(b/Qm*(2^(12-1)-1))        %四舍五入截位
Qa=round(a/Qm*(2^(12-1)-1))        %四舍五入截位
```

按 Enter 键后，可以直接在命令行窗口获取低通 IIR 滤波器的系数向量，即

```
Qb=[7      21      42      56      56      42      21      7]
Qa=[512   -922   1163   -811   412   -122   24   -2]
```

8.3.2 直接型结构 IIR 滤波器的有限字长效应

通过理论方法分析 IIR 滤波器运算过程及其系数量化过程中的有限字长效应，是非常复杂的。对于工程设计来说，采用 MATLAB 仿真的方法不仅可以直观地看出有限字长效应对 IIR 滤波器性能的影响，而且便于确定满足要求的 IIR 滤波器系数及运算字长。为了便于读者更好地理解 IIR 滤波器的有限字长效应，下面通过一个具体实例进行说明。

实例 8-3：仿真测试不同量化字长对滤波器性能的影响

采用 cheby2()函数设计一个阶数为 7、采样频率为 12.5 MHz、截止频率为 1 MHz、阻带衰减为 60 dB 的低通 IIR 滤波器。采用 MATLAB 对 IIR 滤波器进行系数量化，使 IIR 滤波器系统函数分母项第一个系数是 2 的整数幂。绘制对 IIR 滤波器系分别在未量化、8 位量化和 12 位量化情况下的幅频响应曲线。

下面给出了实现该实例的 MATLAB 仿真程序。

```
%E8_3_DirectArith.m;
fs=12.5*10^6;                           %低通 IIR 滤波器的采样频率
fc=3.125*10^6;                          %阻带截止频率
Rs=60;                                  %阻带衰减（单位为 dB）
N=7;                                    %低通 IIR 滤波器的阶数
delta=[1,zeros(1,511)];                 %将单位采样信号作为输入信号
[b,a]=cheby2(N,Rs,2*fc/fs);             %设计切比雪夫 II 型低通 IIR 滤波器

%对低通 IIR 滤波器进行系数量化，采用四舍五入方法进行截位
m=max(max(abs(a),abs(b)));              %获取低通 IIR 滤波器系数向量中绝对值最大的数
Qm=floor(log2(m/a(1)));                 %取系数中最大值与 a(1)的整数倍
if Qm<log2(m/a(1))
    Qm=Qm+1;
end
%获取量化基准值，使得量化后的 Qa(1)为 2 的整数幂
Qm=2^Qm;
Qb8=round(b/Qm*(2^7-1))
Qa8=round(a/Qm*(2^7-1))
Qb12=round(b/Qm*(2^11-1))
Qa12=round(a/Qm*(2^11-1))

%求系统的单位脉冲响应
y=filter(b,a,delta);
y8=filter(Qb8,Qa8,delta);
y12=filter(Qb12,Qa12,delta);

%求单位脉冲响应及幅频响应
Fy=20*log10(abs(fft(y)));
Fy8=20*log10(abs(fft(y8)));
Fy12=20*log10(abs(fft(y12)));
%对幅频响应进行归一化处理
```

```
Fy=Fy-max(Fy);
Fy8=Fy8-max(Fy8);
Fy12=Fy12-max(Fy12);

%设置幅频响应的横坐标单位为 Hz
x_f=[0:(fs/length(delta)):fs-1];
plot(x_f,Fy,'-',x_f,Fy12,'.',x_f,Fy8,'-.');
%只显示正频率部分的幅频响应
axis([0 fs/2 -100 5]);
xlabel('频率/Hz');ylabel('幅度/dB');
legend('未量化','12 bit 量化','8 bit 量化');
grid on;
```

程序运行后输出 12 位量化后的滤波器系数，以及幅频响应曲线。进行 12 位量化后 IIR 滤波器系数如下。

Qb12 = [7		21	42	56	56	42	21	7]
Qa12 = [512	−922	1163		−811	412	−122	24	−2]

在 IIR 滤波器系数未进行量化及进行 8 位量化和 12 位量化时的幅频响应曲线如图 8-8 所示。需要说明的是，上述仿真程序没有考虑到输入/输出数据的量化位数。从仿真结果来看，IIR 滤波器的系数量化位数会对滤波器的性能产生影响。与未进行系数量化时相比，进行 12 位量化后的 IIR 滤波器性能在通带内变化不大，在过渡带内基本与理论状态相同，但在阻带内衰减性能恶化了约 10 dB；进行 8 位量化后的 IIR 滤波器性能在通带、过渡带有明显的降低，在阻带内衰减性能恶化了约 35 dB，已经与理论状态相差甚远，无法满足工程设计需求。

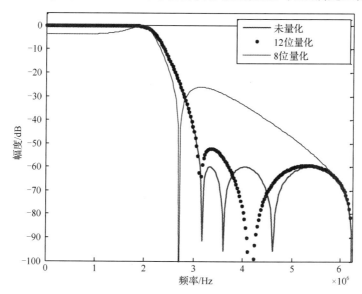

图 8-8　在 IIR 滤波器系数未进行量化及进行 8 位量化和 12 位量化时的幅频响应曲线

在第 7 章讨论 FIR 滤波器时，由于 FIR 滤波器是开环系统，因此对其系数进行量化相当于增加 FIR 滤波器的增益。为了满足全精度运算，使 FIR 滤波器的输出结果不溢出，输出数据的位宽要明显大于输入数据的位宽。对于 IIR 滤波器来讲，从 IIR 滤波器的系数量化过程可以看出，IIR 滤波器系数函数的分子项系数和分母项系数都乘了相同的因子，因此 IIR 滤波器的增益没有改变。由于 MATLAB 设计的 IIR 滤波器增益为 1，因此只要输出数据的位宽与输入数据的位宽保持一致，就可以保证 IIR 滤波器的输出数据不溢出。

8.3.3　直接型结构 IIR 滤波器的 FPGA 实现方法

IIR 滤波器的 FPGA 实现相比 FIR 滤波器的 FPGA 实现要复杂一些，主要原因是 IIR 滤波器存在反馈结构。本节以具体实例来阐述直接型结构 IIR 滤波器的 FPGA 实现过程及测试过程。

实例 8-4：直接型结构 IIR 滤波器的 FPGA 设计

对实例 8-3 所述的 IIR 滤波器进行 VHDL 设计，并仿真测试 FPGA 实现后的 IIR 滤波效果。其中，系统时钟信号频率为 12.5 MHz，数据输入速率为 12.5 MHz，输入数据的位宽为 8 位，对 IIR 滤波器的系数进行 12 位量化。

根据实例 8-3 的分析，所要实现的 IIR 滤波器的差分方程为

$$
\begin{aligned}
512 y(n) = {} & 7[x(n) + x(n-7)] + 21[x(n-1) + x(n-6)] + \\
& 42[x(n-2) + x(n-5)] + 56[x(n-3) + x(n-4)] - [-922 y(n-1) + \\
& 1163 y(n-2) - 811 y(n-3) + 412 y(n-4) - 122 y(n-5) + \\
& 24 y(n-6) - 2 y(n-7)]
\end{aligned}
\tag{8-10}
$$

计算式（8-10）后，除以 512 即可完成一次完整的滤波运算。根据 FPGA 的特点，可采用右移 9 位的方法来近似实现除以 512 的运算。因此，直接型结构 IIR 滤波器的实现结构如图 8-9 表示。

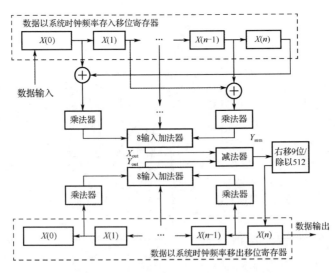

图 8-9　直接型结构 IIR 滤波器的实现结构

从图 8-9 可以看出，零点处（零点系数）直接型结构 IIR 滤波器实现结构，完全可以看作没有反馈结构的 FIR 滤波器，并且可以利用其对称系数的特点进一步减少乘法运算。于极点

处（极点系数）直接型结构 IIR 滤波器的实现，即求取 Y_{out} 信号的过程，也可以看作一个没有反馈结构的 FIR 滤波器。整个 IIR 滤波器的闭环过程是在求取 Y_{sum} 的减法器，以及移位算法实现除法运算的过程中完成的。IIR 滤波器在求取 X_{out} 及 Y_{out}、Y_{sum} 信号的过程中均可通过增加寄存器字长实现全精度运算，出现运算误差的环节是除法运算（以移位算法近似），以及除法运算后的截位输出。当整个 IIR 滤波器处于稳定状态，且截位后的输出数据不出现溢出时，IIR 滤波器的运算误差仅由除法运算产生。

8.3.4　直接型结构 IIR 滤波器的 VHDL 设计

1. 零点系数的 VHDL 设计

零点处的 IIR 滤波器可完全看成 FIR 滤波器，因此可采用 FIR 滤波器的 FPGA 实现方法。需要注意的是，由于 IIR 滤波器具有反馈结构，在计算零点系数和极点系数时需要满足严格的时序要求。也就是说，要求在计算零点系数和极点系数时不出现延时，这一结构特点实际上限制了 IIR 滤波器的运算速度。

为了提高系统的运算速度，零点系数的计算采用全并行结构，对于长度为 8 的、具有对称系数的并行结构 FIR 滤波器来说，需要 4 个乘法器。对于常系数乘法运算，通常有 3 种实现方法：使用通用乘法器 IP 核、LUT、移位相加。为更好地介绍不同的实现方法，在本实例零点系数的计算中，采用移位相加的方法。所谓移位相加，就是使用移位运算、加法和减法来实现常系数乘法运算。在二进制数的运算过程中，当常系数是 2 的整数幂时，可以采用左移相应位数来实现相应的乘法运算。例如，左移 1 位，相当于乘以 2；左移 2 位，相当于乘以 4。如果能将常系数分解成多个 2 的整数幂相加的形式，则可以采用移位相加的方法实现常系数乘法运算。下面是几个常系数乘法运算的例子。

$$A×3=A×(2+1) =A\ 左移\ 1\ 位+A$$
$$A×9=A×(8+1) =A\ 左移\ 3\ 位+A$$
$$A×24=A×(8+16) =A\ 左移\ 3\ 位+A\ 左移\ 4\ 位$$

由于零点系数绝对值的和为 252，因此输出数据相对于输入数据需增加 8 位，共 16 位。

有了前面的基础知识，再编写零点系数的 FPGA 实现代码就相对容易多了。下面给出 VHDL 程序（ZeroParallel.vhd 文件）的代码。

```
--ZeroParallel.vhd 文件的程序清单
library IEEE;
use IEEE.STD_LOGIC_1164.ALL;
use IEEE.STD_LOGIC_ARITH.ALL;
use IEEE.STD_LOGIC_SIGNED.ALL;                    --改为有符号数运算数据包

entity ZeroParallel is
    Port ( rst    : in    std_logic;                  --低电平有效
           clk    : in    std_logic;                  --12.5MHz
           xin    : in    std_logic_vector (7 downto 0);   --数据输入频率为 12.5MHz
           xout   : out   std_logic_vector (15 downto 0));  --全精度运算需 16 位数据
    end ZeroParallel;
```

```vhdl
architecture Behavioral of ZeroParallel is
```

--定义具有 7 个元素的 8 位存储器，存储输入数据
```vhdl
    type xinreg is array (6 downto 0) of std_logic_vector(7 downto 0);
```
--定义具有 4 个元素的 9 位存储器，存储对称系数相加的和信号
```vhdl
    type addreg is array (3 downto 0) of std_logic_vector(8 downto 0);
```
--定义具有 4 个元素的 16 位存储器，存储乘法结果
```vhdl
    type multreg is array (3 downto 0) of std_logic_vector(15 downto 0);

signal xin_reg: xinreg;
signal add_reg: addreg;
signal mult_reg: multreg;
```

--滤波器系数为常量，采用移位及加法运算实现常系数乘法
--c0=7=4+2+1=左移 2 位+左移 1 位+原始数据
--c1=21=16+4+1=左移 4 位+左移 2 位+原始数据
--c2=42=32+8+2=左移 5 位+左移 3 位+左移 1 位
--c3=56=32+16+8=左移 5 位+左移 4 位+左移 3 位
```vhdl
constant zeros16:std_logic_vector(15 downto 0):=(others=>'0');
begin

    --将输入数据存入移位寄存器 xin_reg
    Pxin: process(rst,clk)
    begin
        if rst='1' then
            for i in 0 to 6 loop
                xin_reg(i)<=(others=>'0');
            end loop;
        elsif rising_edge(clk) then
            for i in 0 to 5 loop
                xin_reg(i+1)<= xin_reg(i);
            end loop;
            xin_reg(0)<=xin;
        end if;
    end process Pxin;

    --将对称系数的输入数据相加
    add_reg(0)<=xin(7)&xin+xin_reg(6);
    add_reg(1)<=xin_reg(0)(7)&xin_reg(0)+xin_reg(5);
    add_reg(2)<=xin_reg(1)(7)&xin_reg(1)+xin_reg(4);
    add_reg(3)<=xin_reg(2)(7)&xin_reg(2)+xin_reg(3);

    --采用移位运算及加法运算代替乘法运算
    mult_reg(0)<=zeros16+(add_reg(0)&"00")+(add_reg(0)&"0")+add_reg(0); --*7
    mult_reg(1)<=zeros16+(add_reg(1)&"0000")+(add_reg(1)&"00")+add_reg(1); --*21
    mult_reg(2)<=zeros16+(add_reg(2)&"00000")+(add_reg(2)&"000")+(add_reg(2)&"0"); --*42
    mult_reg(3)<=zeros16+(add_reg(3)&"00000")+(add_reg(3)&"0000")+(add_reg(3)&"000"); --*56
```

```
--对滤波器系数与输入数据的乘法结果进行累加，并输出滤波后的数据
xout<=mult_reg(0)+mult_reg(1)+mult_reg(2)+mult_reg(3);
end Behavioral;
```

根据 VHDL 语法规则，在 VHDL 程序中进行常系数乘法时采用移位相加方法。为了实现有符号数的运算，操作数均需要进行符号位扩展。例如，乘以常系数 7，需要对 Add_Reg(0) 分别在低位端增加 2 位 0 值（乘以 4 倍）、1 位 0 值（乘以 2 倍），并与未移位的数据相加；对于低位端增加 2 位 0 值的数据，位宽变为 10 位，乘法结果采用 16 位数来表示，因此需扩展 6 位符号位。同理，对于低位端增加 1 位的数据，需要扩展 7 位符号位，因此要对原始数据扩展 8 位符号位。

2. 极点系数的 VHDL 设计

极点处的 IIR 滤波器也可完全看作一个 FIR 滤波器，因此可采用 FIR 滤波器的 FPGA 实现方法。极点系数涉及反馈结构，应当如何实现呢？分析式（8-10），可以将该式分解成两部分，即

$$512y(n) = \text{Zero}(n) - \text{Pole}(n) \tag{8-11}$$

式中，

$$
\begin{aligned}
\text{Zero}(n) = {} & 7[x(n)+x(n-7)] + 21[x(n-1)+x(n-6)] + \\
& 42[x(n-2)+x(n-5)] + 56[x(n-3)+x(n-4)]
\end{aligned} \tag{8-12}
$$

$$
\begin{aligned}
\text{Pole}(n) = {} & [-922y(n-1)+1163y(n-2)-811y(n-3)+412y(n-4)- \\
& 122y(n-5)+24y(n-6)-2y(n-7)]
\end{aligned} \tag{8-13}
$$

$$y(n) = [\text{zero}(n) - \text{Pole}(n)] / 512 \tag{8-14}$$

因此，可以用式（8-13）来计算极点系数，而计算式（8-13）的过程同样可以看作一个没有反馈结构的 FPGA 实现。整个 IIR 系统的反馈结构则体现在计算式（8-14）的过程中。计算式（8-14）的 FPGA 实现同样是一个典型的乘加运算过程，其中的乘法运算采用乘法器 IP 核来实现。需要注意的是，为了保证严格的时序特性，乘法器 IP 核不能使用输入/输出带有寄存器的结构，即应将流水线级数设置为 0。

由于极点系数绝对值的和为 3968 [不包括 $y(n)$ 前面的系数 512]，因此输出数据相对于输入数据需增加 12 位，共 20 位。

极点系数 FPGA 实现的 VHDL 程序（PoleParallel.vhd 文件）如下。

```vhdl
--PoleParallel.vhd 文件的程序清单
library IEEE;
use IEEE.std_logic_1164.ALL;
use IEEE.std_logic_ARITH.ALL;
use IEEE.std_logic_SIGNED.ALL;              --改为有符号数运算数据包

entity PoleParallel is
    Port ( rst  : in    std_logic;           --低电平有效
           clk  : in    std_logic;           --12.5MHz
           yin  : in    std_logic_vector (7 downto 0);    --数据输入频率为 12.5MHz
           yout : out   std_logic_vector (19 downto 0));  --全精度运算需 20 位数据
```

```
end PoleParallel;

architecture Behavioral of PoleParallel is
    --声明有符号数乘法器 IP 核
    --需要注意的是，更换目标器件时，需要重新生成 IP 核
    component multc12
        port (
        --滤波器系数 12 位量化
        dataa: in std_logic_vector(11 downto 0);
        --输入数据 8 位量化
        datab: in std_logic_vector(7 downto 0);
        --由于滤波器系数没有达到满量程，只用 23 位即可精确表示乘法结果
        result: out std_logic_vector(19 downto 0));
    end component;

    --定义具有 7 个元素的 12 位存储器，存储输入数据
    type yinreg is array (6 downto 0) of std_logic_vector(7 downto 0);
    --定义具有 8 个元素的 20 位存储器，存储乘法结果
    type multreg is array (6 downto 0) of std_logic_vector(19 downto 0);

    signal yin_reg: yinreg;
    signal mult_reg: multreg;

    --将滤波器系数声明成常量，该系数由 MATLAB 软件仿真设计获取
    --constant  c0: std_logic_vector(7 downto 0):=X"200";-- 512
    constant    c1: std_logic_vector(11 downto 0):=X"C66";-- -922
    constant    c2: std_logic_vector(11 downto 0):=X"48B";-- 1163
    constant    c3: std_logic_vector(11 downto 0):=X"CD5";-- -811
    constant    c4: std_logic_vector(11 downto 0):=X"19C";-- 412
    constant    c5: std_logic_vector(11 downto 0):=X"F86";-- -122
    constant    c6: std_logic_vector(11 downto 0):=X"018";--   24
    constant    c7: std_logic_vector(11 downto 0):=X"FFE";--   -2

begin

    --将输入数据存入移位寄存器 xin_reg
    PYin: process(rst,clk)
    begin
        if rst='1' then
            for i in 0 to 6 loop
                yin_reg(i)<=(others=>'0');
            end loop;
        elsif rising_edge(clk) then
            --与串行结构不同的是，此处不需要判断计数器状态
            for i in 0 to 5 loop
                yin_reg(i+1)<= yin_reg(i);
            end loop;
```

```
                    yin_reg(0)<=yin;
                end if;
            end process PYin;


        --IP 核的参数参见工程目录下的 multc12.xco 文件
        Umult1: multc12 port map(c1,yin_reg(0),mult_reg(0));
        Umult2: multc12 port map(c2,yin_reg(1),mult_reg(1));
        Umult3: multc12 port map(c3,yin_reg(2),mult_reg(2));
        Umult4: multc12 port map(c4,yin_reg(3),mult_reg(3));
        Umult5: multc12 port map(c5,yin_reg(4),mult_reg(4));
        Umult6: multc12 port map(c6,yin_reg(5),mult_reg(5));
        Umult7: multc12 port map(c7,yin_reg(6),mult_reg(6));


        --对滤波器系数与输入数据的乘法结果进行累加，并输出滤波后的数据
        yout<=mult_reg(0)+mult_reg(1)+mult_reg(2)+mult_reg(3)
                +mult_reg(4)+mult_reg(5)+mult_reg(6);
end Behavioral;
```

3. 顶层文件的设计

实现 IIR 滤波器的零点系数和极点系数计算后，顶层文件的设计就变得十分简单了，即完成式（8-14）的计算过程。本实例顶层文件 IIRDirect.vhd 的程序如下。

```
--IIRDirect.vhd 文件的程序清单
library IEEE;
use IEEE.STD_LOGIC_1164.ALL;
use IEEE.STD_LOGIC_ARITH.ALL;
use IEEE.STD_LOGIC_SIGNED.ALL;          --改为有符号数运算数据包

entity IIRDirect is
    port ( rst    : in    std_logic;
           clk    : in    std_logic;
           din    : in    std_logic_vector (7 downto 0);
           dout   : out   std_logic_vector (7 downto 0));
end IIRDirect;

architecture Behavioral of IIRDirect is

    component ZeroParallel
    port(
        rst    : in std_logic;
        clk    : in std_logic;
        xin    : in std_logic_vector(7 downto 0);
        xout   : out std_logic_vector(15 downto 0));
    end component;

    component PoleParallel
```

```
        port(
            rst     : in std_logic;
            clk     : in std_logic;
            yin     : in std_logic_vector(7 downto 0);
            yout    : out std_logic_vector(19 downto 0));
        end component;

    signal xout: std_logic_vector(15 downto 0);
    signal yin: std_logic_vector(7 downto 0);
    signal yout: std_logic_vector(19 downto 0);
    signal ysum: std_logic_vector(19 downto 0);
    signal ydiv: std_logic_vector(19 downto 0);
constant nine: std_logic_vector(4 downto 0):="01001";

begin

    --实例化零点滤波系数(零点系数实现模块可看作 FIR 滤波器)及极点系数运算模块
    U0: ZeroParallel port MAP(rst,clk,din,xout);
    U1: PoleParallel port MAP(rst,clk,yin,yout);
    ysum <= xout-yout;
    --因为滤波器系数中 a(1)=512，需将加法结果除以 512，因此可直接进行截位输出
    yin <= ysum(16 downto 9) when rst='0' else (others=>'0');
    dout <= yin;

end Behavioral;
```

顶层文件首先例化零点系数运算模块 ZeroParallel 和极点系数运算模块 PoleParallel，然后对两个模块的输出信号进行减法运算。根据式（8-11）可知，IIR 滤波器输出数据为 Ysum 除以 512 的结果。为了减少运算资源，提高运算速度，可采用右移 9 位的方法来实现近似除以 512 的运算。由于 IIR 滤波器的输出数据的位宽与输入数据的位宽相同，因此直接取 ysum(16 downto 9)作为 IIR 滤波器的最终输出数据。

8.3.5 MATLAB 与 Quartus Ⅱ 13.1 的数据交互

在讨论 FIR 滤波器的仿真测试时，采用编写测试信号生成模块的方法来生成所需的测试信号。在顶层文件中，将测试信号作为 FIR 滤波器的输入信号，从而实现对 FIR 滤波器性能的仿真。由于调用 DDS 核或直接编写 VHDL 文件的方法很难生成复杂的信号，如白噪声信号，因此对数字信号处理系统的仿真测试不够充分。

另外，目前的仿真调试工具，如 ModelSim，只能提供仿真测试信号的时域波形，无法显示测试信号的频谱等特性，并且在测试信号进行分析和处理时也不够方便。例如，在设计滤波器时，在 FPGA 开发工具中很难直观、准确地判断滤波器的频率响应特性。这些问题给数字信号处理技术的 FPGA 设计与实现带来了不小的困难。但是，在 FPGA 开发工具中无法解决的复杂信号生成、处理、分析的问题，在 MATLAB 中却很容易实现，只要在 FPGA 开发工具与 MATLAB 之间搭建可以相互交换数据的通道，就可以有效解决。

使用 MATLAB 辅助 FPGA 设计主要有以下 3 种方式。

第一种方式是将通过 MATLAB 仿真、设计的系统参数直接应用在 FPGA 设计中。例如，在 FIR 滤波器设计过程中，通过 MATLAB 设计 FIR 滤波器的参数，在 FPGA 设计中直接使用这些参数即可。

第二种方式主要用于仿真测试过程，由 MATLAB 仿真生成所需的测试信号并存入测试信号文件；由 Quartus Ⅱ 13.1 等开发工具直接读取测试信号作为输入，将 Quartus Ⅱ 13.1 等开发工具仿真出的结果存入另一文件；通过 MATLAB 读取仿真结果，并对结果进行分析，以此判断 FPGA 的设计是否满足需求。

第三种方式是通过 MATLAB 设计相应的数字信号处理系统，并在 MATLAB 中将代码转换成 VHDL 程序代码，在 Quartus Ⅱ 13.1 等开发工具中直接嵌入 VHDL 程序代码即可。

第一种方式和第二种方式最常用，也是本书采用的设计方式。第三种方式近年来应用较为广泛，这种方式可以在用户完全不熟悉 FPGA 编程的情况下完成 FPGA 的设计，但在一些系统时钟较复杂或对时序要求较严格的场合很难满足设计要求。

众所周知，MATLAB 对文件数据的处理能力是很强的，关键在于 FPGA 开发工具对外部文件读取及存储的功能是否能满足要求。在 FPGA 设计过程中，当需对程序进行仿真测试时，Quartus Ⅱ 13.1 提供了波形测试文件类型 Verilog Test Fixture。Verilog Test Fixture 根据所测试的程序文件自动生成测试激励文件框架，用户在测试激励文件中修改或添加代码，可灵活地产生所需的测试信号，且可方便地将测试信号存入指定的文本文件，或从指定的外部文件中读取数据作为仿真测试的输入数据。也就是说，MATLAB 与 Quartus Ⅱ 13.1 等 FPGA 开发工具之间可以通过文本文件进行数据交互。这种数据交互方式可以称为文件 I/O 的方式。

接下来以文件 I/O 的方式对 IIR 滤波器的滤波性能进行测试，具体步骤如下。

（1）编写 MATLAB 程序，生成两种类型的测试信号，即白噪声信号及频率叠加信号，完成测试信号的量化并将其写入输入数据文件。

（2）编写 Verilog Test Fixture 类型文件，在文件中生成所需的时钟信号及复位信号，读取输入数据文件中的测试信号作为 IIR 滤波器的输入信号，将 IIR 滤波器的输出信号存储在输出数据文件中。

（3）运行 ModelSim 进行仿真，查看仿真波形。

（4）编写 MATLAB 程序，读取输出数据文件中的数据（IIR 滤波器的输出信号），完成幅频响应的分析，进而完成 IIR 滤波器滤波性能的仿真测试。

8.3.6 在 MATLAB 中生成测试信号文件

根据仿真需求，MATLAB 程序需要生成两种类型的测试信号，完成测试信号的量化（进行 8 位量化）后将测试信号写入指定的文本文件，生成频率分别为 500 kHz 及 3.125 MHz 的频率叠加信号，将频率叠加信号写入文件 Bin_s.txt，将白噪声信号写入文件 Bin_noise.txt。

生成测试信号的 MATLAB 程序（E8_4_data.m 文件）代码如下。

```
%E8_4_data.m
f1=0.5*10^6;              %信号 1 频率
f2=3.125*10^6;           %信号 2 频率
Fs=12.5*10^6;            %采样频率
```

```
%生成频率叠加信号
t=0:1/Fs:1999/Fs;
c1=2*pi*f1*t;
c2=2*pi*f2*t;
s=sin(c1)+sin(c2);

%生成随机序列信号
noise=randn(1,length(t));          %生成（高斯）白噪声信号序列

%归一化处理
noise=noise/max(abs(noise));
s=s/max(abs(s));

%8 位量化
Q_noise=round(noise*(2^7-1));
Q_s=round(s*(2^7-1));

%绘制测试信号的时域波形
figure(1)
subplot(211)
plot(t(1:300),Q_s(1:300));
xlabel('时间/s)');ylabel('幅度/V');
legend('频率叠加信号');
grid on;

subplot(212)
plot(t(1:200),Q_noise(1:200));
xlabel('时间/s');ylabel('幅度/V');
legend('白噪声信号');
grid on;

%计算测试信号的幅频响应
f_s=abs(fft(Q_s,1024));
f_s=20*log10(f_s);
f_noise=abs(fft(Q_noise));
f_noise=20*log10(f_noise);
 %幅度归一化处理
f_s=f_s-max(f_s);
f_noise=f_noise-max(f_noise);

%绘制测试信号的幅频响应曲线
figure(2)
subplot(211)
L=length(f_s);
%横坐标的单位设置为 MHz
xf=0:L-1;
xf=xf*Fs/L/10^6;
```

```
plot(xf(1:L/2),f_s(1:L/2));
xlabel('频率/MHz');ylabel('幅度/dB');
legend('频率叠加信号');
grid on;

subplot(212)
plot(xf(1:L/2),f_noise(1:L/2));
xlabel('频率/MHz');ylabel('幅度/dB');
legend('白噪声信号');
grid on;

%将生成的测试信号以二进制的形式写入文本文件
fid=fopen('E:\ Bin_noise.txt','w');
for i=1:length(Q_noise)
    B_noise=dec2bin(Q_noise(i)+(Q_noise(i)<0)*2^N,N);
    for j=1:N
        if B_noise(j)=='1'
            tb=1;
        else
            tb=0;
        end
        fprintf(fid,'%d',tb);
    end
    fprintf(fid,'\r\n');
end
fprintf(fid,';');
fclose(fid);

fid=fopen('E:\ Bin_s.txt','w');
for i=1:length(Q_s)
    B_s=dec2bin(Q_s(i)+(Q_s(i)<0)*2^N,N);
    for j=1:N
        if B_s(j)=='1'
            tb=1;
        else
            tb=0;
        end
        fprintf(fid,'%d',tb);
    end
    fprintf(fid,'\r\n');
end
fprintf(fid,';');
fclose(fid);
```

运行 E8_4_data.m 文件后,可生成频率叠加信号及白噪声信号,并存储在用户指定目录下的文本文件中,同时还会绘制测试信号的时域波形和幅频响应曲线,分别如图 8-10 和图 8-11 所示。

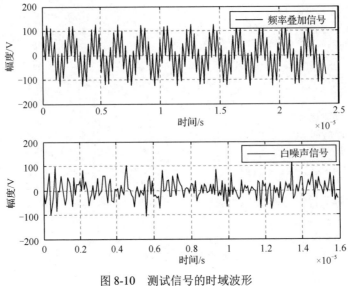

图 8-10 测试信号的时域波形

从图 8-11 可以看出，频率叠加信号在 500 kHz 及 3.125 MHz 处分别出现一个峰值，白噪声信号的谱线分布在整个频域，呈无规则状态。

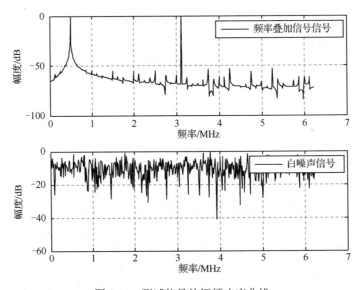

图 8-11 测试信号的幅频响应曲线

8.3.7 测试激励文件中的文件 I/O 功能

由于 IIR 滤波器的对外接口十分简单，因此测试激励文件的编写并不复杂，只需要先利用文件 I/O 函数从外部文件（Bin_s.txt 及 Bin_noise.txt）读取数据作为输入信号 din，再将 IIR 滤波器的输出信号 dout 转换成十进制有符号数，写入指定目录下的外部文件（Sout.txt 及 Noiseout.txt）即可。测试激励文件 IIRDirect.vht 的程序代码如下。

```
//IIRDirect.vht 文件的程序清单
LIBRARY ieee;
```

```vhdl
USE ieee.std_logic_1164.ALL;
USE ieee.std_logic_signed.all;          --使用有符号数运算
USE ieee.numeric_std.ALL;
--声明文件操作所需的程序包
use ieee.std_logic_textio.all;
use std.textio.all;

ENTITY IIRDirect_vhd_tst IS
END IIRDirect_vhd_tst;
ARCHITECTURE IIRDirect_arch OF IIRDirect_vhd_tst IS

    COMPONENT IIRDirect
    PORT(
        rst    : IN    std_logic;
        clk    : IN    std_logic;
        din    : IN    std_logic_vector(7 downto 0);
        dout   : OUT   std_logic_vector(7 downto 0)
        );
    END COMPONENT;
    --Inputs
    signal rst    : std_logic := '1';
    signal clk    : std_logic := '0';
    signal din    : std_logic_vector(7 downto 0) := (others => '0');

    --Outputs
    signal dout : std_logic_vector(7 downto 0);
    signal Hide_out: std_logic;

    -- 定义时钟周期
    constant clk_period : time := 20 ns; --12.5MHz

BEGIN

    uut: IIRDirect PORT MAP (
            rst => rst,
            clk => clk,
            din => din,
            dout => dout
        );

    rst <='0' after 200 ns;              --上电复位 200ns 后开始工作
Hide_out <='1' after 10 us;              --屏蔽前 2 个 0 值滤波器输出数据

    --产生系统时钟信号
    clk_process :process
    begin
        clk <= '0';
```

```
                wait for clk_period/2;
                clk <= '1';
                wait for clk_period/2;
        end process;


        --从文本文件中读取数据，作为输入信号
        process
            variable vline:LINE;
            variable v: std_logic_vector(7 downto 0);
            file invect:text is "Bin_s.txt";
            --file invect:text is "Bin_noise.txt";
        begin
        wait until rising_edge(clk);          --与串行结构不同，此处直接使用系统时钟
                if not (ENDFILE(invect)) then
                    readline(invect,vline);
                        read(vline,v);
                            din <= v;
                    end if;
        end process;


        --将滤波器输出信号 yout 写入文本文件，供 MATLAB 软件分析
        process
            variable LineOut:line;
            variable viout: integer;
            file FileOut:text open write_mode is "Sout.txt";
            --file FileOut:text open write_mode is "Noiseout.txt";
        begin
            wait until rising_edge(clk);
            if Hide_out='1' then
                    viout:=conv_integer(dout);
                    write(LineOut,viout,right,10);
                    writeline(FileOut,LineOut);
            end if;
        end process;


    END;
```

仿真测试文件的程序有详细的注释，请读者自行理解测试激励文件完成文件 I/O 功能的代码。要注意的是，需要读取或存入的外部文件必须存放在当前的工程目录下，否则会在仿真过程中出现找不到指定文件的错误信息。

修改 IIRDirect.vht 中读/写测试信号的代码，分别仿真输入信号为频率叠加信号和白噪声信号时 IIR 滤波器的性能，可得到如图 8-12 和图 8-13 所示的仿真波形。

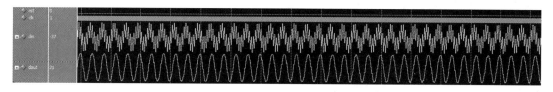

图 8-12   输入信号为频率叠加信号时 IIR 滤波器的性能仿真波形

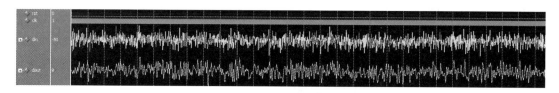

图 8-13   输入信号为白噪声信号时 IIR 滤波器的性能仿真波形

从图 8-12 可以看出，IIR 滤波器的输出信号 dout 中仅保留了 500 kHz 的信号，输入信号中叠加的频率为 2 MHz 的信号被有效滤除了。

图 8-13 中的输入信号 din 为白噪声信号，经 IIR 滤波器滤除后的波形仍然呈现不规则的状态，在 ModelSim 中无法准确判断 IIR 滤波器的滤波性能。由于 ModelSim 仿真过程中已将 IIR 滤波器的输出信号写入外部文件 Noiseout.txt，因此可以编写 MATLAB 程序来分析输出信号的幅频响应曲线，进而分析 IIR 滤波器的性能。

8.3.8   利用 MATLAB 分析输出信号的频谱

对于低通 IIR 滤波器而言，当输入信号为白噪声信号时，虽然在输出信号中滤除了高频信号，但仅从输出信号的时域波形难以分析 IIR 滤波器的性能。此时，可以对输出信号进行频域变换，绘制输出信号的频谱图，通过频谱图来分析 IIR 滤波器的性能。

分析输出信号频谱的 MATLAB 程序（E8_4_Analyse.m 文件）代码如下。

```
%E8_4_Analyse.m
%采样频率为 12.5 MHz
Fs=12.5*10^6;
%从外部文件中读取输出信号
fid=fopen('D:\IntelDsp\IntelDSP_VHDL\Chapter08\E8_4_IIRDirect\IIRDirect\simulation
\modelsim\Sout.txt','r')
[dout,count]=fscanf(fid,'%lg',inf);
fclose(fid);

%求输出信号的幅频响应
f_out=20*log10(abs(fft(dout,1024)));
f_out=f_out-max(f_out);

%设置幅频响应的横坐标单位为 MHz
x_f=[0:(Fs/length(f_out)):Fs/2]/10^6;
%只显示正频率部分的幅频响应
mf_noise=f_out(1:length(x_f));
```

```
%绘制幅频响应曲线
plot(x_f,mf_noise);
xlabel('频率/Hz');ylabel('幅度/dB');
grid on;
```

低通 IIR 滤波器输出信号的幅频响应曲线如图 8-14 所示，可以看出，白噪声信号被低通 IIR 滤波器有效滤除了，输出信号的频谱与低通 IIR 滤波器的幅频响应曲线十分接近，说明低通 IIR 滤波器的设计可满足需求。

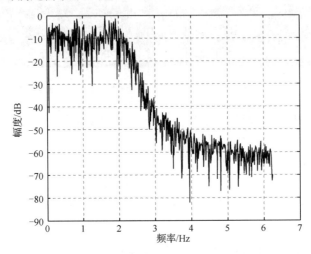

图 8-14　低通 IIR 滤波器输出信号的幅频响应曲线

8.4　级联型结构 IIR 滤波器的 FPGA 实现

如前所述，当 IIR 滤波器的阶数较大时，由于 IIR 滤波器包含反馈结构，以及有限字长效应的影响，直接型结构 IIR 滤波器很难保证系统的稳定性，因此，当阶数较大时，在工程上一般采用级联型结构 IIR 滤波器。

实例 8-5：级联型结构 IIR 滤波器的 FPGA 设计

对级联型结构 IIR 滤波器进行 VHDL 设计，并仿真 FPGA 实现后 IIR 滤波器的性能（滤波效果），其中，系统时钟信号频率为 12.5 MHz，数据输入速率为 12.5 MHz，输入数据位宽为 8 位，对 IIR 滤波器系数进行 12 位量化。

8.4.1　滤波器系数的转换

实现级联型结构 IIR 滤波器的第一步是将直接型结构 IIR 滤波器的系数转换成级联型结构 IIR 滤波器的系数。在进行系数转换时，可以采用人工计算的方法，但通过 MATLAB 进行系数转换会轻松得多。下面给出将直接型结构 IIR 滤波器系数转换成级联型结构 IIR 滤波器系数的 MATLAB 程序（E8_5_dir2cas.m 文件）代码。

```
function [b0,B,A]=E8_5_dir2cas(b,a);
%将直接型结构 IIR 滤波器的系数转换成级联型结构 IIR 滤波器的系数
%b0：增益系数
%B：包含因子系数 bk 的 K 行 3 列矩阵
%A：包含因子系数 ak 的 K 行 3 列矩阵
%a：直接型结构 IIR 滤波器系统函数的分母项系数
%b：直接型结构 IIR 滤波器系统函数的分子项系数
%计算增益系数

b0=b(1);b=b/b0;
a0=a(1);a=a/a0; b0=b0/a0;

%将分子项系数、分母项系数的长度补齐后再进行计算
M=length(b);N=length(a);
if N>M
    b=[b zeros(1,N-M)];
elseif M>N
    a=[a zeros(1,M-N)]; N=M;
else
    N=M;
end

%初始化级联型结构 IIR 滤波器的系数矩阵
K=floor(N/2);B=zeros(K,3);A=zeros(K,3);
if K*2==N
    b=[b 0];    a=[a 0];
end
%根据多项式系数，利用 roots()函数求出所有的根
%利用 cplxpair()函数按实部从小到大的顺序进行排序
broots=cplxpair(roots(b));
aroots=cplxpair(roots(a));

%将计算复共轭对的根转换成多项式系数
for i=1:2:2*K
    Brow=broots(i:1:i+1,:);
    Brow=real(poly(Brow));
    B(fix(i+1)/2,:)=Brow;
    Arow=aroots(i:1:i+1,:);
    Arow=real(poly(Arow));
    A(fix(i+1)/2,:)=Arow;
end
```

以实例 8-4 所实现的 IIR 滤波器为例，将其转换成级联型结构 IIR 滤波器时，只需要在 MATLAB 的命令行窗口输入以下两条语句。

```
[b,a]=cheby2(7,60,0.5);
[b0,B,A]=E8_5_dir2cas(b,a)
```

由于 IIR 滤波器的截止频率为 3.125 MHz、系统采样频率为 12.5 MHz，因此相对于采样频率一半的归一化截止频率为 3.125/12.5/2=0.5。执行上面两条语句后可获得级联型结构 IIR 滤波器的系数，即

```
b0 = 0.0145
B=
     1.0000     1.3663     1.0000
     1.0000     0.4825     1.0000
     1.0000     0.0508     1.0000
     1.0000     1.0000          0
A =
     1.0000    -0.3451     0.1034
     1.0000    -0.5365     0.3415
     1.0000    -0.7858     0.7256
     1.0000    -0.1350          0
```

8.4.2 级联型结构 IIR 滤波器的系数量化

由前文可知，7 阶（长度为 8）的 IIR 滤波器可等效为 3 个 2 阶（长度为 3）的 IIR 滤波器和 1 个单阶（长度为 2）的 IIR 滤波器的级联。IIR 滤波器的增益为 0.0145，在理论上可将该增益分配给任意一个级联的 IIR 滤波器。在工程设计中，一般分配给第一级的 IIR 滤波器，这样有利于降低运算过程中的数据字长。与直接型结构 IIR 滤波器相同，在进行级联型结构 IIR 滤波器的 FPGA 实现前，必须对其进行系数量化，量化方法与直接型结构 IIR 滤波器的系数量化方法相同，本节不再给出系数量化的 MATLAB 程序代码，读者可在本书配套资源中查阅完整的 MATLAB 程序（E8_5_Qcoe.m 文件）。在 MATLAB 命令行窗口中依次输入以下语句。

```
[Qb1,Qa1]=E8_5_Qcoe(b0*B(1,:),A(1,:),12)
[Qb2,Qa2]=E8_5_Qcoe(B(2,:),A(2,:),12)
[Qb3,Qa3]=E8_5_Qcoe(B(3,:),A(3,:),12)
[Qb4,Qa4]=E8_5_Qcoe(B(4,:),A(4,:),12)
```

可依次得到量化后的各级滤波器系数，即

```
B =    30          41          30
     1024         484        1024
     2048         104        2048
     2048        2048           0
A =  2048        -707         212
     1024        -549         350
     2048       -1608        1486
     2048        -276           0
```

8.4.3 级联型结构 IIR 滤波器的 FPGA 实现

级联型结构 IIR 滤波器相当于将阶数较多的直接型结构 IIR 滤波器分解成多个阶数小于或等于 2 的 IIR 滤波器，其中的每个滤波器均可以看成独立的组成部门，且前一级滤波器的输出为后一级滤波器的输入。

本实例的 7 阶 IIR 滤波器可等效为 3 个 2 阶 IIR 滤波器和 1 个单阶 IIR 滤波器的级联。8.4.2 节对级联型结构 IIR 滤波器进行了系数量化，根据级联型结构 IIR 滤波器的原理，可以直接写出其差分方程

$$\begin{cases} 2048y_1(n) = 30[x(n)+x(n-2)]+41x(n-1)-[-707y_1(n-1)+212y_1(n-2)] \\ 1024y_2(n) = 1024[y_1(n)+y_1(n-2)]+484y_1(n-1)-[-549y_2(n-1)+350y_2(n-2)] \\ 2048y_3(n) = 2048[y_2(n)+y_2(n-2)]+104y_2(n-1)-[-1608y_3(n-1)+1486y_3(n-2)] \\ 2048y(n) = 2048[y_3(n)+y_3(n-1)]-[-276y(n-1)] \end{cases} \tag{8-15}$$

根据式（8-15）可以很容易画出级联型结构 IIR 滤波器的 FPGA 实现结构，如图 8-15 所示。

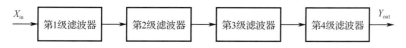

图 8-15　级联型结构 IIR 滤波器的 FPGA 实现结构

由于整个级联型结构 IIR 滤波器由 4 个滤波器级联而成，因此需要分别确定各滤波器输出数据的范围，进而确定各滤波器的输入数据和输出数据的位宽。根据 MATLAB 设计的 IIR 滤波器的工作原理可知，IIR 滤波器的总增益为 1，因此最后一级滤波器输出数据的位宽与输入数据的位宽相同，均为 8 位。在对 IIR 滤波器进行系数量化时，应使得第一级滤波器的增益最小，因此相对于第 2～4 级滤波器，第 1 级滤波器的有效输出数据位宽最小，第 2～3 级滤波器输出数据的位宽均小于 8 位。为了简化设计，可将级联型结构 IIR 滤波器中各级滤波器输出数据的位宽均设置为 8 位。

8.4.4　级联型结构 IIR 滤波器的 VHDL 设计

由于级联型结构 IIR 滤波器中各滤波器的实现方法与直接型结构 IIR 滤波器的实现方法完全相同，因此在进行级联型结构 IIR 滤波器的 VHDL 设计时，仅需要调整各滤波器的系数即可。整个级联型结构 IIR 滤波器 VHDL 设计由 5 个文件组成：顶层文件（IIRCas.vhd）、第 1 级滤波器的实现文件（FirstTap.vhd）、第 2 级滤波器的实现文件（SecondTap.vhd）、第 3 级滤波器的实现文件（ThirdTap.vhd）和第 4 级滤波器的实现文件（FourthTap.vhd）。顶层文件将 4 个滤波器级联起来，各级滤波器的实现文件完成对应滤波器的功能。由于各级滤波器的阶数较小，因此将零点系数和极点系数的实现代码编写在同一个文件中。

为便于读者理解级联型结构 IIR 滤波器的实现结构，先给出顶层文件的程序代码。

```
--IIRCas.vhd 文件的程序清单
library IEEE;
use IEEE.STD_LOGIC_1164.ALL;
use IEEE.STD_LOGIC_ARITH.ALL;
use IEEE.STD_LOGIC_SIGNED.ALL;

entity IIRCas is
    port ( rst    : in     std_logic;
           clk    : in     std_logic;
           xin    : in     std_logic_vector (7 downto 0);
           yout   : out    std_logic_vector (7 downto 0));
```

```
end IIRCas;

architecture Behavioral of IIRCas is
    component FirstTap
    port(
        rst : in std_logic;
        clk : in std_logic;
        xin : in std_logic_vector(7 downto 0);
        yout : out std_logic_vector(7 downto 0));
    end component;
    component SecondTap
    port(
        rst : in std_logic;
        clk : in std_logic;
        xin : in std_logic_vector(7 downto 0);
        yout : out std_logic_vector(7 downto 0));
    end component;
    component ThirdTap
    port(
        rst : in std_logic;
        clk : in std_logic;
        xin : in std_logic_vector(7 downto 0);
        yout : out std_logic_vector(7 downto 0));
    end component;
    component FourthTap
    port(
        rst : in std_logic;
        clk : in std_logic;
        xin : in std_logic_vector(7 downto 0);
        yout : out std_logic_vector(7 downto 0));
    end component;

    signal y1: std_logic_vector(7 downto 0);
    signal y2: std_logic_vector(7 downto 0);
    signal y3: std_logic_vector(7 downto 0);

begin

    U0: FirstTap port map(rst,clk,xin,y1);
    U1: SecondTap port map(rst,clk,y1,y2);
    U2: ThirdTap port map(rst,clk,y2,y3);
    U3: FourthTap port map(rst,clk,y3,yout);

end Behavioral;
```

各级滤波器的实现代码十分相似，仅对应的系数不同而已（第 4 级滤波器只有 2 个零点系数和 1 个极点系数，其他级滤波器有 3 个零点系数和 1 个极点系数）。限于篇幅，下面只给

出第 4 级滤波器的实现代码。整个实例的 FPGA 实现代码参见本书配套资源中的
"Chapter_8\E8_5_IIRCas"。

```vhdl
//第 4 级滤波器程序（FourthTap.vhd 文件）清单
library IEEE;
use IEEE.STD_LOGIC_1164.ALL;
use IEEE.STD_LOGIC_ARITH.ALL;
use IEEE.STD_LOGIC_SIGNED.ALL;            --有符号数运算

entity   FourthTap is
    Port ( rst    : in    STD_LOGIC;
           clk    : in    STD_LOGIC;
           xin    : in    std_logic_vector (7 downto 0);
           yout   : out   std_logic_vector (7 downto 0));
end FourthTap;

architecture Behavioral of FourthTap is
    --定义 1 个 8 位信号，存储延时的输入数据 xin
    signal xin_1: std_logic_vector (7 downto 0);
    --定义 3 个 20 位信号，存储系数与输入数据相乘及乘加后的数据
    signal xmult_0,xmult_1,xout: std_logic_vector (19 downto 0);
    --零点滤波器系数为常量，采用移位及加法运算实现常系数乘法
    --c0=2048=左移 11 位
    --c1=2048=左移 11 位


    --定义 3 个 8 位信号，存储极点的输入及延时数据
    signal yin,yin_1: std_logic_vector (7 downto 0);
    --极点滤波器系数为常量，采用移位及加法运算实现常系数乘法
    --c0=2048=左移 11 位
    --c1=-276=-（256+16+4）=-（左移 8 位+左移 4 位+左移 2 位）
    constant zeros:std_logic_vector(19 downto 0):=(others=>'0');
    constant eleven: std_logic_vector(4 downto 0):="01011";
    signal ymult_1,ysum,ydiv: std_logic_vector (19 downto 0);

begin
    --零点系数的实现代码
    --将输入数据存入移位寄存器
    Pxin: process(rst,clk)
    begin
        if rst='1' then
        xin_1<=(others=>'0');
        elsif rising_edge(clk) then
        xin_1<=xin;
        end if;
    end process Pxin;


    --采用移位运算及加法运算代替乘法运算
```

```
    xmult_0<=zeros+(xin&"00000000000");          --*2048
    xmult_1<=zeros+(xin_1&"00000000000");        --*2048


--对滤波器系数与输入数据的乘法结果进行累加，并输出滤波后的数据
xout<=xmult_0+xmult_1;

--极点系数的实现代码
--将输入数据存入移位寄存器
    Pyin: process(rst,clk)
begin
        if rst='1' then
            yin_1<=(others=>'0');
        elsif rising_edge(clk) then
            yin_1<=yin;
        end if;
end process Pyin;

    --采用移位运算及加法运算代替乘法运算
ymult_1<=zeros+(yin_1&"00000000")+(yin_1&"0000")+(yin_1&"00");--*276
    --对滤波器系数与输入数据的乘法结果进行累加，并输出滤波后的数据

    ysum<=xout+ymult_1;
    ydiv <= shr(ysum,eleven);
    --根据仿真结果可知，第1级滤波器的输出范围可用11位表示
    yin <= ydiv(7 downto 0) when rst='0' else (others=>'0');
    --增加一级寄存器，提高运行速度
    process
    begin
    wait until rising_edge(clk);
        yout <= yin;
    end process;

end Behavioral;
```

8.4.5　级联型结构 IIR 滤波器 FPGA 实现后的仿真

级联型结构 IIR 滤波器的 FPGA 实现后仿真步骤及方法与直接型结构 IIR 类似，也可分为 3 个步骤进行：①编写 MATLAB 程序，生成二进制的输入测试信号；②编写 Test Bench 文件，用 ModelSim 对级联型 IIR 滤波器的 FPGA 实现进行仿真；③编写 MATLAB 程序，通过 MATLAB 分析仿真结果。

级联型结构 IIR 滤波器 FPGA 实现后的 MATLAB 仿真文件及 VHDL 测试激励文件与直接型结构 IIR 滤波器十分相似，读者可参见本书配套资源"Chapter_8\E8_5_IIRCas"中的代码。

级联型结构 IIR 滤波器的 ModelSim 仿真波形如图 8-16 所示，可以看出，当输入信号 din 是频率叠加信号时，第 1 级滤波器的输出信号 Y1 已滤除了部分频率为 3.125 MHz 的信号，第 2 级滤波器的输出信号 Y2 中的高频部分更少，第 4 级滤波器的输出信号 dout 为整个级联型结构 IIR 滤波器的输出信号，是 500 kHz 的信号。

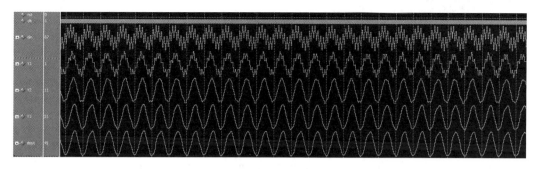

图 8-16　级联型结构 IIR 滤波器的 ModelSim 仿真波形

当输入信号是白噪声信号时，先将 ModelSim 仿真后的输出信号写入外部文件，再通过 MATLAB 分析输出信号，可得到级联型结构 IIR 滤波器的输出信号幅频特性曲线，如图 8-17 所示。

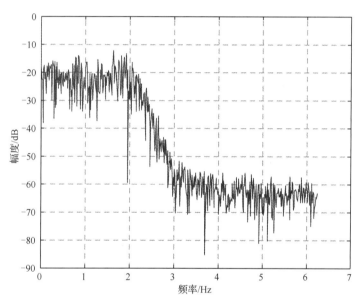

图 8-17　级联型结构 IIR 滤波器的输出信号幅频特性曲线

图 8-17 所示的曲线和图 8-14 十分相似，说明两种结构（直接型结构和级联型结构）的 IIR 滤波器能实现相似的滤波效果。

8.5　IIR 滤波器的板载测试

8.5.1　硬件接口电路

实例 8-6：IIR 滤波器的 CRD500 板载测试

在实例 8-4 的基础上，完善 VHDL 程序代码，在 CRD500 上验证测试直接型结构低通 IIR

滤波器的滤波性能。

虽然直接型结构 IIR 滤波器和级联型结构 IIR 滤波器的实现结构不同，但滤波效果是一样的。

CRD500 配置有 2 路独立的 D/A 转换接口、1 路 A/D 转换接口、2 个独立的晶振。为尽量真实地模拟通信中的滤波过程,采用晶振 X2(gclk2)作为驱动时钟,产生频率分别为 500 kHz 和 2MHz 的正弦波合成信号，经 DA2 通道输出；DA2 通道输出的模拟信号通过 P5 跳线端子（引脚 1、2 短接）连接至 A/D 转换通道，并送入 FPGA 进行处理；经 FPGA 低通滤波后的信号由 DA1 通道输出；DA1 通道和 A/D 转换通道的驱动时钟信号由 X1（gclk1）提供，即实验中的接收、发送时钟信号完全独立。将程序下载到电路板后，通过示波器同时观察 DA1、DA2 通道的信号波形，即可判断滤波前后信号的变化情况。低通 IIR 滤波器板载测试中的接口信号定义如表 8-1 所示。

表 8-1　低通 IIR 滤波器板载测试中的接口信号定义

信 号 名 称	引　　脚	传 输 方 向	功 能 说 明
gclk1	C10	→FPGA	生成合成测试信号的驱动时钟信号
gclk2	H3	→FPGA	DA2 通道转换的驱动时钟信号
ad_clk	P6	FPGA→	A/D 采样时钟信号，频率为 12.5MHz
ad_din[7:0]	P7、T6、R7、T7、T8、R9、T9、P9	→FPGA	A/D 采样输入信号，8 位数据
da1_clk	P2	FPGA→	DA1 通道转换时钟信号，频率为 12.5 MHz
da1_out[7:0]	R2、R1、P1、N3、M3、N1、M2、M1	FPGA→	DA1 通道转换信号，模拟测试信号
da2_clk	P15	FPGA→	DA2 通道转换时钟信号，频率为 50 MHz
da2_out[7:0]	L16、M16、M15、N16、P16、R16、R15、T15	FPGA→	DA2 通道转换信号，输出滤波后的信号

8.5.2　板载测试程序

根据前面的分析，可以得到低通 IIR 滤波器板载测试的框图，如图 8-18 所示。

图 8-18 中的滤波器模块为目标测试程序,测试信号生成模块用于生成频率分别为 500 kHz 和 3.125 MHz 的频率叠加信号。直接型结构 IIR 滤波器的板载测试程序的功能模块与实例 7-10 相似，读者可以在本书配套资源中查阅完整的板载测试工程文件。

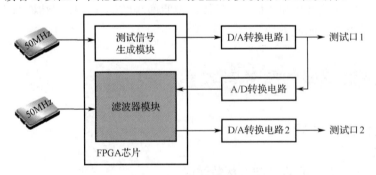

图 8-18　低通 IIR 滤波器板载测试的框图

8.5.3　板载测试验证

低通 IIR 滤波器板载测试的硬件连接图如图 8-19 所示。

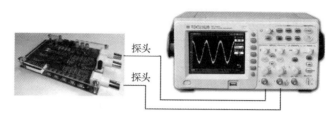

图 8-19　低通 IIR 滤波器板载测试的硬件连接图

板载测试需要采用双通道示波器，将示波器的通道 1 连接 CRD500 的 DA1 通道的输出，观察滤波前的信号；示波器的通道 2 连接 CRD500 的 DA2 通道的输出，观察滤波后的信号。需要注意的是，在进行板载测试前，需要适当调整 CRD500 的电位器 R36，使 P3（AD IN）接口的信号幅度为 0～2 V。

将板载测试程序下载到 CRD500，合理设置示波器参数，可以看到两个输入信号的波形，如图 8-20 所示。

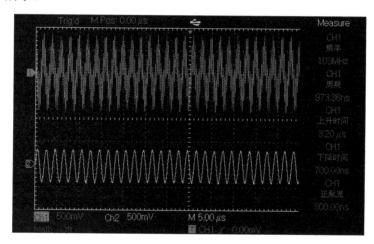

图 8-20　低通 IIR 滤波器板载测试的示波器输出波形

输入信号是频率分别为 500 kHz 和 3.125 MHz 的叠加信号。滤波后得到规则的频率为 500 kHz 的信号，幅度比输入单频信号时减小了约 1/2。这是由于输入的 8 位数据同时包含频率为 500 kHz 和 3.125 MHz 的信号，幅度与单频输入信号相同，其中的 500 kHz 信号幅度本身比单频输入信号减小了 1/2，滤除频率为 3.125 MHz 的信号后，仅剩下幅度减小 1/2、频率为 500 kHz 的信号，这与示波器的显示波形相符。

8.6　小结

IIR 滤波器的设计比 FIR 滤波器复杂一些，主要是因为 IIR 滤波器存在反馈结构，在运算过程中不可避免地存在有限字长效应，而且运算过程中的除法运算会产生较大的运算误差。在设计 IIR 滤波器时，没有现成的 IP 核可以使用，工程师必须通过编写 VHDL 程序来实现 IIR 滤波器的 PFGA 设计。本章的学习要点如下所述。

（1）IIR 滤波器的结构主要分为直接型和级联型两种，当 IIR 滤波器的阶数较小时，一般采用直接型结构；当 IIR 滤波器的阶数较大时，一般采用级联型结构。

（2）由于 ModelSim 仿真不便于直观显示信号的频谱特性，因此一般采用文件 I/O 的方式与 MATLAB 进行数据交互。为了准确仿真 FPGA 实现的数字信号处理系统的功能，在工程中通常利用 MATLAB 强大的数据处理能力来生成或分析复杂信号波形的时域特性和频谱特性。

（3）由于利用 MATLAB 设计的 IIR 滤波器的增益为 1，因此 IIR 滤波器的输出数据位宽一般与输入数据位宽相同。

（4）在对 IIR 滤波器进行系数量化时，一般将分子项的第一个系数量化为 2 的整数幂，这样便于在 FPGA 实现时采用移位的方法来近似实现除法运算。采用移位的方法实现的除法运算是近似运算，量化的位数越大，误差越大。

（5）采用 FPGA 实现 IIR 滤波器时，由于存在反馈结构，以及运算数据的时序关系，不便于采用多级流水线的实现结构，因此 IIR 滤波器的运算速度比 FIR 滤波器低。

（6）在设计级联型结构 IIR 滤波器时，为了节约资源，以及避免运算过程中的数据溢出，一般使级联型结构 IIR 滤波器中的前级滤波器的增益小于后级滤波器的增益。

8.7 思考与练习

8-1 FIR 滤波器与 IIR 滤波器的主要区别有哪些？

8-2 IIR 滤波器的常用实现结构有哪两种？

8-3 分别采用 butter()函数和 yulewalk()函数设计阶数为 9、3 dB 截止频率为 6 MHz、采样频率为 50 MHz 的高通 IIR 滤波器，在一幅图上绘制分别采用这两种函数设计的 IIR 滤波器幅频响应曲线，并分析比较其性能。

8-4 采用 FDATOOL 设计阶数为 15、低频截止频率为 3 MHz、高频截止频率为 10 MHz、采样频率为 50 MHz 的带通 IIR 滤波器，并查看 IIR 滤波器的幅频响应曲线。

8-5 在对直接型结构 IIR 滤波器进行系数量化时，为了便于 FPGA 实现，有什么特殊要求吗？为什么？

8-6 完成思考与练习 8-3 设计的两种 IIR 滤波器的系数量化，量化位数为 10 位，采用 MATLAB 绘制系数量化后的幅频响应曲线，并与量化前的幅频响应曲线进行比较。

8-7 说明 MATLAB 与 ISE 数据交互的基本方法及步骤，采用文件 I/O 的方式仿真 FIR 滤波器的功能。

8-8 在对级联型结构 IIR 滤波器进行系数量化时，为了便于 FPGA 实现，有什么特殊要求吗？为什么？采用 MATLAB 设计 9 阶 IIR 滤波器，进行 8 位系数量化，完成直接型结构 IIR 滤波器到级联型结构 IIR 滤波器的转换，并采用 MATLAB 绘制级联型结构 IIR 滤波器的幅频响应曲线。

8-9 在 CRD500 上完成实例 8-6 的板载测试。

第9章

快速傅里叶变换（FFT）的设计

频谱分析和滤波器设计是数字信号处理的两大基石。离散傅里叶变换（Discrete Fourier Transform，DFT）的理论很早就非常成熟了，后期出现的快速傅里叶变换（Fast Fourier Transform，FFT）才使得 DFT 理论在工程中得以应用。FFT 及其 FPGA 实现结构相当复杂，幸运的是可以使用现成的 IP 核，设计者在理解信号频谱分析原理的基础上，调用 FFT 核即可完成 FFT 的设计。

9.1 FFT 的原理

9.1.1 DFT 的原理

众所周知，时域离散线性时不变系统理论和离散傅里叶变换是数字信号处理的理论基础，数字滤波和数字谱分析是数字信号处理的核心。FFT 并不是一种新的变换理论，而是 DFT 的一种高效算法。

对于工程师来说，详细了解 FFT/IFFT（IFFT 是指快速傅里叶逆变换）的实现结构是一件十分烦琐的事。一般来讲，FPGA 工程设计需要用到 FFT/IFFT 模块时通常使用的是具有一定逻辑规模的 FPGA，而这类 FPGA 内大多都有现成的 FFT/IFFT 核可以使用。因此，需要使用 FFT/IFFT 模块的工程师需要了解 DFT 的原理，在使用 FFT/IFFT 模块时需要注意加窗函数及栅栏效应等设计问题，以及 FFT/IFFT 核的使用方法，而不是 FFT/IFFT 的具体实现结构。

在讨论 DFT 之前，需要明确数字信号处理中的一个基本概念：如果某信号在频域是离散的，则该信号在时域就表现为周期性的时间函数；相反，如果某信号在时域是离散的，则该信号在频域必然表现为周期性的频率函数。不难设想，如果时域信号不仅是离散的，而且是周期性的，那么其频谱必是周期性的；如果在时域是周期性的，则相应的频谱必是离散的。换句话说，一个离散周期时间序列，它一定既是周期性的，又有离散的频谱。还可以得出一个结论：一个域的离散必然造成另一个域的周期延拓。这种离散变换，本质上都是周期性的。下面对 DFT 进行简单的推导。

一个连续信号经过理想采样后的表达式为

$$x_a(t) = \sum_{n=-\infty}^{\infty} x_a(nT)\delta(t-nT) \tag{9-1}$$

其频谱函数 $X_a(j\Omega)$ 是式（9-1）的傅里叶变换，容易得出其表达式为

$$X_a(j\Omega) = \sum_{n=-\infty}^{\infty} x_a(nT)e^{-j\Omega nT} \tag{9-2}$$

式中，Ω 为模拟角频率，单位为 rad/s，它与数字角频率 ω 的关系为 $\omega=\Omega T$。对于数字信号，处理的信号其实是一个数字序列。因此，可用 $x(n)$ 代替 $x_a(nT)$，同时用 $X(e^{j\omega})$ 代替 $x_a(j\omega/T)$，得到时域离散信号的频谱表达式

$$X(e^{j\omega}) = \sum_{n=-\infty}^{\infty} x(n)e^{-j\omega n} \tag{9-3}$$

显然，$X(e^{j\omega})$ 是以 2π 为周期的函数。式（9-3）印证了时域离散信号在频域表现为周期性函数的特性。

对于一个长度为 N 的有限长序列，在频域表现为周期性的连续谱 $X(e^{j\omega})$。如果将有限长序列以 N 为周期进行延拓，则在频域必将表现为周期性的离散谱 $X(e^{j\omega_s})$，且单个周期的频谱形状与有限长序列相同。因此，可以将 $X(e^{j\omega_s})$ 看成在频域对 $X(e^{j\omega})$ 等间隔采样的结果。根据采样理论可知，要想采样后能够不失真地恢复原信号，采样速率必须满足一定的条件。假设时域信号的时间长度为 NT，则在频域的一个周期内，采样数 N_0 必须大于或等于 N。

用离散角频率变量 $k\omega_s$ 代替 $X(e^{j\omega_s})$ 中的连续变量 ω_s，且取 $N_0=N$，则有限长序列的频谱表达式为

$$X(e^{jk\omega_s}) = \sum_{n=0}^{N-1} x(n)e^{-j(2\pi/N)kn} \tag{9-4}$$

令以 N 为周期的函数 $W_N^{kn} = e^{-j(2\pi/N)kn}$，$\tilde{X}(k) = X(e^{jk\omega_s})$，$\tilde{x}(n)$ 为序列 $x(n)$ 以 N 为周期的延拓，则式（9-4）可以写成

$$\tilde{X}(k) = \sum_{n=0}^{N-1} \tilde{x}(n)W_N^{kn} \tag{9-5}$$

将式（9-5）的两边同乘以 $\sum_{n=0}^{N-1} W_N^{-kn}$，可以得到

$$\tilde{x}(n) = (1/N)\sum_{n=0}^{N-1} \tilde{X}(K)W_N^{-kn} \tag{9-6}$$

需要注意的是，式（9-5）和式（9-6）中的序列均是周期性的无限长序列。虽然是无限长序列，但只要知道该序列中一个周期的内容，其他内容就知道了，所以这种无限长序列实际上只有 N 个序列值的信息，因此，周期序列与有限长序列有着紧密的联系。

由于式（9-5）和式（9-6）中只涉及 $0 \leqslant n \leqslant N-1$ 和 $0 \leqslant k \leqslant N-1$ 区间的值。也就是说，只涉及一个周期内的 N 个样本，因此可以用有限长序列 $x(n)$ 和 $X(k)$，即各取一个周期来表示这些关系式。我们定义有限长序列 $x(n)$ 和 $X(k)$ 之间的关系为 DFT，即

$$\begin{cases} X(k) = \tilde{X}(k)R_N(k) = \sum_{n=0}^{N-1} x(n)W_N^{kn}, & 0 \leqslant k \leqslant N-1 \\ x(n) = \tilde{x}(n)R_N(n) = (1/N)\sum_{k=0}^{N-1} X(k)W_N^{-kn}, & 0 \leqslant n \leqslant N-1 \end{cases} \tag{9-7}$$

时域采样实现了信号的离散化，可以在时域中使用数字技术对信号进行处理。DFT 理论实现了频域离散化，开辟了用数字技术在频域处理信号的新途径，从而使信号的频谱分析技术向更深、更广的领域发展。

9.1.2　DFT 的运算过程

DFT 在数字信号处理中属于重点和难点之一，式（9-7）看起来比较复杂，理解起来有一定的难度。无数事实证明，只有深刻理解数字信号处理的基本理论，才有可能设计出满足需求的 FPGA 信号处理程序。虽然 MATLAB 提供了相应的函数来实现 DFT 运算，但为了更好地理解其运算原理，工程师有必要详细了解式（9-7）的运算过程。

例如，长度为 4 的有限长序列 $x_1(n)=[1,1,1,1]$，其 DFT 运算过程如下：

$$W_4^{kn} = e^{-j(2\pi/4)kn} = e^{-j(\pi/2)kn}$$

$$X_1(0) = \sum_{n=0}^{3} x_1(n) W_4^{kn} = \sum_{n=0}^{3} W_4^0 = 4$$

$$X_1(1) = \sum_{n=0}^{3} x_1(n) W_4^n = \sum_{n=0}^{3} W_4^n = 1 + e^{-\frac{\pi}{2}j} + e^{-\pi j} + e^{-\frac{3\pi}{2}j} = 0$$

$$X_1(2) = \sum_{n=0}^{3} x_1(n) W_4^{2n} = \sum_{n=0}^{3} W_4^{2n} = 1 + e^{-\pi j} + e^{-2\pi j} + e^{-3\pi j} = 0$$

$$X_1(3) = \sum_{n=0}^{3} x_1(n) W_4^{3n} = \sum_{n=0}^{3} W_4^{3n} = 1 + e^{-\frac{3\pi}{2}j} + e^{-3\pi j} + e^{-\frac{9\pi}{2}j} = 0$$

由于序列为全 1，相当于对直流信号采样得到的数字信号，因此仅存在零频分量（直流信号），不存在其他频率的信号，计算结果与实际情况相符。

例如，长度为 4 的有限长序列 $x_2(n)=[1,2,3,4]$，其 DFT 运算过程如下：

$$W_4^{kn} = e^{-j(2\pi/4)kn} = e^{-j(\pi/2)kn}$$

$$X_2(0) = \sum_{n=0}^{3} x_2(n) W_4^{kn} = \sum_{n=0}^{3} x_2(n) W_4^0 = 1+2+3+4 = 10$$

$$X_2(1) = \sum_{n=0}^{3} x_2(n) W_4^n = 1 + 2e^{-\frac{\pi}{2}j} + 3e^{-\pi j} + 4e^{-\frac{3\pi}{2}j} = -2+2i$$

$$X_2(2) = \sum_{n=0}^{3} x_2(n) W_4^{2n} = 1 + 2e^{-\pi j} + 3e^{-2\pi j} + 4e^{-3\pi j} = -2 + i$$

$$X_2(3) = \sum_{n=0}^{3} x_2(n) W_4^{3n} = 1 + 2e^{-\frac{3\pi}{2}j} + 3e^{-3\pi j} + 4e^{-\frac{9\pi}{2}j} = -2 - 2i$$

从上述运算过程可以看出，DFT 的运算过程比较繁杂。MATLAB 中的 fft() 函数可以实现序列的频域变换。在 MATLAB 的命令行窗口中分别输入命令"fft([1,1,1,1])" "fft([1,2,3,4])"，可得到上面两个序列的 DFT 结果。

9.1.3　DFT 运算中的几个常见问题

DFT 是分析信号频谱的有力工具。在应用 DFT 分析连续信号的频谱时，会涉及栅栏效应、序列补零、频谱泄漏、混叠失真等问题。下面分别进行简要介绍，以便在进行工程设计时加以注意。

1. 栅栏效应和序列补零

利用 DFT 计算频谱，只能给出频谱在 $\omega_k=2\pi k/N$ 或 $\Omega_k=2\pi k/NT$ 的频率分量，即频谱的采样值，而不可能得到连续的频谱函数，就好像通过栅栏看信号频谱一样，只能在离散点上得到信号频谱，这种现象称为栅栏效应。

在 DFT 计算过程中，如果序列长度为 N，则只计算 N 点 DFT。这意味着对序列 $x(n)$ 的傅里叶变换在（$0,2\pi$）区间只计算 N 个点的值，其频率采样间隔为 $2\pi/N$。如果序列长度较小，则频率采样间隔 $\omega_s=2\pi/N$ 可能太大，会导致不能直观地说明信号的频谱特性。有一个非常简单的方法能解决这个问题，即对序列的傅里叶变换以足够小的间隔进行采样，令数字频率间隔 $\Delta\omega_k=2\pi/L$，L 表示是 DFT 的点数。显然，要提高数字频率间隔，只需要增加 L 即可。当序列长度 N 较小时，可采用在序列后面增加 $L-N$ 个零值的办法，对 L 点序列进行 DFT，以满足所需的频率采样间隔。这样可以在保持原来频谱形状不变的情况下，使谱线加密，即增加频域采样点数，从而看到原来看不到的频谱分量。

需要指出的是，补零可以改变频谱密度，但不能改变窗函数的宽度。也就是说，必须按照序列的有效长度选择窗函数，而不能按补零后的长度来选择窗函数。关于窗函数的概念及设计方法请参考《数字滤波器的 MATLAB 与 FPGA 实现—Xilinx/VHDL 版》中的相关内容。

2. 频谱泄漏和混叠失真

对信号进行 DFT 计算，首先必须使其变成时间宽度有限的信号，方法是将序列 $x(n)$ 与时间宽度有限的窗函数 $\omega(n)$ 相乘。例如，选用矩形窗来截断信号，在频域中相当于信号频谱与窗函数频谱的周期卷积。卷积将造成频谱失真，且这种失真主要表现在原频谱的扩展，这种现象称为频谱泄漏。频谱泄漏会导致频谱扩展，使信号的最高频率可能超过采样频率的一半，从而造成混叠失真。

在进行 DFT 时，时域截断是必要的，因而无法避免频谱泄漏。为了尽量减小频谱泄漏的影响，可采用适当形状的窗函数，如海明窗、汉宁窗等。需要注意的是，在进行 DFT 之前，预加窗函数可改善频谱泄漏情况，但必须对数据进行重叠处理，以补偿窗函数边缘处的衰减，在工程中通常采用汉明窗，并进行 50%重叠的处理。

3. 频率分辨率与 DFT 参数的选择

在对信号进行 DFT 分析信号的频谱特征时，通常用频率分辨率来表征在频率轴上所能得到的最小频率间隔。对于长度为 N 的 DFT，其频率分辨率 $\Delta f=f_s/N$，其中，f_s 为时域信号的采样频率；数据长度 N 必须是数据的有效长度。如果在 $x(n)$ 中有两个频率分别为 f_1 和 f_2 的信号，则在对 $x(n)$ 用矩形窗截断时，要分辨这两个频率，必须满足条件

$$2f_s/N = |f_1-f_2| \tag{9-8}$$

DFT 时的补零没有增加序列的有效长度，所以并不能提高分辨率；但补零可以使数据 N 为 2 的整数幂，以便于使用接下来要介绍的 FFT。补零对原 $X(k)$ 起到插值作用，一方面消除了栅栏效应，平滑谱的外观；另一方面，由于数据截断会引起频谱泄漏，有可能在频谱中出现一些难以确认的谱峰，补零后有可能消除这种现象。

9.1.4　FFT 的基本思想

在介绍 FFT/IFFT 的原理之前，我们先讨论一下 DFT 的运算量问题，因为运算量直接影响到算法的实时性、所需的硬件资源及运算速度。根据式（9-7），DFT 与 IDFT 的运算量十分相近，因此这里只讨论 DFT 的运算量。通常，$x(n)$、$X(k)$ 和 W_N^{nk} 都是复数，因此每计算一个 $X(k)$ 值，都必须进行 N 次复数乘法和 $N-1$ 次复数加法，而 $X(k)$ 共有 N 个值（$0 \leqslant k \leqslant N-1$），所以要完成全部 DFT 运算，要进行 N^2 次复数乘法和 $N(N-1)$ 次复数加法。我们知道，乘法运算比加法运算复杂，且运算时间更长，所占用的硬件资源也更多，因此可以用乘法运算量来衡量一个算法的运算量。复数乘法运算最终是通过实数乘法运算来完成的，每个复数乘法运算需要 4 个实数乘法运算，因此完成全部 DFT 运算需要进行 $4N^2$ 次实数乘法运算。

在直接进行 DFT 运算时，复数乘法运算次数与 N^2 呈正比。随着 N 的增大，复数乘法运算次数会迅速增加。例如，当 $N=8$ 时，需要 64 次复数乘法运算；当 $N=1024$ 时，需要 1048576，即 100 万多次复数乘法运算。如果要求实时进行信号处理，就会对计算速度提出非常高的要求。由于直接进行 DFT 运算的计算量太大，因此极大地限制了 DFT 的应用。

仔细观察 DFT 和 IDFT 运算过程，会发现系数 W_N^{nk} 具有对称性和周期性，即

$$\begin{cases} (W_N^{nk})^* = W_N^{-nk} \\ W_N^{n(N+k)} = W_N^{k(N+n)} = W_N^{kn} \\ W_N^{-nk} = W_N^{b(N-k)} = W_N^{k(N-n)} \\ W_N^{N/2} = -1, \ \text{则} \ W_N^{(k+N/2)} = -W_N^k \end{cases} \tag{9-9}$$

利用系数 W_N^{nk} 的周期性，在 DFT 运算中可以将某些项合并，从而减少 DFT 的运算量。又由于 DFT 的复数乘法运算次数与 N^2 呈正比，因此 N 越小越有利，可以利用对称性和周期性将点数大的 DFT 分解成多个点数小的 DFT。FFT 正是基于这样的基本思路发展起来的。为了不断地进行分解，FFT 要求 DFT 的点数 $N=2^M$，M 为正整数。这种 N 为 2 的整数幂的 FFT 算法称为基-2 FFT 算法。除基-2 FFT 算法外，还有其他基数的 FFT 算法，如 Quartus 中的 FFT 核采用的是基-4 FFT 算法。

FFT 算法可分为：按时间抽取（Decimation-In-Time，DIT）和按频率抽取（Decimation-In-Frequency，DIF）两大类。为了提高运算速度，将 DFT 运算逐次分解成点数较小的 DFT 运算。如果 FFT 算法是通过逐次分解时间序列 $x(n)$ 进行的，则这种算法称为按时间抽取 FFT 算法；如果 FFT 算法是通过逐次分解频域序列 $X(k)$ 进行的，则这种算法称为按频域抽取 FFT 算法。

FFT 算法是由库利（J. W. Cooly）和图基（J. W. Tukey）等学者于 1965 年提出并完善的，这种算法极大地简化了 DFT 运算，其运算量约为 $(N/2)\log_2 N$ 次复数乘法运算。当 N 较大时，FFT 算法的速度比 DFT 算法有极大的提高。例如，当 $N=1024$ 时，FFT 算法只需 5120 次复数乘法运算，只相当于 DFT 算法的 0.5%左右。限于篇幅，详细的 FFT 算法不再另行介绍，MATLAB 提供了现成的 FFT/IFFT 函数，Quartus II 13.1 提供了大多数 FPGA 支持的 FFT/IFFT 核。有兴趣的读者可参考 FPGA 的 IP 核手册，以了解 FFT/IFFT 核的实现结构。

9.2 FFT 的 MATLAB 仿真

9.2.1 通过 FFT 测量模拟信号的频率

在设计数字信号处理系统时，通常需要先对输入（或采集到的）信号进行频谱分析，在了解信号频率成分的基础上，根据信号的频率特性设计相应的数字信号处理系统，从而得到所需的有用信息。

信号的频率特性分为幅频响应特性和相频响应特性两部分。对于大多数工程应用来讲，主要关注的是幅频响应特性，即每个频率分量的幅度大小。根据 DFT 的理论可知，实信号的 DFT 为复数，本身已包含了幅度和相位信息。以 9.1.2 节中讨论的两个序列的 DFT 为例，对变换后的数据取模，即可得到对应频率成分的幅度。

本章后续的实例要求完成对输入信号的频率分析，且限定输入信号为单频信号或多个频率的叠加信号，要求系统能够自动识别并测量信号的频率成分及幅度。在开始 FPGA 设计之前，有必要先采用 MATLAB 仿真不同情况下的信号分析。

数字信号处理系统中的模拟信号频率分析结构框图如图 9-1 所示。

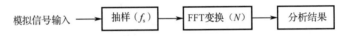

图 9-1 模拟信号频率分析结构框图

模拟信号首先以频率 f_s 采样得到数字信号，截取 N 点数据（相当于加矩形窗）进行 FFT，然后进行数据分析，可得到模拟信号的频率信息。根据奈奎斯特定理，采样频率 f_s 必须大于输入信号最高频率的 2 倍，否则会产生频谱混叠，无法得到正确的频率分析结果。

首先讨论 N 点 FFT 的运算结果如何与模拟信号频率对应。FFT 后得到序列 $X(0)$, …, $X(N-1)$，则第 n（$0 \leqslant n \leqslant N-1$）条谱线对应的频率 f_n 为

$$f_n = \frac{n}{N} f_s \qquad (9-10)$$

由于实信号的谱线具有对称性，即 $X(n) = X(N-n)$，因此在分析实信号的频率特性时，只需分析 FFT 后得到的前一半序列即可。

实例 9-1：利用 FFT 测量单频信号的频率

假定某系统的采样频率为 1 MHz，输入信号频率为 50 kHz，对采样的数据进行 260 点 FFT，得到 260 点 FFT 运算结果，分析 50 kHz 频率的谱线出现的位置。MATLAB 程序 E9_1_sinfft.m 代码如下。

```
%E9_1_sinfft.m
clc;
fs=1*10^6;              %采样频率为 1 MHz
f=50*10^3;             %信号频率为 50 kHz
N=260;                %FFT 的点数
```

```
%生成长度为 L 的时间序列
L=1000;
t=0:L-1;
t=t/fs;

%生成频率为 f、采样频率为 fs 的正弦波信号
s=sin(2*pi*f*t);

%对采样信号进行 N 点 FFT，并取模
fts=fft(s,N);
fts=abs(fts);

%绘制信号的时域波形
subplot(2,1,1);
plot(t(1:100)*1000,s(1:100));
xlabel('时间/ms');
ylabel('幅度/V');
%绘制信号 FFT 后的频域波形
subplot(2,1,2);
n=0:N-1;
stem(n,fts)
xlabel('FFT 的位置');
ylabel('FFT 的模');
```

50 kHz 信号的时域波形及频域波形（N=260）如图 9-2 所示，频域波形中有 2 条清晰的谱线峰值。根据 FFT 的对称性可知，信号的实际频率为左半部分对应的谱线，位于右半部分的谱线相当于信号的负频率成分，仅在数学上有意义，不代表实际的信号频率。

对于 f_n=50 kHz 的信号，以 f_s=1 MHz 的频率进行 N=260 的 FFT。根据式（9-10），谱线位置 n 为

$$n = \frac{N}{f_s} f_n = \frac{260}{1 \times 10^3} \times 50 \times 10^3 = 13$$

根据 FFT 的对称性，另一条谱线的峰值位置为 $N-n$ = 260-13 = 247。分析的结果与图 9-2 所示完全相同。

信号为单频信号，FFT 后得到单条谱线（仅考虑正频率成分），这似乎是理所当然的。考虑到运算效率，在工程上，FFT 的长度通常是 2 的整数幂。修改 E9_1_sinfft.m 的代码，将 FFT 长度 N 改为 256，重新运行程序，可得到 50 kHz 信号的时域波形及频域波形（N=256），如图 9-3 所示。

从图 9-3 可以看出，根据式（9-10），此时 N=256，幅度最大的谱线（谱线峰值）的位置分别为 13（对 FFT 后的点数四舍五入取整数）和 243，但谱线波峰周围出现了一定范围内的起伏，说明显示的频谱不再是单一信号的频谱，而是包含多个频率成分信号的频谱。这是什么原因呢？

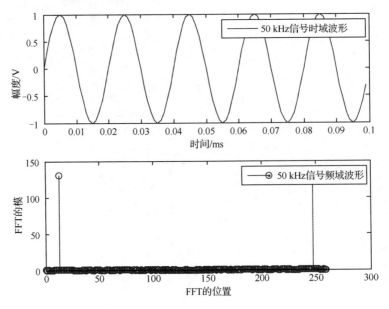

图 9-2　50 kHz 信号的时域波形及频域波形（N=260）

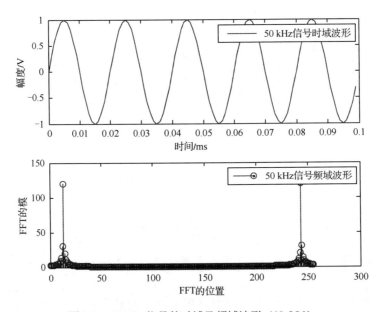

图 9-3　50 kHz 信号的时域及频域波形（N=256）

　　对于任何工程设计而言，原理始终是最基础、最重要的。对于数字信号处理系统来讲，理解信号处理的原理尤其重要。根据数字信号处理原理，FFT（FFT 是 DFT 的快速算法，两者的物理意义是相同的）包含两层物理意义：其一，DFT 是序列 $x(n)$ 的频谱在[0,2π]上的 N 点等间隔采样，也就是对序列频谱的离散化；其二，DFT 是序列 $x(n)$ 以 N 为周期进行延拓得到的周期序列的离散傅里叶级数。采用第二层物理意义即可完美解释图9-2和图9-3所示的频谱。

　　对于图 9-2，由于采样频率为 1 MHz，信号频率为 50 kHz，进行 260 点的 FFT 运算，相当于对长度为 260 的序列进行周期延拓，得到序列的 DFT 级数。由于长度为 260 的序列刚好是 13 个 50 kHz 正弦波信号的周期，因此周期延拓后的序列仍然为 50 kHz 的正弦波信号，其 DFT 级数表现为单一的频率信号。

对于图 9-3，进行 256 点的 FFT 运算，相当于对长度为 256 的序列进行周期延拓，得到序列的 DFT 级数。由于长度为 256 的序列不是 50 kHz 正弦波信号周期的整数倍，因此周期延拓后的序列不再是 50 kHz 的正弦波信号，而是相当于载波为 50 kHz 的调制信号，其 DFT 级数表示以 50 kHz 为载波频率的调制信号。

因此，对于单频信号而言，无论 FFT 的点数是否是信号周期的整数倍，通过判断 FFT 后谱线峰值，都可以根据式（9-10）计算出模拟信号的实际频率。

9.2.2　通过 FFT 测量模拟信号的幅度

模拟信号除频率参数外，还有一个重要的参数——幅度。根据图 9-1 所示的信号处理流程，幅度为 A_a 的模拟信号经采样处理，再进行 N 点 FFT 运算后，得到的谱线幅度为 A_d，二者的关系是

$$A_d = NA_a/2 \tag{9-11}$$

实例 9-1 中分析的单频信号，MATLAB 生成的单频信号幅度 A_a = 1 V，进行 260 点 FFT 后，得到的谱线幅度 A_d = 130。需要注意的是，A_d 仅是一个数值，没有具体的单位，这个数值是通过式（9-11）与实际的模拟信号幅度进行转换得到的。

在实例 9-1 中，将 N 修改为 256，根据式（9-11）可计算出谱线幅度 A_d = 128，但查看图 9-3 所示的波形（需在 MATLAB 中放大波形观察）可知，实际谱线幅度 A_d = 120，比理论计算值略小。这是由于 N 不为信号周期的整数倍，DFT 级数表示的不是单一频率信号，而是调制信号。因此，通过 FFT 测量模拟信号的频率时，只有当 N 是被测信号周期的整数倍时，才能够准确地用式（9-11）进行计算；当 N 不是被测信号周期的整数倍时，可以用式（9-11）进行估算，但会出现一定的误差，误差的大小与 N 有关，且 N 越大，误差越小。

为了再次验证上面的结论，接下来通过 FFT 测量 2 路频率叠加信号的幅度。

实例 9-2：通过 FFT 测量 2 路频率叠加信号的幅度

假定某系统的采样频率为 1 MHz，输入信号是频率分别为 50 kHz 和 39.0625 kHz 的叠加信号，且 39.0625 kHz 的信号幅度为 2 V，50 kHz 的信号幅度为 1 V，对输入信号进行 256 点 FFT，分析变换后信号的频率及幅度。MATLAB 程序 E9_2_doublesinfft.m 代码如下。

```
%E9_2_doublesinfft.m
clc;
fs=1*10^6;                %采样频率为 1 MHz
f1=50*10^3;               %信号 1（频率为 50 kHz 的信号）
f2=39.0625*10^3;          %信号 2（频率为 39.0625 kHz 的信号）
N=256;                    %FFT 的长度

%生成长度为 L 的时间序列
L=1000;
t=0:L-1;
t=t/fs;
```

```
%生成频率为 f、采样频率为 fs 的正弦波信号
s=sin(2*pi*f1*t)+2*sin(2*pi*f2*t);

%对采样信号进行 N 点 FFT，并取模
fts=fft(s,N);
fts=abs(fts);

%绘制信号的时域波形
subplot(2,1,1);
plot(t(1:100)*1000,s(1:100));
xlabel('时间/ms');ylabel('幅度/V');
legend('频率叠加信号时域波形')

%绘制信号 FFT 后的频域波形
subplot(2,1,2);
n=0:N-1;
stem(n,fts)
xlabel('FFT 的位置');ylabel('FFT 的模');
legend('频率叠加信号频域波形');
```

运行上面的程序运行后，可得到频率分别为 50 kHz 和 39.0625 kHz 的叠加信号的时域波形及频域波形，如图 9-4 所示，图中仅给出了正频率的部分，在 $n=10$ 和 $n=13$ 处出现谱线的两个峰值，分别代表频率为 39.0625 kHz 和 50 kHz 的信号。根据前面的分析，由于 N 不是 50 kHz 信号周期的整数倍，因此对应谱线的幅度为 120，小于根据式（9-11）计算的值 128。由于 N 是 39.0625 kHz 信号周期的整数倍（10 倍），从理论上来讲，对应谱线的幅度应该与式（9-11）计算的值相同，都应该是 256，实际值为 250。

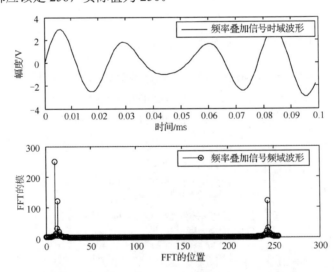

图 9-4　频率分别为 50 kHz 和 39.0625 kHz 的叠加信号的时域波形及频域波形

可以从两个方面来解释图 9-4 的现象。一方面可以根据 FFT 的物理意义进行解释。对于

50 kHz 信号来讲，由于 N 不是信号周期的整数倍，因此通过 FFT 得到的频谱相当于载波信号频率为 50 kHz 的调制信号，该调制信号的频带包含了 39.0625 kHz 的信号，39.0625 kHz 信号形成了干扰，影响了 50 kHz 信号幅度的测量。另一方面可以根据 DFT 的物理意义来解释。时域截断会造成频谱泄漏和混叠失真，进行 N 点 FFT 运算，相当于对原始的模拟信号进行矩形窗处理，截断后信号相当于原始模拟信号与矩形窗的卷积，造成了频谱泄漏和混叠失真，从而影响了 50 kHz 信号幅度的测量。

频率间隔越大，频谱泄漏造成的影响越小。修改 E9_2_doublesinfft.m 的代码，将 50 kHz 信号换成 10 kHz 信号，重新运行程序，可得到频率分别为 10 kHz 和 39.0625 kHz 的叠加信号的时域波形及频域波形，如图 9-5 所示，可见 39.0625 kHz 信号的幅度为 258，更接近理论值 256。

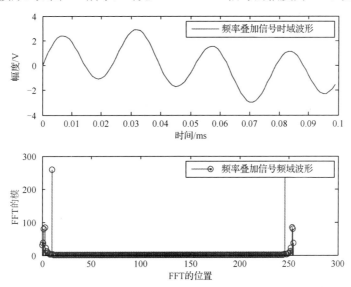

图 9-5 频率分别为 10 kHz 和 39.0625 kHz 的叠加信号的时域波形及频域波形

9.2.3 频率分辨率与分辨不同频率的关系

由 9.1.3 节的讨论可知，在对信号进行 N 点 FFT（由于 FFT 是 DFT 的快速算法，两者的运算结果完全相同，因此后续的叙述统一采用 FFT）时，频率分辨率 $\Delta f = f_s / N$。如果在 $x(n)$ 中有两个频率分别为 f_1 和 f_2 的信号，则在对 $x(n)$ 进行矩形窗截断时，需要分辨这两个频率，就必须满足式（9-8）的条件，即 $2f_s / N < |f_1 - f_2|$。虽然可以通过对序列进行补零的方式来增加谱线密度，但不能改变频率分辨率。接下来采用 MATLAB 仿真测试上述结论，以进一步加深读者对这些基本理论的理解。

实例 9-3：仿真 FFT 参数对分析信号频谱的影响

生成频率分别为 2 Hz 和 2.05 Hz 的正弦波信号，采样频率 f_s 为 10 Hz。根据式（9-8）可知，要分辨这两个正弦波信号，必须满足 $N > 400$。分别对下面 3 种情况进行 FFT 运算：

（1）取 128 点 $x(n)$；

（2）通过补零的方式将 128 点 $x(n)$ 增加到 512 点 $x(n)$；

（3）取 512 点 $x(n)$。

本实例的 MATLAB 程序并不复杂，下面给出程序（E9_3_FFTSim.m 文件）代码。

```
%E9_3_FFTSim.m 程序清单
clc;
f1=2;                              %频率为 2 Hz
f2=2.05;                           %频率为 2.05 Hz
fs=10;                             %采样频率

%生成 128 点 x(n)
N=128;                             %FFT 运算的点数
n=0:N-1;
xn1=sin(2*pi*f1*n/fs)+sin(2*pi*f2*n/fs);

%对 128 点 x(n)进行 FFT 运算，仅分析正频率部分
XK1=fft(xn1);
MXK1=abs(XK1(1:N/2));

%对 512 点 x(n)（通过补零方式生成的 512 点 x(n)）进行 FFT 运算，仅分析正频率部分
M=512;
xn2=[xn1 zeros(1,M-N)];            %对序列进行补零
XK2=fft(xn2);                      %进行 FFT 运算
MXK2=abs(XK2(1:M/2));

%对 512 点 x(n)进行 FFT 运算，仅分析正频率部分
n=0:M-1;
xn3=sin(2*pi*f1*n/fs)+sin(2*pi*f2*n/fs);
XK3=fft(xn3);                      %进行 FFT 运算
MXK3=abs(XK3(1:M/2));

%绘图
subplot(321);
x1=0:N-1;
plot(x1,xn1);
xlabel('时间/s）');ylabel('幅度/V');
legend('128 点 x(n)');

subplot(322);
k1=(0:N/2-1)*fs/N;
plot(k1,MXK1);
xlabel('频率/Hz');
ylabel('FFT 的模');
legend('128 点 FFT');

subplot(323);
x2=0:M-1;
plot(x2,xn2);
xlabel('时间/s');
```

```
ylabel('幅度/V');
legend('512 点补零 x(n)');

subplot(324);
k2=(0:M/2-1)*fs/M;
plot(k2,MXK2);
xlabel('频率/Hz');ylabel('FFT 的模');
legend('512 点补零 FFT');

subplot(325);
plot(x2,xn3);
xlabel('时间/s');
ylabel('幅度/V');
legend('512 点 x(n)');

subplot(326);
plot(k2,MXK3);
xlabel('频率/Hz');
ylabel('FFT 的模');
legend('512 点 FFT');
```

运行上面的程序，可得到不同参数 FFT 的时域波形和频域波形，如图 9-6 所示。

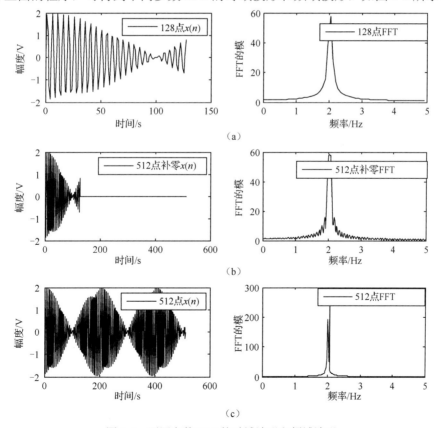

图 9-6　不同参数 FFT 的时域波形和频域波形

从图9-6（a）可以看出，由于采样点数（N）不满足式（9-8）的要求，频域波形（频谱）中只有一个谱线峰值，无法区分两个频率信号。从图9-6（b）可以看出，补零方式对分辨率没有影响，只对频谱起到了平滑作用。从图9-6（c）可以看出，由于采样点数（N）满足式（9-8）的要求，频谱中有两个谱线峰值，可以明显地区分两个频率信号。

经过对前面几个实例的分析，可以得出以下关于通过 FFT 测量模拟信号频谱和幅度的结论。

（1）对采样得到的数据进行 FFT 运算后，可以通过式（9-10）得到每条谱线对应模拟信号的频率。

（2）当 N 是模拟信号周期的整数倍时，对应的频率处为单条谱线，否则在对应频率处附近会出现一定的起伏，相当于以模拟信号为载波的调制信号频谱。

（3）当 N 是信号周期的整数倍时，可以通过式（9-11）准确计算模拟信号的幅度。

（4）当 N 不是信号周期的整数倍时，可以通过式（9-11）计算模拟信号的幅度，但与实际幅度之间存在误差。

（5）通过 FFT 测量频率叠加信号（如两个不同频率的信号）的频率时，必须出现 2 个谱线波峰，且 2 个谱线波峰之间存在较低幅度的谱线。

（6）通过 FFT 测量频率叠加信号（如两个不同频率的信号）的频率时，N 必须满足式（9-8）的要求。

通过 FFT 分析信号的特性（如频率和幅度）时，如果想要得到严格、准确的结果，则需要查阅关于 FFT 理论资料，以获取更严谨的理论计算方法。对于工程设计来讲，不仅需要考虑测量的准确性，还需要考虑工程设计的难度，以及所需的逻辑资源等因素。因此，在工程中通常需要采用近似估算方法，以降低工程设计的难度。这种工程上的近似必须满足用户的需求。

在了解通过 FFT 分析信号特性的基本原理之后，接下来讨论采用 FPGA 实现信号特性分析的设计方法。

如前所述，DFT 是分析信号特性的理论基础，但 DFT 的运算量太大，不适合采用硬件电路来实现。虽然 DFT 在理论上非常完美，但在 DFT 提出之后的很长时间内，主要应用于理论分析和研究，很少应用于实际的工程设计。FFT 有效地解决了 DFT 运算量过大的问题，从而使信号的频域分析方法在工程上得到了广泛的应用。虽然 FFT 的运算效率比 DFT 高很多，但其算法的实现更加复杂，仅理解 FFT 算法的实现过程就会花费工程师的大量精力，采用 FPGA 实现 FFT 算法的难度就更大了。

经过不断发展，Quartus Ⅱ 13.1 提供的免费 FFT 核已可应用于实际的工程。工程师只需要了解 FFT 核的接口信号使用方法，结合实际的需求就可以轻松利用 FFT 核完成与信号特性分析相关的工程设计。

FFT 是 DFT 的快速算法，FFT 核是 FFT 的具体电路。Quartus Ⅱ 13.1 中的 FFT 核功能十分强大，不仅提供可以满足不同逻辑资源及处理性能需求的多种实现结构，而且提供丰富的接口信号，在工程设计中使用非常方便。在讨论具体的工程设计实例之前，我们先介绍一下 FFT 核的基本特性。

9.3 FFT 核的使用

9.3.1 FFT 核简介

Quartus Ⅱ 提供了性能优良的 FFT 运算 IP 核（FFT_v13.1），接下来介绍 FFT 核的使用方法。启动 MegaWizard Plug-In Manager 工具后，依次单击 "DSP→Transforms→FFT_v13.1" 菜单，打开 FFT 核设置界面，分别单击 "About this Core"（查看 FFT 核的产品信息）、"Documentation"（查看 FFT 核的数据手册）、"Step1:Parameterize"（设置 FFT 核的相关参数）、"Step2:Set Up Simulation"（建立 FFT 核的仿真模型）、"Step3:Generate"（生成 FFT 核）查看 FFT 核的相关信息，完成 FFT 核的参数设置并生成所需的 FFT 核。

Quartus Ⅱ 13.1 提供的 FFT 运算 IP 核 FFT_v13.1，可适用于 Altera 公司的 Arria Ⅱ GX、Arria Ⅱ GZ、Arria Ⅴ、Arria Ⅴ GZ、Cyclone Ⅲ、Cyclone Ⅲ LS、Cyclone Ⅳ GX、Cyclone Ⅴ、Stratix Ⅲ、Straix Ⅳ、Straix Ⅱ GX、Straix Ⅴ 等系列器件。

在 FFT 核设置界面中单击 "Step1: Parameterize"，打开 FFT 核参数设置界面，如图 9-7 所示，分别单击 "Parameters" "Architecture" "Implementation Options" 标签，可打开相应设置界面，分别如图 9-7（a）～（c）所示。

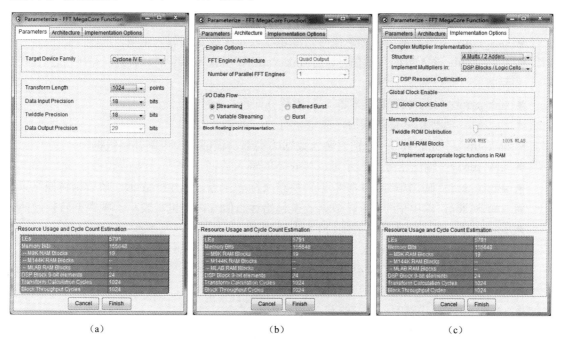

|（a）|（b）|（c）|

图 9-7 FFT 核参数设置界面

在图 9-7（a）所示的界面中，可以设置 FFT 核的目标器件（Traget Device Family），如设置为 Cyclone Ⅳ E；可以设置 FFT 变换的数据长度（Transform Length）、输入数据精度（Data Input Precision）、运算中的旋转因子数据精度（Twiddle Precision）。界面下方根据设置的参数实时估计逻辑资源占用情况的统计信息。FFT_v12.1 核可以实现点数 $N=2^m$ ($m=6\sim16$)的 FFT/IFFT 运算，输入数据位宽范围为 8～24 位。

在图 9-7（b）所示的界面中，可以设置 FFT 核的实现结构，这决定了输入数据的载入方式。FFT 的 IP 核提供 4 种运算结构，以方便用户根据运算速度及硬件资源情况进行选择。按运算速度从高到低（资源占用从多到少）的顺序排列，这 4 种运算结构分别是 Streaming、Variable Streaming、Buffered Burst、Burst。其中，Streaming 可处理连续输入数据的 FFT/IFFT；Variable Streaming 可处理浮点数格式的输入数据，选择该单选按钮后，界面中会显示输入数据格式的设置选项；Burst 与 Buffered Burst 类似，但进行蝶形运算的单元更少，因此可以在牺牲运算速度的前提下进一步节约硬件资源。

在图 9-7（c）所示的界面中，可以设置 FFT 核实现所采用的硬件资源种类，如采用"4 Mults/2 Adders"还是"3 Mults/5 Adders"的结构来实现复数乘法运算，采用"DSP Blocks"还是"Logic Cells"来实现乘法运算。用户可以根据芯片资源及设计要求合理设置这些参数，实现速度与逻辑资源的最优匹配设计。

9.3.2 FFT 核的接口及时序

FFT 核提供了丰富的接口控制信号，如下所述。

- clk：时钟信号输入端口。
- reset_n：重置端口，低电平时有效。
- sink_sop：1 帧数据起始标志信号，高电平表示 1 帧数据载入起始。
- sink_eop：1 帧数据结束标志信号，高电平表示 1 帧数据载入结束。
- sink_valid：输入数据有效信号，当 sink_valid 和 sink_ready 同时有效时，开始进行 FFT 运算。
- sink_error：表示载入数据状态，一般置 0 即可。
- clk_ena：时钟信号使能端口，高电平有效，可选。
- sink_imag、sink_real：分别为输入数据的实部及虚部，二进制补码数据。
- sink_ready：输出信号，表示可以接收新的输入数据。
- source_eop：输出信号，1 帧数据转换结束标志信号，高电平表示一帧数据转换结束。
- source_sop：输出信号，1 帧数据转换起始标志信号，高电平表示一帧数据转换起始。
- source_error：输出信号，表示 FFT 出现错误。
- source_imag、source_real：分别为输出数据的实部及虚部，二进制补码数据。
- source_ready：表示可以接收新的输入数据。
- source_valid：输出信号，表示输出数据有效。
- fftpts_out：输出信号，表示各帧输出数据的序号。
- inverse：FFT 设置信号，为 1 时进行 IFFT 运算，为 0 时进行 FFT 运算。

FFT 核的时序相对于其他运算 IP 核较为复杂，不同 FFT 的运算结构均对应有不同的运算时序，掌握 FFT 核的运算时序是正确使用该 IP 核的前提。本章后续实例采用 Burst 结构形式，下面重点对这种结构进行介绍。

Burst 模式的运算分两个进程：载入数据及输出数据进程和 FFT 运算进程，且这两个进程不是同时进行的。当 FFT 启动时，输入数据首先在时钟的控制下同步载入 FFT 核内部的存储器，当 1 帧数据载入完成后才开始 FFT 运算，FFT 变换完成后，数据输出到相应的端口。在 FFT 运算的过程中不能进行数据的载入或输出。图 9-8 所示为 Burst 模式的 FFT 结构图（单数据流输出模式）。

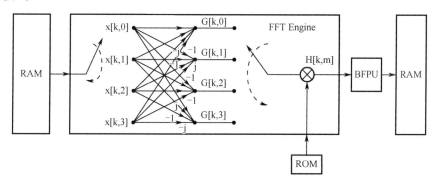

图 9-8　Burst 模式的 FFT 结构图

采用 Burst 模式的 FFT 结构时，输入数据与 FFT 运算及数据输出是分时进行的。实际设计时，需要对 sink_sop、sink_eop 等接口时序进行调整，以满足设计要求。一般来讲，工程设计中的输入数据均是连续的，因此在进行 FFT 运算时，需要根据 FFT 的运算时序对输入/输出数据进行相应处理。

9.4　信号识别电路的 FPGA 设计

9.4.1　频率叠加信号的时域分析

FFT 的应用范围十分广泛，如信号的频谱分析、数字图像处理、语音信号处理、快速滤波算法、变换域滤波器设计等。本节以信号识别电路为例，介绍 FFT 核的用法。

如果输入信号是单频信号，除可以通过 FFT 测量信号的频率和幅度外，还可以采用更简单的时域处理方法。首先通过对单频信号进行过零检测得到方波信号，然后采用高速时钟信号通过计数的方法测量方波信号的周期，即可完成单频信号频率的测量。单频信号的幅度可直接通过测量信号的峰-峰值得到。

当输入信号为频率叠加信号时，采用上述方法可以对信号进行识别吗？接下来通过一个实例进行验证。

实例 9-4：信号过零检测分析

采用 MATLAB 仿真信号过零检测前后的波形，信号 1 是 1 Hz 的单频信号，信号 2 是频率分别为 1 Hz 和 2 Hz 的叠加信号，采样频率为 20 Hz，分别绘制两个信号的原始波形及过零检测后的波形。

MATLAB 程序比较简单，下面直接给出程序（E9_4_zerodetect.m 文件）代码。

```
%E9_4_zerodetect.m 程序清单
clc;
f1=1;                          %1 Hz 单正弦波信号的频率
f2=2;                          %2 Hz 单正弦波信号的频率
fs=20;                         %采样频率为 20 Hz

%生成单频信号及频率叠加信号
t=0:1/fs:6;
x1=sin(2*pi*f1*t);
x2=sin(2*pi*f2*t)+x1;

%过零检测
for i=1:length(x1)
    if x1(i)>0
        zx1(i)=1;
    else
        zx1(i)=-1;
    end
end

%过零检测
for i=1:length(x2)
    if x2(i)>0
        zx2(i)=1;
    else
        zx2(i)=-1;
    end
end

%绘图
subplot(221);
plot(t,x1);
xlabel('时间/s');
ylabel('幅度/V');
legend('1Hz 信号波形');

subplot(222);
plot(t,zx1);
xlabel('时间/s');
ylabel('幅度/V');
axis([0,6,-1.2,1.2]);
legend('1 Hz 信号过零检测后波形');

subplot(223);
plot(t,x2);
xlabel('时间/s');
```

```
ylabel('幅度/V');
legend('频率叠加信号波形');


subplot(224);
plot(t,zx2);
xlabel('时间/s');
ylabel('幅度/V');
axis([0,6,-1.2,1.2]);
legend('频率叠加信号过零检测后波形');
```

运行上面的程序，可得到单频信号和频率叠加信号过零检测前后的波形，如图 9-9 所示。从图 9-9 中可以看出，当输入信号为频率叠加信号时，由于信号的叠加，在零点处已无法表示任何一个具体信号的信息，因此无法用过零检测的方法完成频率叠加信号的测量；同理，也无法从频率叠加信号的幅度中测量各信号的幅度。

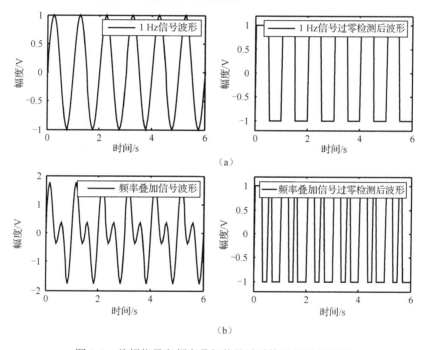

图 9-9 单频信号和频率叠加信号过零检测前后的波形

9.4.2 信号识别电路的设计需求及参数分析

通过前面的分析可知，当输入信号是频率叠加信号时，采用时域分析方法无法识别每个信号的频率和幅度。根据 DFT/FFT 的原理，在时域无法识别的信号，在频域可以根据谱线峰值的位置来识别。

实例 9-5：信号识别电路的 FGPA 设计

本实例完成对频率范围为 100 kHz～1 MHz 的输入信号频率和幅度的自动识别，输入信号为单频信号或频率叠加信号。要求能够自动识别单频信号或频率叠加信号，能够区分频率间隔大于 25 kHz 的两个信号，并输出信号的频率值及个数。

根据奈奎斯特采样定理，对于最高频率为 1 MHz 的输入信号，在理论上，实现频率无混叠采样的最低采样频率 f_s=2 MHz。在实际工程设计中，采样频率一般要大于信号最高频率的 4 倍。本实例要在 CRD500 上进行验证，考虑到 CRD500 的外部时钟信号频率为 50 MHz，为了便于设计，取 f_s=6.25 MHz。

本实例要求能够分辨频率间隔为 10 kHz 的信号，根据式（9-8）可知，N>500，取 2 的整数幂，即 N=512。

根据前面的讨论可知，FFT 运算后的数据为复数，在 FPGA 中求取复数的模需要进行开方运算，运算量较大，需要占用较多的逻辑资源。为了便于数据运算，FPGA 采用乘加运算来得到实部和虚部的平方和，即谱线的功率值 P_d。

在编写 VHDL 程序之前，还需要明确检测信号的方法。根据前面的讨论可知，在对采样的信号进行 FFT 运算后，只有谱线出现波峰（谱线由低到高，再由高到低的过程），才能判断出现了频率信号。从 FFT 运算后的数据流中判断谱线出现波峰的时刻有很多方法，在不考虑干扰及噪声影响的前提下，只需要对连续的 3 个数据进行判断，只要中间数据同时大于前一个数据及后一个数据，就可确定中间数据是一个波峰。

9.4.3 信号识别电路的 VHDL 设计

由前面的分析可以得到信号识别电路的设计框图，如图 9-10 所示。首先对输入信号进行 FFT（采用 FFT 核完成）运算，得到频域信号；然后对该频域信号（实部信号 xd_re 及虚部号 xd_im）求平方和，得到谱线的功率。由于求谱线功率需要用到乘法器和加法器，可以采用流水线技术来提高运算速度，但会产生一定的时钟周期延时，因此接下来需要采用触发器调整接口信号时序，使得功率信号、谱线波峰位置信号 xk_index 及数据有效信号 dv 对齐。最后判断谱线波峰的位置，得到指示信号、频率值和信号个数。

图 9-10 信号识别电路的设计框图

下面是信号识别电路的 VHDL 程序代码。

```
--signal_detect.vhd 程序清单
library IEEE;
--下面 3 条语句是数据包（package）声明
use IEEE.STD_LOGIC_1164.ALL;
use IEEE.STD_LOGIC_ARITH.ALL;
use IEEE.STD_LOGIC_UNSIGNED.ALL;

entity signal_detect is
port (
        rst             : in std_logic;
        clk             : in std_logic;                    --系统时钟:6.25MHz
        xn              : in std_logic_vector(7 downto 0);  --输入数据
```

```
        cn              : out std_logic_vector(7 downto 0);      --叠加频率信号的个数
        number          : out std_logic_vector(7 downto 0);      --频率信号的序号
        freq            : out std_logic_vector(7 downto 0);      --识别信号的频率
        vd              : out std_logic;
        ce              : out std_logic);                        --信号有效指示，1个周期的高电平脉冲
end signal_detect;


architecture Behavioral of signal_detect is

    component fft512
      port (
            clk             : in std_logic;
            reset_n         : in std_logic;
            inverse         : in std_logic;
            sink_valid      : in std_logic;
            sink_sop        : in std_logic;
            sink_eop        : in std_logic;
            sink_real       : in std_logic_vector (7 downto 0);
            sink_imag       : in std_logic_vector (7 downto 0);
            sink_error      : in std_logic_vector (1 downto 0);
            source_ready    : in std_logic;
            sink_ready      : out std_logic;
            source_error    : out std_logic_vector (1 downto 0);
            source_sop      : out std_logic;
            source_eop      : out std_logic;
            source_valid    : out std_logic;
            source_exp      : out std_logic_vector (5 downto 0);
            source_real     : out std_logic_vector (7 downto 0);
            source_imag     : out std_logic_vector (7 downto 0));
      end component;


    component mult8
      port (
            clock       : in std_logic;
            dataa       : in std_logic_vector(7 downto 0);
            datab       : in std_logic_vector(7 downto 0);
            result      : out std_logic_vector(15 downto 0));
      end component;

signal xk_index,xk_index1,xk_index2,xk_index3,xk_index4: std_logic_vector(8 downto 0);
    signal power2,power3,power4,xk_rsp,xk_isp: std_logic_vector(15 downto 0);
    signal addr: std_logic_vector(12 downto 0):=(others=>'0');
        signal sink_imag,xk_re,xk_im,num: std_logic_vector(7 downto 0);
        signal source_exp: std_logic_vector(5 downto 0);
        signal sink_error,source_error: std_logic_vector(1 downto 0);
        signal sink_sop,sink_eop,dv1,dv2,dv3,dv4: std_logic;
        signal reset_n,inverse,sink_valid: std_logic;
```

```vhdl
        signal source_sop,source_eop,source_valid,source_ready: std_logic;

begin

    reset_n <=   not rst;
        inverse <= '0';                            --FFT 正变换

        sink_error <= "00";
        source_ready <= '1';
    sink_imag <= "00000000";

    --设置 FFT 起始脉冲，sink_sop 为高电平后开始载入数据
        --每 2048 个时钟周期载入一组数据
        process (clk,rst)
        begin
            if (rst='1')   then
                sink_eop <= '0';
                sink_sop <= '0';
                addr <= (others=>'0');
                sink_valid <= '0';
            elsif rising_edge(clk) then
                addr <= addr + 1;
                if (addr=0) then     sink_sop <= '1';
                else sink_sop <= '0'; end if;
                if (addr=511) then     sink_eop <= '1';
                else sink_eop <= '0'; end if;
                if (addr<=511) then     sink_valid <= '1';
                else sink_valid <= '0'; end if;
            end if;
        end process;

        --例化 512 点 FFT 核
        u0: fft512 port map(
            clk => clk,
            reset_n => reset_n,
            inverse => inverse,
            sink_valid => sink_valid,
            sink_sop => sink_sop,
            sink_eop => sink_eop,
            sink_real => xn,
            sink_imag => sink_imag,
            sink_error => sink_error,
            source_ready => source_ready,
            source_valid => source_valid,
            source_real => xk_re,
            source_imag => xk_im);
```

```vhdl
--计算谱线的功率，乘法运算 2 级流水
    u2: mult8 port map (
        clock => clk,
        dataa => xk_re,
        datab => xk_re,
        result => xk_rsp);


    u3: mult8 port map (
        clock => clk,
        dataa => xk_im,
        datab => xk_im,
        result => xk_isp);


    power2 <= xk_rsp + xk_isp;

    process (clk)
    begin
        if rising_edge(clk) then
            power3 <= power2;
            power4 <= power3;
        end if;
    end process;


    process (clk,rst)
    begin
        if rst='1' then
            xk_index <= (others=>'0');
        elsif rising_edge(clk) then
            if ((source_valid='1') and (dv1='0') and (xk_index=0)) then
                xk_index <= xk_index + 1;
            elsif ((xk_index>0) and (xk_index<256)) then
                xk_index <= xk_index + 1;
            elsif (xk_index=256) then
                xk_index <= (others=>'0');
            end if;
        end if;
    end process;

--对 dv 及 xk_index 进行 4 个时钟周期延时，得到 3 路信号
    --power2/dv2/xk_index2;power3/dv3/xk_index3;power4/dv4/xk_index4;
process (clk)
    begin
        if rising_edge(clk) then
            dv1 <= source_valid;
            dv2 <= dv1;
            dv3 <= dv2;
            dv4 <= dv3;
```

```
                xk_index1 <= xk_index;
                xk_index2 <= xk_index1;
                xk_index3 <= xk_index2;
                xk_index4 <= xk_index3;
            end if;
        end process;


    process (clk)
        begin
            if rising_edge(clk) then
                --FFT 运算完成，只判断正频率部分谱线
                if ((dv3='1') and (xk_index3<=255) and (xk_index3>0)) then
                    --判断是否出现波峰
                    if ((power3>power2) and (power3>power4) and (power3>50)) then
                        --输出信号频率
                        freq <= xk_index3(7 downto 0);
                        ce <= '1';
                        num <= num + 1;
                     else
                        ce <= '0';
                      end if;
                 else
                     num <= (others=>'0');
                     ce <= '0';
                     freq <= (others=>'0');
                 end if;
             end if;
          end if;
    end process;

--输出识别出的信号个数
    process (clk)
        begin
        if rising_edge(clk) then
            if (xk_index3=255) then
                cn <= num;
                vd <= '1';
            else
                vd <= '0';
            end if;
          end if;
        end process;

        number <= num;

end Behavioral;;
```

上面的程序中使用了 FFT 核和乘法器 IP 核。其中，FFT 核的名称为"fft512"，将"Transform

"Length"设置为"512"，将"Data Input Precision"设置为"8"，将"Twiddle Precision"设置为"8"。在"Artichitecure"界面，将"I/O Data Flow"设置为"burst"（突发数据输入形式），其他参数保持默认值。

乘法器 IP 核的名称为"mult8"，设置输入数据为 8 位有符号数，将流水线级数设置为"2"。

为判断输出 FFT 谱线的位置信息，当检测到 FFT 核的输出数据有效信号 source_valid 为高电平时，启动计数器计数，由于实信号的 FFT 频谱是对称的，因此只需产生 256 个值的频谱位置信息，即 xk_index 信号。

根据乘法器 IP 核的参数设置，乘法运算采用 2 级流水线操作，乘法结果会比输入数据延时 2 个时钟周期，计算得到的功率信号 power2 比 xk_index 延时 2 个时钟周期。

为了判断谱线功率的峰值状态，需要生成 3 个依次相差 1 个时钟周期的信号，因此程序采用 2 级触发器级联，生成了分别延时 1 个时钟周期的 power3 和 2 个时钟周期的 power4。

为了与 power2、power3、power4 对齐，需要同时比 dv 和 xk_index 信号分别延时 2、3、4 个时钟周期，最终得到 3 组相差 1 个时钟周期的信号，即 power2、xk_index2，power3、xk_index3，power4、xk_index4。

在程序中，只要判断 power3 是否同时大于 power2 和 power4，就可判断是否出现谱线峰值。考虑到 A/D 采样位宽，以及噪声信号的影响，只有功率值大于 50 的谱线才被当作有用信号。

9.4.4　信号识别电路的 ModelSim 仿真

完成信号识别电路的 VHDL 设计之后，还需要采用 ModelSim 进行仿真，以验证信号识别电路功能的正确性。为了便于测试，采用文件 I/O 的方式进行仿真，即采用 MATLAB 生成 3 路频率叠加信号，对信号进行 8 位量化后写入文本文件（E9_5_data.txt），在测试激励文件中读取文本文件中的数据作为输入信号。设置 3 个单频信号的频率分别为 100 kHz、125 kHz 和 1 MHz，幅度均为 0.333 V。

生成测试信号文件的 MATLAB 程序（E9_5_data.m 文件），代码如下。

```
%E9_5_data.m
f1=0.1*10^6;              %信号 1 的频率
f2=1*10^6;               %信号 2 的频率
f3=0.125*10^6;           %信号 3 的频率
Fs=6.25*10^6;            %采样频率
N=8;                     %量化位数

%生成频率叠加信号
t=0:1/Fs:5000/Fs;
c1=2*pi*f1*t;
c2=2*pi*f2*t;
c3=2*pi*f3*t;
s=sin(c1)+sin(c2)+sin(c3);

%输入数据位宽为 8 位
s=s/max(abs(s));
```

```
Q_s=round(s*(2^(N-1)-1));

%计算测试信号（频率叠加信号）的幅频响应
f_s=abs(fft(Q_s,1024));
f_s=20*log10(f_s);

%对幅度进行归一化处理
f_s=f_s-max(f_s);

%绘制测试信号（频率叠加信号）的时域波形
figure(1)
subplot(211)
plot(t(1:300),s(1:300));
xlabel('时间/s');ylabel('幅度/V');
legend('频率叠加信号时域波形'); grid on;

%绘制测试信号（频率叠加信号）的幅频曲线
subplot(212)
L=length(f_s);
%横坐标的单位设置为 MHz
xf=0:L-1;
xf=xf*Fs/L/10^6;
plot(xf(1:L/2),f_s(1:L/2));
xlabel('频率/MHz');ylabel('幅度/dB');
legend('频率叠加信号频谱'); grid on;

%将生成的数据以二进制数格式写入文本文件
fid=fopen('E:\XilinxVerilog\XilinxDSP_Ch9\E9_5_data.txt','w');
for i=1:length(Q_s)
    B_noise=dec2bin(Q_s(i)+(Q_s(i)<0)*2^N,N);
    for j=1:N
        if B_noise(j)=='1'
            tb=1;
        else
            tb=0;
        end
        fprintf(fid,'%d',tb);
    end
    fprintf(fid,'\r\n');
end
fprintf(fid,';'); fclose(fid);
```

运行上面的程序，可生成数据文件 E9_5_data.txt，并得到频率叠加信号的时域波形和频谱，如图 9-11 所示。从图 9-11 中可以看出，在 3 路频率叠加信号的时域波形中无法区别 3 路信号的频率及幅度；频率叠加信号的频谱中出现了 3 个明显的谱线峰值，分别对应频率为 100 kHz、125 kHz 和 1 MHz 的信号，且可以查看谱线峰值对应的幅度。

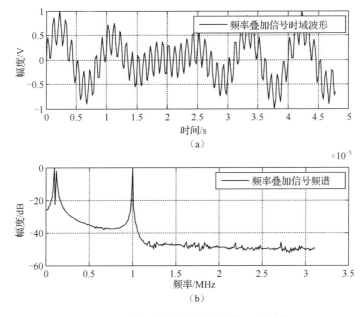

图 9-11　频率叠加信号的时域波形和频谱

将生成的数据文件 E9_5_data.txt 复制到工程目录文件夹下。新建测试激励文件 signal_detect.vht，生成频率为 6.25 MHz 的时钟信号，并在时钟信号的驱动下读取 E9_5_data.txt 中的数据作为输入数据 xn。

下面是测试激励文件（signal_detect.vht）的程序代码。

```
--signal_detect.vht 程序清单
LIBRARY ieee;
USE ieee.std_logic_1164.ALL;
USE ieee.std_logic_signed.all;              --使用有符号数进行运算
USE ieee.numeric_std.ALL;
--声明文件操作所需的程序包
use ieee.std_logic_textio.all;
use std.textio.all;

ENTITY signal_detect_vhd_tst IS
END signal_detect_vhd_tst;
ARCHITECTURE signal_detect_arch OF signal_detect_vhd_tst IS
-- constants
-- signals
SIGNAL ce : STD_LOGIC;
SIGNAL clk : STD_LOGIC:='0';
SIGNAL cn : STD_LOGIC_VECTOR(7 DOWNTO 0);
SIGNAL freq : STD_LOGIC_VECTOR(7 DOWNTO 0);
SIGNAL number : STD_LOGIC_VECTOR(7 DOWNTO 0);
SIGNAL pow : STD_LOGIC_VECTOR(15 DOWNTO 0);
SIGNAL rst : STD_LOGIC:='1';
SIGNAL xn : STD_LOGIC_VECTOR(7 DOWNTO 0 ):= (others => '0');
```

```
constant clk_period : time := 20 ns; --12.5MHz

COMPONENT signal_detect
PORT (
ce : OUT STD_LOGIC;
clk : IN STD_LOGIC;
cn : OUT STD_LOGIC_VECTOR(7 DOWNTO 0);
freq : OUT STD_LOGIC_VECTOR(7 DOWNTO 0);
number : OUT STD_LOGIC_VECTOR(7 DOWNTO 0);
pow : OUT STD_LOGIC_VECTOR(15 DOWNTO 0);
rst : IN STD_LOGIC;
xn : IN STD_LOGIC_VECTOR(7 DOWNTO 0)
);
END COMPONENT;
BEGIN
i1 : signal_detect
PORT MAP (
ce => ce,
clk => clk,
cn => cn,
freq => freq,
number => number,
pow => pow,
rst => rst,
xn => xn
);

    rst <='0' after 200 ns;        --上电复位 200ns 后开始工作
--产生系统时钟信号
    clk_process :process
    begin
      clk <= '0';
      wait for clk_period/2;
      clk <= '1';
      wait for clk_period/2;
    end process;

--从文本文件中读取数据作为输入信号
process
    variable vline:LINE;
    variable v: std_logic_vector(7 downto 0);
    file invect:text is "E9_5_data.txt";
begin
    wait until rising_edge(clk);
        if not (ENDFILE(invect)) then
            readline(invect,vline);
```

```
            read(vline,v);
            xn <= v;
        end if;
    end process;

END signal_detect_arch;
```

运行上面的程序后，可得到信号识别电路的 ModelSim 仿真波形，如图 9-12 和图 9-14 所示。

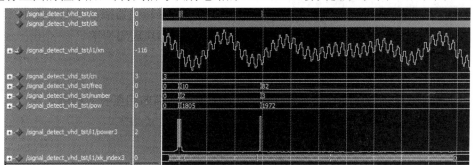

图 9-12　信号识别电路的 ModelSim 仿真波形（1 帧完整波形）

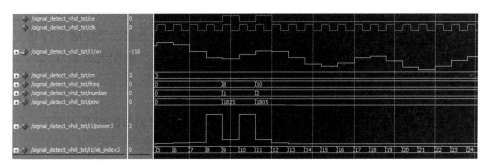

图 9-13　信号识别电路的 ModelSim 仿真波形（局部放大波形）

从图 9-12 可以看出，对 FFT 后的数据进行运算可得到谱线峰值，表示信号数量的信号 cn 在 FFT 的前 256 点运算后结果为 3，表示检测到 3 个单频信号，其中第 3 个信号的频率位置为 82。

从图 9-13 可以看出，在频率位置 8、10 处检测到两个频谱功率峰值。

根据式（9-10）和式（9-12）可分别计算出 3 个信号的频率，信号识别电路仿真数据的频率如表 9-1 所示。

表 9-1　信号识别电路仿真数据的频率

信号序号	频率位置	信号频率/kHz
1	8	97.66
2	10	122.07
3	82	1001

从表 9-1 可以看出，ModelSim 仿真波形测量的频率与实际值存在一定误差，这是由 FFT 的分辨率决定的。

9.5 信号识别电路的板载测试

9.5.1 硬件接口电路

在实例 9-5 的基础上，完善 VHDL 程序代码，在 CRD500 上验证信号识别电路的功能。要求采用串口方式读取识别到的频率信号的个数、频率及幅度。

实例 9-6：信号识别电路的 CRD500 板载测试

CRD500 配置有 2 路独立的 D/A 转换接口、1 路 A/D 转换接口、2 个独立的晶振。为尽量真实地模拟通信中的滤波过程，采用晶振 X2（gclk2）作为驱动时钟，产生频率分别为 100 kHz、125 kHz 和 1 MHz 的正弦波叠加信号（可通过按键控制输出单个频率信号、2 路频率叠加信号或 3 路频率叠加信号），经 DA2 通道输出；DA2 通道输出的模拟信号通过 P5 跳线端子（引脚 1、2 短接）连接至 A/D 转换通道，并送入 FPGA 进行处理；经 FPGA 自动识别处理后，通过串口将信号个数、频率、幅度发送到计算机显示出来。

信号识别电路的驱动时钟信号由 X1（gclk1）提供，即板载测试中的接收、发送时钟完全独立。将程序下载到 CRD500 后，可通过示波器观察 DA2 通道的信号波形，并通过串口读取识别到的信号参数。信号识别电路板载测试中的接口信号定义如表 9-2 所示。

表 9-2 信号识别电路板载测试中的接口信号定义

信 号 名 称	引 脚	传 输 方 向	功 能 说 明
gclk1	C10	→FPGA	生成合成测试信号的驱动时钟信号
gclk2	H3	→FPGA	DA2 通道转换的驱动时钟信号
key1	K1	→FPGA	按键信号，按下按键为高电平。每按一次按键，输入信号在单频信号、2 路频率叠加信号、3 路频率叠加信号之间依次转换
led[2:0]	L4、L1、K2	FPGA→	指示当前的频率信号状态，1 个灯亮表示单频信号，2 个灯亮表示 2 路频率叠加信号，3 个灯亮表示 3 路频率叠加信号
ad_clk	P6	FPGA→	A/D 采样时钟信号，6.25 MHz
ad_din[7:0]	P7、T6、R7、T7、T8、R9、T9、P9	→FPGA	A/D 采样输入信号，8 位
da1_clk	P2	FPGA→	DA1 通道转换时钟信号，50 MHz
da1_out[7:0]	R2、R1、P1、N3、M3、N1、M2、M1	FPGA→	DA1 通道转换信号，模拟的测试信号
da2_clk	P15	FPGA→	DA2 通道转换时钟信号，12.5 MHz
da2_out[7:0]	L16、M16、M15、N16、P16、R16、R15、T15	FPGA→	DA2 通道转换信号，滤波后输出的信号
rs232_rec	C11	→FPGA	计算机发送至 FPGA 的串口信号
rs232_txd	E1	FPGA→	FPGA 发送至计算机的串口信号

9.5.2 板载测试的方案

根据前面的分析，可以形成信号识别电路板载测试的原理框图，如图 9-14 所示。图 9-14 中的信号识别电路模块为目标测试程序，测试信号生成模块用于生成 100 kHz、125 kHz 和 1 MHz 的频率叠加信号。Led[2:0]用于指当前输出信号的状态。测试信号生成模块输出的数据经 D/A 转换电路转换成模拟信号输出，在 CRD500 上通过跳线送回 A/D 转换电路，同时可用示波器观察 D/A 转换电路的信号波形。A/D 采样后的信号送回 FPGA，由信号识别电路模块完成信号的识别及参数测量。识别结果经串口通信模块发送到计算机进行显示。

完成信号识别电路的板载测试电路后，除需要设计测试信号生成模块外，还需重新设计信号识别电路模块与串口通信模块之间的接口转换电路。串口通信功能的部分代码可以采用本书第 4 章讨论的串口通信实例的程序。为了便于理解信号识别电路板载测试程序的设计思路，接下来自顶向底地介绍板载测试程序的代码。

Led[2:0]
50MHz
测试信号
生成模块
测试口
D/A转换电路
A/D转换电路
50MHz
信号识别
电路模块
串口通信模块
RS-232转换电路
RS-232
接口
FPGA芯片

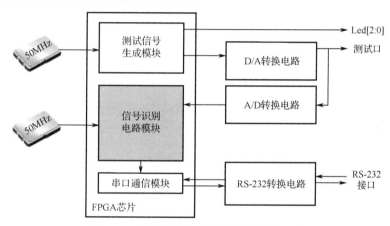

图 9-14　信号识别电路板载测试原理框图

9.5.3 顶层文件的设计

为了便于分析，先给出信号识别电路板载测试程序的文件组织结构，如图 9-15 所示。

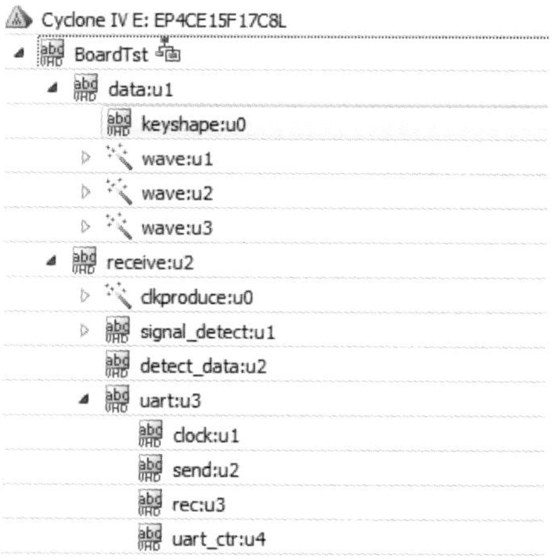

Cyclone IV E: EP4CE15F17C8L
BoardTst
data:u1
keyshape:u0
wave:u1
wave:u2
wave:u3
receive:u2
clkproduce:u0
signal_detect:u1
detect_data:u2
uart:u3
clock:u1
send:u2
rec:u3
uart_ctr:u4

图 9-15　信号识别电路板载测试程序的文件组织结构

顶层文件（BoardTst.vhd）由测试信号生成模块（data 模块）和接收处理模块（receive 模块）组成。其中，data 模块在 gclk2 的驱动下生成单频信号或频率叠加信号，经 DA2 通道送出，形成测试信号；receive 模块完成频率信号的识别功能（由 signal_detect.vhd 完成），并将识别出的信号经串口送出。

图 9-15 中，keyshape.vhd 为按键消抖模块，可以采用本书第 4 章讨论的按键消抖程序；signal_detect.vhd 为信号识别电路模块，也是板载测试程序所要验证的目标电路；串口通信模块（clock.vhd、send.vhd、rec.vhd）均可采用本书第 4 章讨论的串口通信实例的程序。

板载测试程序顶层文件（BoardTst.vhd）的程序代码如下。

```vhdl
--BoardTst.vhd 程序清单
library IEEE;
--下面 3 条语句是数据包（package）声明
use IEEE.STD_LOGIC_1164.ALL;
use IEEE.STD_LOGIC_ARITH.ALL;
use IEEE.STD_LOGIC_SIGNED.ALL;

entity BoardTst is
port (
        --系统时钟及复位接口信号
        gclk1       : in std_logic;                     --滤波器驱动时钟：50MHz
        gclk2       : in std_logic;                     --测试信号驱动时钟：50MHz

        --按下为高电平，控制输出频率叠加信号或单频信号
        key1        : in std_logic;
        led         : out std_logic_vector(2 downto 0);     --指示频率信号的个数

    --AD 通道接口
    ad_din      : in std_logic_vector(7 downto 0);
    ad_clk      : out std_logic;

    --DA2 通道接口/测试数据
    da2_out     : out std_logic_vector(7 downto 0);
    da2_clk     : out std_logic;

    --UART 串口通道
        rs232_rec   : in std_logic;
        rs232_txd   : out std_logic
        );
    end BoardTst;

architecture Behavioral of BoardTst is
--发送模块
component data
port(
        clk : in std_logic;
        key : in std_logic;
```

```vhdl
        led    : out std_logic_vector(2 downto 0);
        dout   : out std_logic_vector(7 downto 0));
end component;

--接收模块
component receive
port(
        clk          : in std_logic;
        clk_6m25   : out std_logic;
        rs232_rec  : in std_logic;
        rs232_txd  : out std_logic;
        xn           : in std_logic_vector(7 downto 0));
    end component;

     signal xdata: std_logic_vector(7 downto 0);
signal xn: std_logic_vector(7 downto 0);
signal clk_6m25: std_logic;

begin

        --DA2 通道输出测试数据，将有符号数转换为无符号数
        da2_clk <= gclk2;
        da2_out <= xdata+128;

--AD 抽样输入，将无符号数转换为有符号数
ad_clk <=   not clk_6m25;
process (clk_6m25)
begin
          if rising_edge(clk_6m25) then
       xn <= ad_din-128;
    end if;
end process;


--发送模块
u1: data port map(
    clk => gclk2,
     key => key1,
      led => led,
      dout => xdata
       );

--接收模块
u2: receive port map(
    clk => gclk1,
    clk_6m25 => clk_6m25,
    rs232_rec => rs232_rec,
```

```
          rs232_txd => rs232_txd,
       xn => xn);


    end Behavioral;
```

顶层文件的代码比较简单，主要例化了发送模块（send.vhd）和接收模块（rec.vhd），完成 AD 通道的输入信号和 DA1 通道的输出信号与程序内部信号之间的有符号数和无符号数的转换，同时输出 AD 通道和 DA1 通道的转换时钟。A/D 采样时钟信号频率设置为 6.25 MHz，与信号识别电路模块的处理速率相同。D/A 转换的时钟信号频率设置为 25 MHz，以便得到更加平滑的模拟信号。

9.5.4 测试信号生成模块的设计

测试信号生成模块主要由 3 个 DDS 核组成，在频率为 50 MHz 的时钟信号驱动下，生成频率分别为 100 kHz、125 kHz 和 1 MHz 的信号，程序代码如下。

```
--data.vhd 程序清单
library IEEE;
--下面 3 条语句是数据包（package）声明
use IEEE.STD_LOGIC_1164.ALL;
use IEEE.STD_LOGIC_ARITH.ALL;
use IEEE.STD_LOGIC_SIGNED.ALL;


entity data is
port (clk    : in std_logic;            --系统时钟信号频率为 50MHz
      key    : in std_logic;            --按下为高电平，控制输出频率叠加信号或单频信号
      led    : out std_logic_vector(2 downto 0);  --频率信号数量指示灯，每亮一个灯表示输出一个频率信号
      dout   : out std_logic_vector(7 downto 0)); --输出频率分别为 100 kHz、125 kHz、1 MHz 的叠加信号
end data;


architecture Behavioral of data is


component wave
port(
    phi_inc_i       : IN STD_LOGIC_VECTOR (15 DOWNTO 0);
    clk             : IN STD_LOGIC;
    reset_n         : IN STD_LOGIC;
    clken           : IN STD_LOGIC;
    fsin_o          : OUT STD_LOGIC_VECTOR (9 DOWNTO 0);
    out_valid       : OUT STD_LOGIC);
  end component;


    --按键消抖模块
    component keyshape
    port(
        clk     : in std_logic;
        key     : in std_logic;
```

```vhdl
        shape    : out std_logic);
    end component;


signal freq_1m: std_logic_vector(15 downto 0):= "0000010100011110";
signal freq_125k: std_logic_vector(15 downto 0):= "0000000010100011";
signal freq_100k: std_logic_vector(15 downto 0):= "0000000010000011";


signal sum : std_logic_vector(11 downto 0);
signal num : std_logic_vector(1 downto 0):="01";
signal sin100k,sin125k,sin1m: std_logic_vector(9 downto 0);
signal reset_n,clken,shape: std_logic;
signal zeros: std_logic_vector(11 downto 0):=(others=>'0');


begin


reset_n <= '1';
clken <= '1';


u0: keyshape port map(
    clk => clk,
     key => key,
     shape => shape);


u1: wave port map(
    phi_inc_i => freq_1m,
    clk => clk,
    reset_n => reset_n,
    clken => clken,
    fsin_o => sin1m);


u2: wave port map(
     phi_inc_i => freq_125k,
     clk => clk,
     reset_n => reset_n,
     clken => clken,
     fsin_o => sin125k);


u3: wave port map(
     phi_inc_i => freq_100k,
     clk => clk,
     reset_n => reset_n,
     clken => clken,
     fsin_o => sin100k);


--根据 key 输出频率叠加信号或单频信号
process (clk)
begin
```

```
        if rising_edge(clk) then
            if (shape='1') then
                num <= num+1;
            end if;
            if (num=0) then
                led <= "000";
                dout <= (others=>'0');
            elsif (num=1) then
                led <= "001";
                    dout <= sin1m(9 downto 2);
            elsif (num=2) then
                led <= "011";
                    sum   <= zeros+sin100k + sin1m;
                    dout <= sum(10 downto 3);
             elsif (num=3) then
                led <= "111";
                    sum <= zeros+sin100k + sin125k + sin1m;
                    dout <= sum(11 downto 4);
                end if;
            end if;
        end process;

        end Behavioral;
```

上面的程序例化了一个时钟管理 IP 核（clkproduce），该时钟管理 IP 核的输入为 50 MHz 时钟信号，可生成频率为 50 MHz、6.25 MHz 的时钟信号。频率为 50 MHz 的时钟信号一方面通过 DDS 核（wave）生成频率分别为 100 kHz、125 kHz、1 MHz 的信号，另一方面作为接口信号送至 DA2 通道，成为 DA2 通道的转换时钟信号。

在 DDS 的参数设置界面中，将系统时钟信号频率设置为 55 MHz，将输出位宽设置为 10 位，将相位累加字位宽设置为 16，根据 DDS 工作原理将相位累加字（phi_inc_i）信号设置为不同的值，即可生成相应的正弦波信号。

按键消抖模块 keyshape 直接采用第 4 章中设计的按键消抖模块程序，每检测到一次按键被按下，都输出一个高电平脉冲信号 shape。程序中设计了周期为 4 的计数器 num，每检测到一次 shape 为高电平，都相当于按一次按键，计数器就加 1。当 num 为 0 时，输出信号为 0；当 num 为 1 时，输出频率为 1 MHz 的单频信号 sin1m；当 num 为 2 时，输出频率为 100 kHz 和 1 MHz 的叠加信号；当 num 为 3 时，输出频率分别为 100 kHz、125 kHz 和 1 MHz 的叠加信号。

当输出频率为 1 MHz 的单频信号时，输出 8 位全精度数据，则 DA 通道输出的模拟信号幅度为 1 V。在 CRD500 上进行板载测试时，根据 A/D 接口和 D/A 接口的电路原理图，为了确保 A/D 采样的模拟信号不饱和，可调整 CRD500 上的电位器，使得输入 A/D 转换电路的信号略小于 1 V，本实例调整为 0.9 V。当输出为 2 路频率叠加信号时，由程序可知，每路信号的幅度约为 0.45 V；当输出为 3 路频率叠加信号时，由程序可知，每路信号幅度约为 0.225 V。

9.5.5 接收模块的设计

接收模块是板载测试程序的核心模块。根据设计的需求，需要采用串口通信将识别到的信号参数发送出去，因此需要重新设计串口通信电路，由信号识别电路模块及串口通信模块完成数据的存储和传输。接收模块的顶层文件代码如下。

```
--receive.vhd 程序清单
library IEEE;
--下面 3 条语句是数据包（package）声明
use IEEE.STD_LOGIC_1164.ALL;
use IEEE.STD_LOGIC_ARITH.ALL;
use IEEE.STD_LOGIC_SIGNED.ALL;


entity receive is
port (
        clk             : in std_logic;
        clk_6m25        : out std_logic;
        rs232_rec       : in std_logic;
        rs232_txd       : out std_logic;
        xn              : in std_logic_vector(7 downto 0)
            );
end receive;

architecture Behavioral of receive is

    --时钟模块
    component clkproduce
    port    (
        inclk0 : in std_logic;
        locked: out std_logic;
        c0: out std_logic;
        c1: out std_logic);
    end component;

    --信号识别模块
component signal_detect
    port(
        rst : in std_logic;
        clk :in std_logic;
        xn : in std_logic_vector(7 downto 0);
        cn : out std_logic_vector(7 downto 0);
        number : out std_logic_vector(7 downto 0);
        freq : out std_logic_vector(7 downto 0);
        vd : out std_logic;
        ce : out std_logic);
    end component;
```

```
--数据整理模块
component detect_data
port (
        clk        :in std_logic;
        cn         : in std_logic_vector(7 downto 0);
        number     : in std_logic_vector(7 downto 0);
        freq       : in std_logic_vector(7 downto 0);
        vd         :in std_logic;
        ce         :in std_logic;
        fr1        :out std_logic_vector(7 downto 0);      --第1个信号的频率
        fr2        :out std_logic_vector(7 downto 0);      --第2个信号的频率
        fr3        :out std_logic_vector(7 downto 0);      --第3个信号的频率
        num        :out std_logic_vector(7 downto 0)       --信号的个数
        );
end component;

--串口传输模块
component uart
port (
        clk :in std_logic;
        fr1 : in std_logic_vector(7 downto 0);
        fr2 : in std_logic_vector(7 downto 0);
        fr3 : in std_logic_vector(7 downto 0);
        num : in std_logic_vector(7 downto 0);
        rs232_rec : in std_logic;
        rs232_txd : out std_logic);
end component;

signal cn,number,freq,fr1,fr2,fr3,num: std_logic_vector(7 downto 0);
signal clk50m,clk6m25,vd,ce,locked,rst: std_logic;

begin

--时钟IP核，生成时钟信号
u0: clkproduce port map (
   inclk0 => clk,
   locked => locked,
   c0 => clk6m25,
   c1 => clk50m);

clk_6m25 <= clk6m25;
rst <= not locked;

--信号识别模块
u1: signal_detect port map (
        clk => clk6m25,
```

```
                rst => rst,
                xn => xn,
                cn => cn,
                number => number,
                freq => freq,
                vd => vd,
                ce => ce
                );

        --数据整理模块
        u2: detect_data port map (
                clk => clk6m25,
                cn => cn,
                number => number,
                freq => freq,
                vd => vd,
                ce => ce,
                fr1 => fr1,     --第 1 个信号的频率
                fr2 => fr2,     --第 2 个信号的频率
                fr3 => fr3,     --第 3 个信号的频率
                num => num    --信号的个数
                );

    --串口传输模块
        u3: uart port map    (
                clk => clk50m,
                fr1 => fr1,
                fr2 => fr2,
                fr3 => fr3,
                num => num,
                rs232_rec => rs232_rec,
                rs232_txd => rs232_txd
                );

end Behavioral;
```

接收模板的顶层文件主要由时钟管理 IP 核（clockproduce）、信号识别电路模块（signal_detect 模块）、数据整理模块（detect_data 模块）、串口传输模块（uart 模块）组成。其中，clock_produce 生成频率为 50 MHz 的时钟信号，并作为 uart 模块的驱动时钟信号；生成频率为 6.25 MHz 的系统时钟，并作为 signal_detect 模块的处理时钟，同时送至 clk_6m25 接口信号，作为 A/D 采样时钟。signal_detect 模块完成 signal_detect 模块输出信号参数的串/并转换，将识别出的信号个数（num）、3 个频率（fr1、fr2、fr3，如未检测信号则设置为 0）并行输出，以便 uart 模块发送数据。

9.5.6 数据整理模块的设计

根据信号识别电路模块的程序设计及仿真测试，识别出的信号参数通过串行的方式输出。

为了便于串口通信，需对信号进行串/并转换，程序代码如下。

```vhdl
--detect_data.vhd 程序清单
library IEEE;
--下面 3 条语句是数据包（package）声明
use IEEE.STD_LOGIC_1164.ALL;
use IEEE.STD_LOGIC_ARITH.ALL;
use IEEE.STD_LOGIC_SIGNED.ALL;


entity detect_data is
port ( clk          :in std_logic;
       cn           : in std_logic_vector(7 downto 0);
       number       : in std_logic_vector(7 downto 0);
       freq         : in std_logic_vector(7 downto 0);
       vd           :in std_logic;
       ce           :in std_logic;
       fr1          :out std_logic_vector(7 downto 0);      --第 1 个信号的频率
       fr2          :out std_logic_vector(7 downto 0);      --第 2 个信号的频率
       fr3          :out std_logic_vector(7 downto 0);      --第 3 个信号的频率
       num          :out std_logic_vector(7 downto 0));     --信号的个数
end detect_data;

architecture Behavioral of detect_data is

    signal p1,p2,p3: std_logic_vector(15 downto 0);
    signal f1,f2,f3 : std_logic_vector(7 downto 0);

begin

    process (clk)
    begin
        if rising_edge(clk) then
            if (ce='1') then
                case (number) is
                when "00000001" =>   f1<=freq; f2<=(others=>'0'); f3<=(others=>'0');
                when "00000010" =>   f2<=freq; f3<=(others=>'0');
                when "00000011" =>   f3<=freq;
                when others => null;
                end case;
            end if;
            --并行输出 3 个频率分量的频率、功率，以及信号的个数
            if (vd='1') then
                if (cn>0) then
                    fr1 <= f1;
                    fr2 <= f2;
                    fr3 <= f3;
                    num <= cn;
```

```
                    else
                        fr1 <= (others=>'0');
                        fr2 <= (others=>'0');
                        fr3 <= (others=>'0');
                        num <= (others=>'0');
                    end if;
                end if;
            end if;
        end process;

end Behavioral;
```

程序设计中充分利用了信号识别电路模块提供的接口信号完成串/并转换。当检测到 ce 时，表示当前的信号有效，根据当前的信号个数 num，将 3 路信号分别存储在对应的寄存器变量中。在完成长度为 512 的 FFT 运算之后，根据变量 vd 同时输出信号个数、频率、幅度，并行输出识别出的信号参数。

9.5.7　串口通信模块的设计

本书 4.2 节讨论的串口通信，可以实现串口数据的接收、发送功能。在本实例中，需要重新设计一个接口控制模块，根据接收到的命令，依次发送信号参数即可。根据信号识别电路模块接口信号，每次需要传输 4 字节数据：1 字节为信号个数（num），3 字节为信号频率（fr1、fr2、fr3）。串口通信模块的功能是：当 CRD500 接收到计算机发来的数据"AA"时，依次发送 10 字节数据（信号个数和参数）。

串口传输模块的顶层文件程序代码如下。

```
--uart.vhd 程序清单
library IEEE;
--下面 3 条语句是数据包（package）声明
use IEEE.STD_LOGIC_1164.ALL;
use IEEE.STD_LOGIC_ARITH.ALL;
use IEEE.STD_LOGIC_SIGNED.ALL;

entity uart is
port ( clk :in std_logic;                    --系统时钟：50MHz
    fr1 : in std_logic_vector(7 downto 0);
    fr2 : in std_logic_vector(7 downto 0);
    fr3 : in std_logic_vector(7 downto 0);
    num : in std_logic_vector(7 downto 0);
    rs232_rec : in std_logic;        --串口接收信号：9600bps，1 位起始位/8 位数据位/1 位停止位/无校验位
    rs232_txd : out std_logic);    --串口发送信号校验位
end uart;

architecture Behavioral of uart is

component clock
```

```
port (
        clk50m          : in std_logic;                  --系统时钟：50MHz
        clk_txd         : out std_logic;
        clk_rxd         : out std_logic);
end component;

    component send
    port(
        clk_send        : in std_logic;
        start           : in std_logic;
        data            : in std_logic_vector(7 downto 0);
        txd             : out std_logic);
    end component;

    component rec
    port(
        clk_rec         : in std_logic;
        rxd             : in std_logic;
        vd              : out std_logic;
        data            : out std_logic_vector(7 downto 0));
    end component;

    component uart_ctr
    port (
        clk_send        :in std_logic;
        clk_rec         :in std_logic;
        rec_vd          :in std_logic;
        rec_data        : in std_logic_vector(7 downto 0);
        fr1             : in std_logic_vector(7 downto 0);
        fr2             : in std_logic_vector(7 downto 0);
        fr3             : in std_logic_vector(7 downto 0);
        num             : in std_logic_vector(7 downto 0);
        data            : out std_logic_vector(7 downto 0);
        start           : out std_logic);
    end component;

    signal rec_data,send_data: std_logic_vector(7 downto 0);
    signal clk_rec,rec_vd,clk_send,send_start: std_logic;

begin

    -- 时钟模块，产生串口收发时钟
    u1: clock port map(
        clk50m => clk,
        clk_txd => clk_send,
        clk_rxd => clk_rec);
```

```
--发送模块，将 data 数据按串口协议发送，每次检测到 start 为高电平时发送 1 帧数据
u2: send port map(
    clk_send => clk_send,
    start => send_start,
    data => send_data,
    txd => rs232_txd);

--接收模块，接收串口发来的数据，转换成 8 位 data 信号
u3: rec port map(
    clk_rec => clk_rec,
    rxd => rs232_rec,
    vd => rec_vd,
    data => rec_data);

--RS-232 传输参数接口转换模块
u4: uart_ctr port map (
    clk_send => clk_send,
    clk_rec => clk_rec,
    rec_vd => rec_vd,
    rec_data => rec_data,
    fr1 => fr1,
    fr2 => fr2,
    fr3 => fr3,
    num => num,
    data => send_data,
    start => send_start );


end Behavioral;
```

以上程序中的 clock、send、rec 模块直接采用第 4 章中的串口通信程序模块。根据模块功能，接口转换模块 uart_ctr 接收并判断 rec 模块发送的 rec_data 数据，当数据为 "AA" 时，依次将 10 字节数据（信号个数和参数）按串口通信协议发送即可。接口转换模块的程序代码如下。

```
--uart_ctr.vhd 程序代码
library IEEE;
use IEEE.STD_LOGIC_1164.ALL;
use IEEE.STD_LOGIC_ARITH.ALL;
use IEEE.STD_LOGIC_UNSIGNED.ALL;

entity uart_ctr is
port ( clk_send   :in std_logic;
      clk_rec    :in std_logic;
      rec_vd     :in std_logic;
      rec_data  : in std_logic_vector(7 downto 0);
      fr1        : in std_logic_vector(7 downto 0);
      fr2        : in std_logic_vector(7 downto 0);
```

```vhdl
        fr3        : in std_logic_vector(7 downto 0);
        num        : in std_logic_vector(7 downto 0);
        data       : out std_logic_vector(7 downto 0);
        start      : out std_logic);
end uart_ctr;

architecture Behavioral of uart_ctr is

    signal frq1,frq2,frq3: std_logic_vector(7 downto 0);
    signal number: std_logic_vector(7 downto 0);
    signal cn2: std_logic_vector(1 downto 0):="00";
    signal send_start: std_logic:='0';
    signal cn_send : std_logic_vector(7 downto 0):=(others=>'0');

begin

    --检测到 AA 命令，产生 3 个周期的高电平读标志信号 send_start
    --同时存储识别模块送来的信号参数
    process (clk_rec)
    begin
    if rising_edge(clk_rec) then
        if ((rec_vd='1') and (rec_data="10101010")) then
            send_start <= '1';
            cn2 <= cn2 + 1;
            frq1 <= fr1;
            frq2 <= fr2;
            frq3 <= fr3;
            number <= num;
        elsif ((cn2>0) and (cn2<3)) then
            cn2 <= cn2 + 1;
            send_start <= '1';
        elsif (cn2=3) then
            cn2 <= (others=>'0');
            send_start <= '0';
            end if;
        end if;
    end process;

    --检测到 send_start 后，连续传输 10 字节数据，依次传输 number、frq1、frq2、frq3
    --每个字节考虑 2 个周期的余量，每个字节占用 12 个时钟周期
    process (clk_send)
    begin
        if rising_edge(clk_send) then
            if (send_start='1') then
                cn_send <= cn_send + 1;
            elsif ((cn_send>0) and (cn_send <47)) then
                cn_send <= cn_send + 1;
```

```
                elsif (cn_send = 47) then
                    cn_send <= (others=>'0');
                end if;
            end if;
        end process;


        process (clk_send)
    begin
            if rising_edge(clk_send) then
                if (cn_send=1) then
                    start <= '1'; data <= number;
                elsif (cn_send=13) then
                    start <= '1'; data <= frq1;
                elsif (cn_send=25) then
                    start <= '1'; data <= frq2;
                elsif (cn_send=37) then
                    start <= '1'; data <= frq3;
                else
                    start <= '0';
                end if;
            end if;
        end process;


end Behavioral;
```

上面的程序采用 2 倍波特率的 clk_rec 时钟信号检测 rec_data 的值，当检测到"AA"时生成 3 个时钟周期的高电平脉冲 send_start，确保后续的波特率时钟信号 clk_send 能够检测到这个信号，同时将信号的所有参数锁存到本地寄存器变量（number、frq1、frq2、frq3、pow1、pow2、pow3）中。采用 clk_send 时钟信号检测 send_start，当检测到 send_start 为高电平时，cn_send 连续计数至 227。根据串口通信协议，每帧数据包括 1 位起始位、8 位数据位、1 位停止位，共 10 位。考虑到传输的可靠性，每隔 12 个时钟周期传输 1 帧数据。程序最后根据 cn_send 依次设计传输启动信号 start 及传输的数据 data，最终完成信号参数的传输。

9.5.8 板载测试验证

设计好板载测试程序并完成 FPGA 实现后，可以将程序下载至 CRD500 进行板载测试。信号识别电路板载测试的硬件连接图如图 9-16 所示。

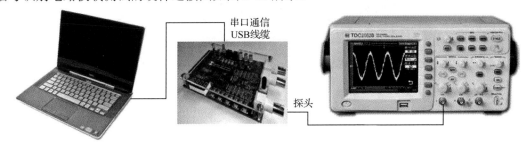

串口通信
USB线缆

探头

图 9-16 信号识别电路板载测试的硬件连接图

板载测试需要采用示波器测试信号的波形，同时通过 USB 线缆与计算机连接（CRD500 的供电和串口通信共用一根 USB 线缆），在计算机上安装串口驱动程序及串口调试助手，串口调试助手用于向 CRD500 发送数据"AA"，并显示信号识别电路模块的输出信号。

将示波器的通道 1 连接到 CRD500 的 DA2 通道，观察 DA2 通道输出的频率叠加信号。需要注意的是，在测试之前，需要适当调整 CRD500 的电位器，使进入 AD 通道的信号幅值略小于 1 V，本实例中调整为 0.9 V。

将板载测试程序下载到 CRD500 后，CRD500 上只有 1 个 LED 点亮，合理设置示波器参数，可以看到示波器显示频率为 1 MHz 的单频信号波形，如图 9-17 所示。

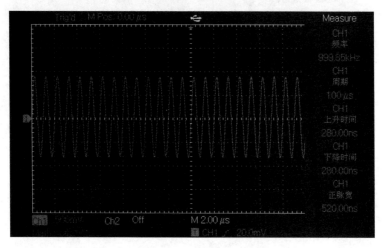

图 9-17　频率为 1 MHz 的单频信号波形

连续按下 CRD500 上的 KEY1 按键，CRD500 依次点亮 2 个 LED、3 个 LED 和不点亮 LED，同时可在示波器上分别观察到 2 路频率叠加信号的波形（见图 9-18）和 3 路频率叠加信号的波形（见图 9-19）。

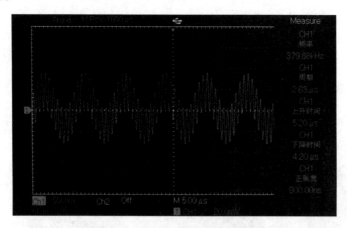

图 9-18　2 路频率叠加信号（1 MHz 和 100 kHz）的波形

在计算机中打开串口调试助手，在 CRD500 分别输出单频信号、2 路频率叠加信号、3 路频率叠加信号的情况下，发送数据"AA"，可以在串口调试助手的界面中读取识别出的信号个数和参数，如图 9-20 所示。

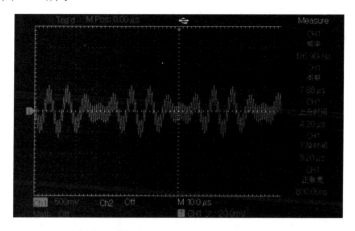

图 9-19　3 路频率叠加信号（1 MHz、125 kHz 和 100 kHz）的波形

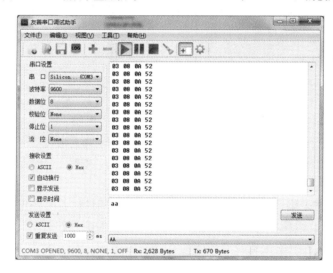

图 9-20　在串口调试助手的界面中读取识别出的信号个数和参数

图 9-20 所示为 CRD500 的输出信号是 3 路频率叠加信号的情况，每次显示的信号个数均为 3（0x03），频率位置分别为 8（0x08）、10（0x0A）和 82（0x52）。因此，信号识别电路模块能够准确识别信号的个数和频率参数，与理论分析的结果和 MATLAB 的仿真结果相符。

9.6　小结

本章的学习要点如下所述。

（1）DFT 是分析信号频域特性的理论依据，但其运算量太大，不适合需要实时处理的工程应用。

（2）FFT 是 DFT 的快速算法，由于采用蝶形运算等特殊结构，极大地降低了 DFT 的运算量，且提高了 DFT 的运算速度。正是由于 FFT 的出现，DFT 分析信号频域特性的方法才在工程中得以广泛应用。

（3）DFT 运算存在栅栏效应和频谱泄漏现象。增加 FFT 长度或采用加窗的方法可以减弱这两种现象对频域分析准确性的影响。

（4）当长度为 N 的 FFT（N 点 FFT）的频率分辨率为 Δf 时，如果要在频域上区分间隔为 Δf 的两个单频信号，则 FFT 的长度至少为 $2N$。

（5）理解 FFT 测量模拟信号频率和幅度的原理，以及参数换算关系。采用 FFT 测量模拟信号的幅度时，根据 FFT 原理可知，FFT 的长度（N）与信号频率关系对测量的结果有明显的影响。为了准确测量信号的幅度，可尽量使 N 为被测信号周期的整数倍。

（6）理解 FFT 核的不同运算结构，以及不同运算结构对接口时序的要求，可在工程设计时根据需要合理选择不同的运算结构。

（7）理解信号识别电路板载测试程序的设计思路，理解测试结果与理论值之间存在误差的原因。

9.7 思考与练习

9-1　计算序列 x_n=[1, 2, 3, 4]的 4 点 DFT。

9-2　计算 x_n=[0, 1, 0, -1]的 4 点 DFT，并对运算结果进行分析说明。

9-3　简述 FFT 与 DFT 的主要区别，以及 FFT 的主要思想。

9-4　采用 MATLAB 分析频率分别为 1 kHz 和 3 kHz 的正弦波信号相乘后变换结果，采样频率为 1 MHz，绘制频率为 1 kHz 和 3 kHz 信号，以及这两个信号相乘后的时域波形和频域波形，并对波形进行分析。

9-5　已知某数据采集板的 A/D 采样位宽为 12 位，满量程信号幅度为 5 V，对采样后的信号进行 1024 点 FFT 运算，采样频率为 32 MHz，当输入信号的频率为 1 MHz、幅度为 2 V 时，计算 FFT 运算后的频率位置及谱线峰值。

9-6　在 CRD500 上完成实例 9-6 的板载测试。

参考文献

[1] 李素芝，万建伟. 时域离散信号处理[M]. 长沙：国防科技大学出版社，1998.

[2] Uwe Meyer-Baese. 数字信号处理的 FPGA 实现[M]. 4 版. 陈青华，张龙杰，张诚成，译. 北京：清华大学出版社，2017.

[3] 维纳·K·英格尔，约翰·G·普罗克斯. 数字信号处理（MATLAB 版）[M]. 3 版. 刘树棠，陈志刚，译. 西安：西安交通大学出版社，2013.

[4] 高西全，丁玉美. 数字信号处理[M]. 4 版. 西安：西安电子科技大学出版社，2018.

[5] 夏宇闻，韩彬. VHDL 数字系统设计教程[M]. 4 版. 北京：北京航空航天大学出版社，2017

[6] 杜勇. FPGA/VHDL 设计入门与进阶[M]. 北京：机械工业出版社，2011.

[7] 杜勇. 数字滤波器的 MATLAB 与 FPGA 实现——Altera/Verilog 版[M]. 2 版. 北京：电子工业出版社，2019.

[8] 吴厚航. 勇敢的芯伴你玩转 Xilinx FPGA[M]. 北京：清华大学出版社，2017.

[9] 杜勇，韩方剑，韩方景，等. 多输入浮点加法器算法研究[J]. 计算机工程与科学，2006，28(10)：87-88，97.

[10] 施琴红，赵明镜. 基于 MATLAB/FDATOOL 工具箱的 IIR 数字滤波器的设计与仿真[J]. 科技广场，2010(7)：56-58.

[11] 李旰，王红胜，张阳，等. 基于 FPGA 的移位减法除法器优化设计与实现[J]. 国防技术基础，2010(8)：37-40.